Alternative Energietechnik

Jochem Unger • Antonio Hurtado • Rafet Isler

Alternative Energietechnik

6., aktualisierte und überarbeitete Auflage

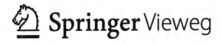

Jochem Unger
Technische Universität Darmstadt
Darmstadt, Deutschland

Antonio Hurtado
Institut für Energietechnik
Technische Universität Dresden
Dresden, Deutschland

Rafet Isler
Fakultät für Naturwissenschaften
Türkisch Deutsche Universität
Istanbul, Türkei

ISBN 978-3-658-27464-1   ISBN 978-3-658-27465-8 (eBook)
https://doi.org/10.1007/978-3-658-27465-8

Die Deutsche Nationalbibliothek verzeichnet diese Publikation in der Deutschen Nationalbibliografie; detaillierte bibliografische Daten sind im Internet über http://dnb.d-nb.de abrufbar.

Springer Vieweg
© Springer Fachmedien Wiesbaden GmbH, ein Teil von Springer Nature 1993, 1997, 2009, 2011, 2014, 2020

Lektorat: Dr. Daniel Fröhlich

Springer Vieweg ist ein Imprint der eingetragenen Gesellschaft Springer Fachmedien Wiesbaden GmbH und ist ein Teil von Springer Nature.
Die Anschrift der Gesellschaft ist: Abraham-Lincoln-Str. 46, 65189 Wiesbaden, Germany

Vorwort

Dieses Buch ist im Rahmen der vierstündigen Vorlesung „Alternative Energietechnik" herangewachsen, die ich an der Technischen Hochschule Darmstadt seit 1990 jeweils im Sommersemester gehalten habe. Mittlerweile ist aus der Hochschule eine Universität geworden. Auch an der Technischen Universität Dresden wird es in Zusammenarbeit mit meinem Kollegen Herrn Professor Antonio Hurtado bei der Bearbeitung energiewirtschaftlicher Fragestellungen genutzt. In der Zusammenarbeit mit Professor Hurtado, die mit der 4. Auflage begonnen hatte und mit der jetzt vorliegenden 6. Auflage fortgeführt wird, konnte die sich immer schneller entwickelnde und fachlich verbreiternde Energietechnik sowohl physikalisch als auch gesellschaftlich angemessen aktualisiert und beurteilt werden. In dieser Zusammenarbeit entstand auch das 2013 erschienene Buch „Energie, Ökologie und Unvernunft", das wie die deutsche Energiewende ein Folgeprodukt der Naturkatastrophe in Japan mit den Auswirkungen auf die Kernreaktoranlage in Fukushima ist. Die Hintergründe der „Atomangst der Deutschen" und die nicht nachvollziehbar überhastet beschlossene politische Energiewende mit sowohl positiven als auch negativen Folgen werden dort beleuchtet.

Im Rahmen meiner Verknüpfung mit der entstehenden naturwissenschaftlichen Fakultät der Türkisch-Deutschen-Universität in Istanbul besteht seit 2018 auch eine Zusammenarbeit mit Herrn Rafet Isler, der nach seiner langjährigen Tätigkeit bei Siemens jetzt Dozent in Istanbul ist. Ziel der Zusammenarbeit mit Herrn Isler ist die Umsetzung neuer Möglichkeiten (Photovoltaik, Kernenergie), die in Deutschland derzeit nicht opportun sind.

Im Hinblick auf die nach wie vor ungehemmt anwachsende Mächtigkeit der menschlichen Population steht die damit verknüpfte Versorgung mit Strom und Wärme, mit Treib- und Rohstoffen im Vordergrund, die es möglichst umweltgerecht und ohne dirigistische Zwangsmaßnahmen oder gar kriegerische Auseinandersetzungen bereitzustellen gilt. Das vorliegende neu koordinierte und auch erweiterte Buch soll wie bisher keine vollständige Auflistung aller machbaren oder gar exotischen Energietechniken sein. Es geht hier um die Erweiterung der klassischen Energietechnik, die sich allein mit den Maschinen und den in ihnen ablaufenden Prozessen beschäftigt.

Durch die Erweiterung auf eine gesamtheitliche Betrachtung wird das Leben ins Kalkül mit eingebracht, die Energiekultur unserer Gesellschaft verbessert und ein möglicher Weg zu einer ökologisch ausgerichteten Volkswirtschaft aufgezeigt.

Dabei stehen thematisch drei Schwerpunkte im Vordergrund:

- Erkennen und Berücksichtigen von Rückwirkungen infolge des volkswirtschaftlichen Prozesses (Produktion und Konsum),
- das Problem der prinzipiellen „Nicht-Quantifizierbarkeit" umweltrelevanter Entscheidungskriterien und Auswege aus diesem Dilemma
- die Wiederherstellung des Technikkonsenses, ohne den eine Industriezivilisation dauerhaft nicht existieren kann.

Zur Beurteilung dieser Gesamtproblematik werden zunächst sowohl technische als auch umweltrelevante Kriterien erarbeitet. Da die umweltrelevanten Kriterien wesentlich mit dem Zeitverhalten der natürlichen Umwelt, in die alle Techniksysteme eingebettet und damit verknüpft sind, wird dem Systemverhalten besondere Aufmerksamkeit gewidmet. Mit den hieraus resultierenden Kenntnissen zur Selbstorganisation wird schließlich die Brücke hin zu gesellschaftspolitischen System geschlagen.

Ebenso, wie eine Schneeflocke aufgrund der Naturgesetze in der richtigen Umgebung immer wieder selbstorganisierend zur Schneeflocke wird, verhalten sich gesellschaftspolitische Systeme entsprechend der installierten Rahmenbedingungen und nicht etwa wie einzelne politische Akteure. Diese Eigenschaft der Selbstorganisation, die letztlich das Rückgrat jeder Demokratie bildet, gilt es unter Hinzunahme ökologischer Rahmenbedingungen zu nutzen, um vom derzeit darwinistischen Wirtschaften hin zu einem humanen volkswirtschaftlichen Prozess gelangen zu können.

Der Mensch als soziales Wesen kann zivilisatorisch bleibende Leistungen nur in der Gemeinschaft erbringen. Dazu muss ein Grundkonsens vorhanden sein. Deshalb ist ein Abbau von Feindbildern und ideologischen Verblendungen notwendig, der nur durch vertrauensbildende Prozesse erreicht werden kann.

All diese Aspekte, bis hin zur Internalisierung umweltrelevanter Kosten, die mit Hilfe des Verursacherprinzips durchgesetzt, selbstorganisierend zur Vollausschöpfung des Minimalprinzips und zugleich zu minimalen Kosten führen, werden mit einfachen mathematischen Modellen anschaulich studiert, so dass elementarste Kenntnisse der Mathematik und der jeweiligen Fachdisziplinen zum Verständnis genügen, die eigentlich Allgemeinwissen sein sollten. Hierauf wurde besonders Wert gelegt, denn ökologisch sinnvolle Entwicklungen sind nur zu erwarten, wenn im interdisziplinären Prozess alle Beteiligten selbst die Entscheidung ökologisch mittragen können. Diese Dinge sind so wichtig, dass sie nicht delegierbar sind. Dieses Ziel des eigenverantwortlichen Beurteilens und Handelns wird auch mit der facettenreichen Aufgabensammlung am Ende des Buches verfolgt, die den Leser zur aktiven Mitarbeit anregen soll. Um den Zeitaufwand für den Leser so gering wie möglich zu halten, sind zu den einzelnen Aufgaben die jeweiligen Lösungswege angegeben.

Mittlerweile eskaliert auch die Sprachenverwirrung. Energie kann weder erzeugt noch verbraucht werden. Energie kann nur durch Änderung der Energieform genutzt werden. Der Begriff „Erneuerbare Energien" kann somit allenfalls als fachliches Pseudonym benutzt werden. Gleiches gilt für alle stofflichen Ressourcen der Erde. Zur Sprachenentwirrung werden die im Buch vorkommenden Begriffe Wirkungsgrad, Ausbeutekoeffizient, Energie-Erntefaktor, Globalwirkungsgrad physikalisch klar definiert und auf zeitgemäße Abweichungen hingewiesen, die sich immer mehr im Rahmen der „Erneuerbaren Energien" einschleichen.

Auch technologisch-wissenschaftliche Verwirrungen werden im vorliegenden Buch klar herausgearbeitet. Wenn man auf einen Schalter einer Lichtlampe drückt, weiß man mit absoluter Sicherheit, dass irgendwann die Lampe nicht aufleuchtet. Derartig aktive Systeme sind nie zu 100 % sicher. Deshalb stehen bei aktiven Systemen immer Wahrscheinlichkeitsbeschreibungen im Vordergrund, die deren Versagen unwahrscheinlich machen sollen, es letztlich aber nicht ausschließen können.

Anders ist es, wenn man etwa einen Apfel im Schwerefeld der Erde fallen lässt. Mit absoluter Sicherheit wird der Apfel immer fallen. Solche inhärent naturgesetzlich wirkenden Systeme sind zu 100 % sicher, so dass Aussagen über Wahrscheinlichkeiten ohne Bedeutung, gar nicht erforderlich sind.

Diese beiden unterschiedlichen Systemeigenschaften (aktiv, inhärent) sind auch die Ursache dafür, dass in der alten Kerntechnik mit aktiven Komponenten eine Kernschmelze möglich und in einer inhärent sicheren Kerntechnik bei richtiger Auslegung unmöglich ist.

Grundlegend werden im vorliegenden Buch nicht von Menschen gemachte und von Menschen gemachte Regeln klar getrennt betrachtet. Im naturwissenschaftlichen Bereich sind diese Regeln die Naturgesetze, die nicht von Menschen gemacht und deshalb in alle Ewigkeit gültig sind. Auch mit dem Erkennen neuer Sachverhalte bleibt das bereits Bekannte bestehen, allein der Rahmen für Anwendungen vergrößert sich. Nur mit technischen Systemen, die von den Naturgesetzen gänzlich beherrscht werden, lassen sich gänzlich ohne Vorbehalte und Wahrscheinlichkeiten inhärente Sicherheiten realisieren.

Die Regeln in nicht-naturwissenschaftlichen Bereichen (Gesellschaft, Politik) sind dagegen von Menschen gemacht. Diese sind nicht ewig gültig und müssen immer wieder an die jeweilige Situation angepasst werden. Gerade deshalb ist die unverfälschte Anwendung der Naturgesetze so wichtig, da allein diese eine Richtschnur für ein dauerhaftes Überleben der Menschen sein können.

Nachdem nach langem Ringen der Umwelt- und Naturschutz allgemeine Anerkennung gefunden hat, kommt es heute zum politischen Missbrauch der ökologischen Idee. Der prinzipiell zu begrüßende Aufbau der Erneuerbaren Energien mit dem Ziel der Nachhaltigkeit wird durch eine maßlos übertriebene Installation von noch nicht ausgereifter oder falsch platzierter Technik zur Farce gemacht. Die Sozialverträglichkeit und Versorgungssicherheit steht auf dem Spiel. Verstärkt wird dies alles durch die Biomassen-Euphorie, die wegen nicht verfügbarer Anbauflächen in Deutschland weltweit zu Umweltzerstörungen in größtem Ausmaß führt. Die Ziele von Nachhaltigkeit und einem ökologischen Gleichgewicht werden nicht erreicht. Eine regenerativ versorgte Welt setzt Gesellschaftsformen und

Populationen voraus, die nichts mit der heutigen industriellen Realität zu tun haben.
Dagegen wird die Kerntechnik mit dem geringsten Landschaftsverbrauch verteufelt, die
im Hinblick auf die zu erwartende große industrielle Welt-Population allein in der Lage ist,
die Natur als klimaprägendes Element zu erhalten.

Mittlerweile wird auch in Dänemark, im Vorreiterland der Windenergie, über die
Abschaffung des dortigen EEG diskutiert. Ursachen sind die nicht mehr von der Gesell-
schaft zu tragenden Stromkosten und die bedrohte Wettbewerbsfähigkeit des Landes.
Damit ist der Anfang vom Ende der Windenergie Realität geworden.

Die gegenwärtige Leichtwasser-Kernreaktor-Technik, die auch in Deutschland installiert ist, hat keine Zukunft. Eine damit verbundene totale Verdrängung der nuklearen
Energie ist aber vollkommen abwegig, denn alle Energien sind letztlich nuklearen
Ursprungs. Die Schöpfung selbst ist nuklear und auch die Zukunft des Menschen wird
nuklear geprägt sein. Die Atomangst ist vollkommen übertrieben. Die Leugnung nuklearer
Energien grenzt an Blasphemie. Unsere Vorfahren leben seit Anbeginn in einer natürlichen
radioaktiven Umwelt. Deshalb sind auch wir an das Leben mit Radioaktivität angepasst.
Unser von den Vorfahren geerbtes Immunsystem und dessen Reparaturmechanismen
machen dies möglich. Wir müssen allein auf die Höhe der Dosis achten.

Durch die Weiterentwicklung der Kerntechnik hin zu inhärent sicheren Reaktoren mit
geringen Abfallmengen und Abklingzeiten, der möglichen extraterrestrischen Brennstoff-
versorgung (Mond, Mars, ...) kann die Erde bis an deren natürliches Ende Öko-Basis
bleiben, von der aus die Menschen den Raum besiedeln können [45, 53, 64].

Darmstadt, Waldkirch (Freiburg), Deutschland   Jochem Unger
Mantenay-Montlin, Frankreich

Dresden/Berlin, Deutschland   Antonio Hurtado

Istanbul, Türkei   Rafet Isler
Darmstadt/Weiterstadt, Deutschland

Inhaltsverzeichnis

Häufig vorkommende Symbole

A	Fläche, Querschnitt
An	Anergie
BRD	Bundesrepublik Deutschland (alte Länder)
BSP, BIP	Bruttosozialprodukt, Bruttoinlandsprodukt
c	spezifische Wärmekapazität
C_B	Ausbeutekoeffizient
D	Durchmesser, Dosisbelastung
D_G	Grenzwert
E	Energie, innere Energie
Ex	Exergie
f	Kosten/Energie-Umrechnungsfaktor
F	Kraft
g	Erdbeschleunigung
GP	Gefahrenpotenzial
K	Kosten
K_S	spezifische Kosten
$\dot{m}$	Massenstrom
M	Masse
p	statischer Druck
P	Leistung
PEB	Primärenergiebedarf
q	Leistung/Volumen, Fläche, Strecke
q_S	Solarkonstante: Erde, blauer Himmel
Q	Wärmeenergie
$\dot{Q}$	Wärmeleistung
R	spezielle Gaskonstante, Risiko, Widerstand
S	Entropie
T, T_i	Zeit, Temperatur, Zeitkonstante
U	Geschwindigkeit, elektrische Spannung

V	Volumen
$\dot{V}$	Volumenstrom
W	mechanische Energie, Wirkung, Eintrittswahrscheinlichkeit
x, y, z	Ortskoordinaten
δ	Global-Wirkungsgrad
Δ	Differenz
ε	Energie-Erntefaktor
η	Wirkungsgrad
ρ	Dichte
σ	empirische Entropie

Autorenverzeichnis

Prof. Dr.-Ing. Jochem Unger 1944 geboren in Bad Soden (Ts.). Von 1960 bis 1963 Lehrausbildung zum Technischen Zeichner. Von 1963 bis 1966 Studium des Maschinenbaus an der Ing.-Schule Darmstadt und von 1967 bis 1971 Studium des Maschinenbaus (Flugzeugbau) an der Technischen Hochschule Darmstadt Von 1972 bis 1976 wiss. Mitarbeiter am Institut für Mechanik der Technischen Hochschule Darmstadt (Arbeitsgruppe von Prof. Becker) und anschließend bis 1985 Fachreferent bei der Kraftwerk Union AG. 1975 Promotion, 1983 Habilitation für das Fach Mechanik an der Technischen Hochschule Darmstadt. Von 1983 bis 1990 Priv.-Dozent für Mechanik an der Technischen Hochschule Darmstadt. Von 1985 bis 2010 Professor für Wärme- und Regelungstechnik an der Fachhochschule Darmstadt und seit 1991 Honorarprofessor an der Technischen Universität Darmstadt.

Prof. Dr.-Ing. Antonio Hurtado 1959 geboren in Puertollano (Spanien). Von 1975 bis 1978 Lehrausbildung zum Technischen Zeichner. Von 1980 bis 1985 Studium des Maschinenbaus an der Mercator Universität Duisburg, danach zweijährige Tätigkeit als Entwicklungsingenieur bei Mannesmann/Demag. Von 1988 bis 1997 am Lehrstuhl für Reaktorsicherheit und -technik der RWTH Aachen, davon ab 1991 als Oberingenieur. 1990 Promotion, 1996 Habilitation und Erhalt der Venia Legendi für das Fach „Innovative Kernreaktoren" an der RWTH Aachen. Von 1997 bis 2000 bei der Firma Siempelkamp, von 2001 bis 2007 Geschäftsführer in der Energiewirtschaft. Seit 2007 Inhaber der Professur für Wasserstoff und Kernenergietechnik an der TU Dresden. Seit Januar 2009 Direktor des Instituts für Energietechnik an der TU Dresden. Am 8. März 2017 wurde Prof. Hurtado in Dresden zum Prorektor gewählt, der damit die Verantwortung für die zukünftige Weiterentwicklung der TU Dresden übernommen hat.

Dozent Dr.-Ing. Rafet Isler 1951 geboren in Bandirma (Türkei). Von 1969 bis 1973 Studium des Maschinenbaus (B.Sc.) an der Technischen Universität Istanbul und von 1974 bis 1978 Studium des Maschinenbaus (M.Sc.) an der Technischen Hochschule Darmstadt. Von 1978 bis 1987 Industrietätigkeit bei der Kraftwerk Union (KWU) AG im Bereich der Kerntechnik. 1987 Übergang des Beschäftigungsverhältnisses KWU auf die Siemens AG (SAG). Von 1987 bis 1995 SAG im Bereich der Kerntechnik und ab 1996 bis 2017 SAG

Fossile Energietechnik als Senior Expert Engineer. 1995 Promotion im Fachbereich Mechanik an der Technischen Hochschule Darmstadt bei Prof. Dr.-Ing J. Unger. Von 1991 bis 1995 und von 2003 bis 2004 Lehrbeauftragter für Mess- u. Regelungstechnik an der Fachhochschule Darmstadt. Seit 2017 Dozent an der Fakultät für Naturwissenschaften der Türkisch Deutschen Universität in Istanbul.

Einführung

1

Zusammenfassung

Energiekultur für ein menschenwürdiges Leben (moralisch-ethisch-ökologische Aspekte). Energienutzung durch Umwandlung der Energieform (Energiehierarchie). Energie- und Massenerhaltung. Entropie als Maß zur Beschreibung von Veredelung und Entedelung. Masse- und Energiefluss bei Produktion und Konsum. Nebenprodukte, Abfälle und Schadstoffe. Recyclierbarkeit. Rückwirkungsmechanismen.

Ökologische Begrenzung der menschlichen Population. Energiewirtschaft in Abhängigkeit von der Bevölkerungsdichte. Realisierung eines humanen Optimierungsziel, um die bisherige darwinistische Lebensweise (Wachstumswahn und Überbevölkerung) überwinden zu können.

Um ein menschenwürdiges Leben führen zu können, bedarf es einer gewissen Zivilisation. Verbunden damit ist ein Bedarf an Energie. In der Handhabung dieses unerlässlichen Energieeinsatzes zeigt sich die Energiekultur der jeweiligen Zivilisation. Je weniger zerstörend der Energieeinsatz auf die Symbiose Mensch-Natur wirkt, desto höher diese Kultur. Zu den rein physikalisch-technischen Fragestellungen der klassischen Energietechnik kommen moralisch-ethisch-ökologische Aspekte hinzu, die letztlich Maßstab für die von einer Zivilisation jeweils erlangten Stufe der Energiekultur sind. Die alternative Energietechnik ist also eine Erweiterung der klassischen Energietechnik, die sich nur mit den Maschinen und den in ihnen ablaufenden Prozessen beschäftigt. Durch die Erweiterung wird das Leben schlechthin mit ins Kalkül gezogen. Ohne diese so erweiterte Denkweise wird der technisch klassisch ausgebildete Ingenieur stets umweltzerstörend wirken. Er arbeitet auf der niedrigsten Stufe der Energiekultur, da Rückwirkungen (Bild 1.1) sein Handeln nicht beeinflussen.

Wenn allein im klassischen Wirtschaftssystem (Teilsystem ohne Umwelt) gedacht wird, werden abstrakteste, geradezu unnatürliche Entscheidungskriterien (Geld, Gewinnmaxi-

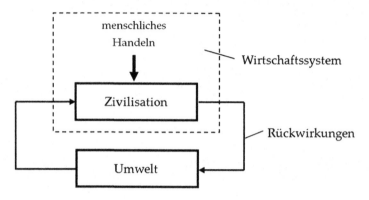

Bild 1.1 Gesamtsystem mit Rückwirkungen auf die Zivilisation

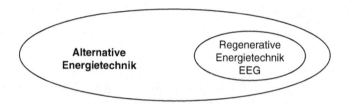

Bild 1.2 Regenerative Energietechnik ⊂ Alternative Energietechnik

mierung, ... [1]) befolgt. Da diese Kriterien zwangsläufig nicht die richtigen für das Gesamtsystem sein können, muss ein solches Handeln letztlich auch auf die Zivilisation selbst zerstörend wirken, wenn die Rückwirkungen schließlich hinreichend groß werden. Selbstverständlich kann man sich durch vollständige Isolation von der Umwelt auch ein ganz rückwirkungsfreies Wirtschaftssystem vorstellen. Diese Vorstellung ist jedoch wie auch die genetische Anpassung des Menschen an die Technik eine gefährliche Utopie.

Die hier vorliegende „Alternative Energietechnik" ist weitaus umfassender als Betrachtungen der „Regenerativen Energietechnik", die durch das Erneuerbaren-Energien-Gesetz (EEG) politisch geprägt und auf willkürlich ausgewählte Energiesysteme beschränkt sind. Die regenerative Betrachtung ist nur eine Untermenge der gesamtheitlich alternativen Betrachtungsweise (Bild 1.2).

1.1   Nutzbare Effekte

In der Frühzeit konnte der Mensch zunächst nur seine eigene Muskelkraft und die der von ihm domestizierten Tiere einsetzen. Dann wurde der Wind zur Fortbewegung von Schiffen genutzt. Dem schloss sich die stationäre Nutzung des Wassers und des Windes durch den Einsatz von Wasserrädern und Windmühlen an. All diese Effekte waren energetisch von

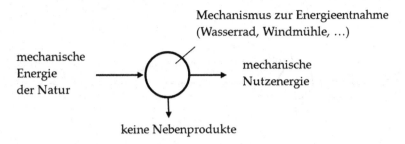

Bild 1.3 Mechanische Energietechnik im vorindustriellen Zeitalter

regenerativer Natur. Dennoch kam es schon damals durch die Nutzung der Ressource Holz zu Eingriffen in die Natur. Der Begriff Nachhaltigkeit entstand im Zusammenhang mit der extensiven Waldrodung (Mittelmeerraum, Lüneburger Heide, …).

Aus dem direkten energetischen Angebot (Wasser, Wind) der Natur wurde lediglich ein Bruchteil durch geeignete Maschinen abgeschöpft und dezentral nutzbar gemacht (Abschöpfung: Invarianz der Energieform, Bild 1.3). Bei dieser beschränkten natürlichen Energienutzung konnten keine schädlichen Nebenprodukte wie im folgenden industriellen Zeitalter entstehen.

Diese Situation änderte sich ganz gravierend mit der Verfügbarkeit der ersten wirklich brauchbaren Dampfkraftmaschine (J. Watt, 1736–1819). Damit war die Voraussetzung für die geradezu sprunghafte Industrialisierung (industrielle Revolution, 1785) gegeben, letztlich aber auch für den Einstieg in die bis heute andauernde negative Beeinflussung der Umwelt (Rückwirkung → Klimaproblem …[2, 3, 4, 5]). Mit der Einführung von Dampfkraftprozessen begann man einen im zivilisatorischen Zeitmaßstab nicht regenerierbaren fossilen Energiespeicher (Kohle, …) abzubauen. Die gewünschte mechanische Energie zum Betreiben von Arbeitsmaschinen wurde über den Umweg der chemischen Verbrennung (Wärmeenergie) unter der damit energetisch verknüpften Entedelung bereitgestellt. So konnte zwar mechanische Energie, ohne Beschränkung durch die natürlichen Gegebenheiten der rein mechanischen Energietechnik (Bild 1.3) vermehrt bereitgestellt werden, jedoch nur in Verknüpfung mit Nebenprodukten (Abgase und Abwärme), die sich schädlich auf die Umgebung und Erdatmosphäre auswirken können (Bild 1.4).

An dieser Situation der thermischen Energietechnik, die energetisch niederwertige Wärmeenergie in hochwertige elektromagnetische Energie (Strom) umwandelt, hat sich bis heute generell wenig geändert. Dies gilt auch für den Einsatz aller Energieträger, die als Ersatzenergieträger (Substitute) für die Kohle dienen. Durch die Substitution mit Öl, Gas, Biomasse, Müll, Kernkraft und Verfeinerungen des zur mechanischen Nutzbarmachung der Wärmeenergie erforderlichen thermodynamischen Zwischenprozesses wurde lediglich die Energieausbeute geringfügig erhöht und eine veränderte oder neuartige Zusammensetzung der schädlichen Nebenprodukte erreicht.

Der elektrodynamische Effekt wurde frühzeitig mit der Entwicklung des elektrischen Generators (W. v. Siemens, 1866) nutzbar gemacht. Damit war die nahezu verlustfreie

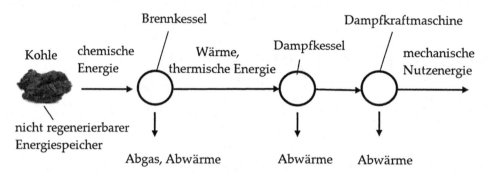

Bild 1.4 Thermische Energietechnik

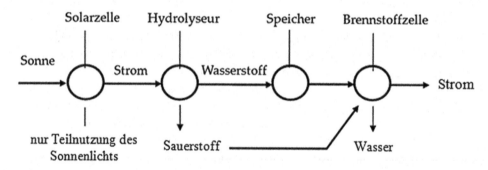

Bild 1.5 Solare Wasserstofftechnologie

Umwandlung von mechanischer in elektrische Energie (Strom) und deren Umkehrung (elektrischer Motor) gelungen. Die vielfältigen Anwendungen der Elektrotechnik, die einfach handhabbare Energieverteilung (Standortunabhängigkeit) und die Realisierung von Einzelantrieben (Arbeitsmaschinen) führten so zu einer immer expansiver verlaufenden Industrialisierung.

Wirklich neu sind dagegen die technischen Umsetzungen des photoelektrischen Effekts (1839) und des elektrochemischen Effekts (1790) im industriellen Maßstab in Form von Solar- und Brennstoffzellen.

Unter Nutzung der bei Raumfahrtanwendungen gemachten Erfahrungen und der Idee einer Wasserstoffwirtschaft entstand die in Bild 1.5 dargestellte Vorstellung. Faszinierend dabei ist die Direktumwandlung der Energie (Solarzelle: Licht $\rightarrow$ Strom, Brennstoffzelle: Wasserstoff $\rightarrow$ Strom + Wärme) ganz ohne sich bewegende Teile. Durch die Verknüpfung beider Effekte gelangt man zur solaren Wasserstofftechnologie.

Das elektrothermodynamische Prinzip wird damit umgangen, der zugehörige komplizierte Maschinenbau (Kessel bzw. Reaktor, Turbine, Generator) kann entfallen. Möglich wird dieser gerätetechnische Fortschritt (Stromerzeugung ohne bewegliche Teile) durch geschicktes Ausnutzen von Materialeigenschaften, der aber in der dargestellten Form

(Bild 1.5) mit einem elektrischen Hydrolyseur in der multiplikativen nicht-innovativen Verknüpfung der Systemelemente energetisch nicht zielführend sein konnte.

1.2   Energieerhaltung

Zunächst wollen wir veranschaulichen, dass Energie nie verbraucht oder erzeugt, sondern nur durch Umwandlung der Energieform genutzt werden kann. Hierzu verfolgen wir gedanklich ein vollgetanktes Auto (Energievorrat $E_0 = E_{chem}$), das vom Startpunkt A zum Zielpunkt B fährt (Bild 1.6). Dabei wird von A nach B ein geringer Teil der aus dem Tank entnommenen chemischen Energie (Treibstoff) zum Antrieb des Autos genutzt und in Abhängigkeit von der Fahrgeschwindigkeit in kinetische Energie und entsprechend der jeweiligen Position im Erdschwerefeld in potenzielle Energie umgewandelt. Der größere Restanteil des Treibstoffs wird in Wärmeenergie (Abgase, Reibung, etc.) umgewandelt.

Von A nach B gilt somit zu jedem Zeitpunkt die folgende Aufteilung:

$$A \rightarrow B : E_0 = E_{chem} + E_{kin} + E_{pot} + E_{therm} \tag{1.1}$$

Unterstellen wir einfachheitshalber, dass beim Erreichen des Zielpunktes das Auto zur Ruhe kommt ($E_{kin} = 0$), der Tank des Autos gerade vollständig entleert ($E_{chem} = 0$) und zudem der Zielpunkt B identisch mit dem Startpunkt A ist ($E_{pot} = 0$), ergibt sich:

$$B \equiv A : E_0 = E_{therm} \tag{1.2}$$

Der gesamte, sich anfänglich (Startpunkt A: $E_0 = E_{chem}$) im Tank befindliche Energievorrat ist jetzt vollständig (Zielpunkt B: $E_0 = E_{therm}$) in Wärmeenergie umgewandelt. Somit wirkt ein Auto auf seine Umgebung wärmetechnisch letztlich wie eine Heizung oder ein mechanischer Rührer.

Die zum Fahren benötigte mechanische Energie wird durch Energieumwandlung bereitgestellt. Der Umwandlungsprozess in mechanische Nutzenergie zum Betrieb des Autos ist

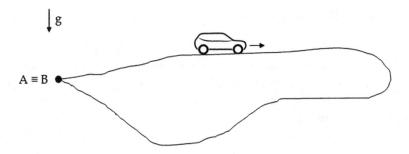

Bild 1.6 Energiesystem Auto

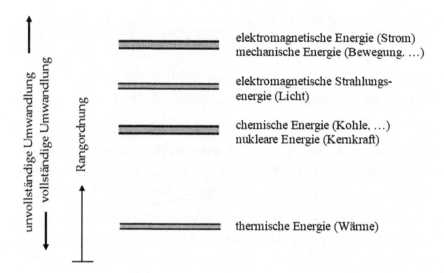

Bild 1.7 Hierarchie für technische Umwandlungen in verschiedene Energieformen

unvollkommen. Als Nebenprodukte werden Abwärme und Abgase freigesetzt. Insgesamt bleibt die Energie jedoch erhalten. Die Umwandlung von chemischer Energie in Wärmeenergie ist vollständig. Diese identische Umwandlung erfolgt auch, wenn das Auto mit laufendem Motor in der Garage verbleibt und somit die Umwandlung der chemischen Energie (Kraftstoff) ohne Bewegung des Autos in Wärmenergie erfolgt.

Offensichtlich sind Energieumwandlungen im Allgemeinen Beschränkungen unterworfen. Vollständige Umwandlungen sind nur von einer höherwertigen Energieform hin zu einer niederen Energieform möglich. Es existiert eine Rangordnung (Bild 1.7) zwischen den einzelnen Energieformen.

So kann etwa elektromagnetische Energie (Strom) vollständig in thermische Energie (Wärme) umgewandelt werden. Im umgekehrten Fall ist dies nur unvollständig möglich. Strom ist eine höherwertigere Energieform als Wärme.

1.3   Massenerhaltung

Die stofflichen Ressourcen der Erde können ebenso wie die Energie weder erzeugt noch verbraucht werden. Nur die stoffliche Erscheinungsform kann sich ändern. Etwa ein aus Eisenerz durch Veredelung hergestellter Stahlträger, der langfristig der Natur ausgesetzt ist, wird wieder zu Eisenerz. Es geht nichts verloren. Es gilt das Massenwirkungsgesetz, das wiederum mit dem Energie/Masse-Gesetz $E = M c^2$ verknüpft ist, das die Äquivalenz zwischen Masse und Energie zeigt.

1.4   Entropie

Das Maß zu Beschreibung einer stofflichen oder energetischen Veredelung ist die Entropie *S*. Die Veredelung ist zwangsläufig mit einer Entedelung verknüpft.

Etwa durch das Aufräumen eines Zimmers, das sich in einem unordentlichen Anfangs-zustand befindet, wird die Ordnung oder Struktur des Zimmers verbessert (veredelt). Gleich-zeitig wird mit dem beim Aufräumen anfallenden Abfall (Mülleimer) die Umgebung belastet (entedelt). Die Struktur im Zimmer wird auf Kosten der Umgebung verbessert. Beschreibt man die Ordnung mit einem Strukturgrad (Entropie *S*), der sich mit steigender Unordnung erhöht, kann das Aufräumen einfach verstanden und anschaulich (Bild 1.8) dargestellt werden. Der negativen Änderung $dS < 0$ des Strukturgrads *S* im Zimmer (Veredelung) steht die positive Änderung $dS > 0$ des Strukturgrads in der Umgebung (Entedelung) gegenüber.

Ganz Entsprechendes gilt etwa für den Prozess zur Stromerzeugung mit Hilfe eines Kraftwerks (Bild 1.9).

Dies alles gilt letztlich auch für unsere Erde (Bild 1.10) im Zusammenspiel mit Sonne und Weltraum.

Die von der Sonne her auf die Erde einfallenden hochenergetischen Photonen (Li-chtteilchen) sind von hochwertiger Energieform und niederer Entropie. Die von der Erde abgestrahlten Infrarot-Photonen in Form von Wärme sind von niederer Energieform und hoher Entropie.

Bild 1.8 Veredelung und
Entedelung durch Aufräumen
eines Zimmers

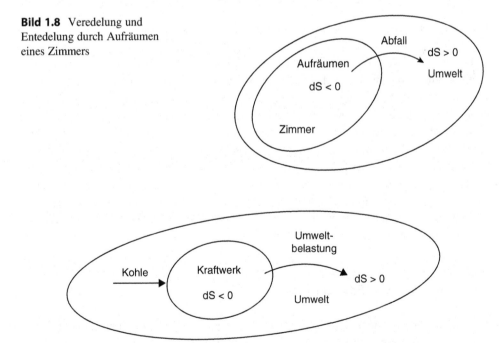

Bild 1.9 Kraftwerk als Veredelungssystem

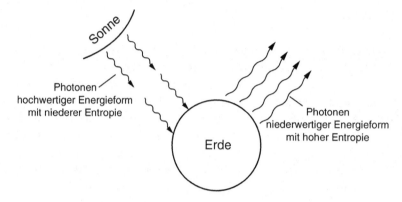

Bild 1.10 Zusammenspiel zwischen Sonne, Erde und Weltraum

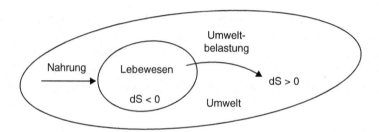

Bild 1.11 Veredelungs- und Entedelungsprozedur organischer Lebewesen

Genau wie etwa ein Kraftwerk als Mechanismus zur Erzeugung der hochwertigen Energieform Strom dient, ist die Erde ein Mechanismus zur Erzeugung hochwertiger organischer Strukturen (Lebensformen). Letztlich gilt die Veredelungs- und Entedelungsprozedur damit auch für jede organische Lebensform (Bild 1.11).

Der Nahrung eines Lebewesens entspricht die Fütterung des Kraftwerks etwa mit Kohle. Die Aufrechterhaltung des Lebens (Struktur) ist nur durch umweltbelastende Ausscheidungen (Atmung, Exkremente) möglich, die denen des Kraftwerks in Form von Asche, Abgasen und Abwärme entsprechen. Die technologisch genutzte Veredelungs- und Entedelungsprozedur unserer Zivilisation entspricht somit der des organischen Lebens.

Es existiert auch immer eine Analogie zwischen der produzierenden Wirtschaft (Veredelung) und der Abfallwirtschaft (Entedelung). Beide Systeme sind entropisch zu beschreiben.

1.5   Masse- und Energiefluss

Um den für eine existente Zivilisation notwendigen volkswirtschaftlichen Prozess (Produktion und Konsum) aufrechterhalten zu können, bedarf es eines ständigen Masse- und Energieflusses.

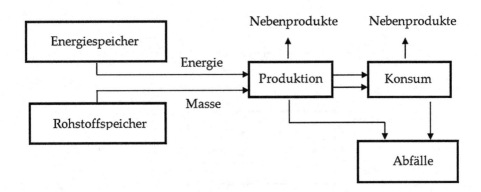

Bild 1.12 Volkswirtschaftlicher Prozess ohne Rückwirkungen

Ausgehend von einem Energiespeicher (Kohle, ...) und einem Rohstoffspeicher (Erz, ...) findet im Produktionsbereich eine Transformation (Veredelungsprozess) auf höherwertige Energie- und Stoffformen statt, die dann von der Gesellschaft genutzt (konsumiert) werden. Sowohl beim Produktions- als auch Konsumprozess werden Abfälle und Nebenprodukte freigesetzt.

Im volkswirtschaftlichen Prozess alter Prägung nach Bild 1.12 fehlen Rückwirkungen jeglicher Art. Dies ist typisch für herkömmliche Wirtschaftssysteme. Ein solcher rückwirkungsfreier Prozess kann dauerhaft nur betrieben werden, wenn eine unendlich große Umgebung und somit auch unbeschränkte Energie- und Rohstoffspeicher zur Verfügung stehen. Dies ist aber irreal, da die Erde endlich ist.

Damit der Mensch dennoch langfristig wirtschaften kann, muss der volkswirtschaftliche Prozess weiterentwickelt, an die Realität angepasst werden (Bild 1.13). Es muss die Umwelt mit ins Kalkül einbezogen werden. Rückwirkungen sind zu beachten und nicht zu ignorieren.

Die formale Hinzunahme der Umwelt und die Berücksichtigung der Rückwirkungen allein genügen aber nicht. Damit lässt sich lediglich ein realeres Systemverhalten beschreiben, das zeigt, dass die Lebensbedingungen insbesondere durch Rückwirkungen sich verschlechtern können. Die Intensität des Wirtschaftens ist deshalb ökologisch zu beschränken, damit die durch die Wirtschaft induzierten Rückwirkungen so klein gehalten werden können, dass sich die Zivilisation und damit die Menschen nicht durch ihr eigenes Handeln selbst gefährden. Es sind wachstumsbeschränkte Lösungen zu suchen, die diese Verschlechterung infolge menschlichen Handelns auf ein akzeptables Maß (Grenzwerte) einschränken. Die Hauptforderung hierzu ist die maximal mögliche Steigerung der Effizienz im Umgang mit Energie und Masse.

- Das ökologisch verträglichste Kraftwerk ist das nicht benötigte und damit nicht gebaute Kraftwerk.
- Der ökologisch verträglichste Umgang mit Ressourcen ist die immer wiederkehrende Nutzung der Stoffe (Recycling/Kreislaufwirtschaft), so dass der Bedarf an neuen Res-

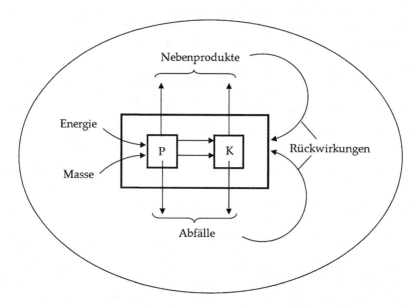

Bild 1.13 Volkswirtschaftlicher Prozess (Produktion P, Konsum K) mit Rückwirkungen

sourcen minimiert wird. Der Abfall wird wieder als Rohstoffquelle genutzt. Zur Wiederveredelung ist gegenüber der Veredelung von Ur-Ressourcen nur eine reduzierte Recycling-Energie erforderlich.

Ein Recycling von Energie ist dagegen prinzipiell nicht möglich, da jede Energienutzung zwangsläufig in der niederwertigen und damit nicht mehr nutzbaren Energieform Wärme endet. Zum Antrieb eines Systems muss ständig Energie bereitgestellt werden. Dies gilt auch für alle regenerativen Energiesysteme. Etwa Wasser muss zur erneuten Nutzung zurückgeführt werden. Die notwendige Energie für den meteorologischen Rückführprozess (Verdunsten, ..., Abregnen) stellt die Sonne zur Verfügung (Bild 1.14).

Der heutige volkswirtschaftliche Prozess wird weltweit nur zu einem geringen Anteil durch den natürlichen Energiezufluss von der Sonne angetrieben. Es werden weiterhin nicht regenerierbare Energiespeicher (Kohle, ...) ausgebeutet.

Obwohl dieser zusätzliche interne Energiezufluss noch nicht die Größenordnung des natürlichen erreicht hat, sind aufgrund der dabei entstehenden Nebenprodukte Rückwirkungen auf das Klima denkbar.

Wesentlich ist in diesem Zusammenhang die globale Welttemperatur, die sich einerseits aus dem Energiezufluss sowohl durch die Sonne als auch die irdischen Wärmequellen (geogene Aktivitäten, industriell, ...) und andererseits aus dem Energieabfluss in den Weltraum ergibt. Dabei spielt die Reflexion und die isolierende Wirkung der Erdatmosphäre die entscheidende Rolle. Ganz ohne Atmosphäre hätten wir eine globale Temperatur (Stefan-Boltzmann-Gesetz) von $-17\ °C$. Nur durch die Entwicklung der

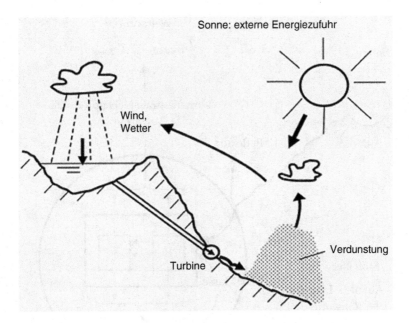

Bild 1.14 Solar angetriebener meteorologischer Prozess zur Rückführung des Wassers und zur Erzeugung des Windes

Atmosphäre hin zur heutigen Prägung ist das Leben im menschlichen Sinn möglich geworden.

Da die Erde auf Dauer weder die von der Sonne eingestrahlte noch die vulkanistisch und industriell aufgeprägte Energie speichern kann,[1] muss im zeitlichen und örtlichen Mittel ein natürliches thermisches Gleichgewicht[2] herrschen. Dies ist nur möglich, wenn die insgesamt eingeflossene Energie (Quelle) wieder in den Weltraum (Senke) abgestrahlt werden kann. Aus dieser Bedingung (Bild 1.10 und 1.15)

$$\overline{E}_{Sonne} + \overline{E}_{Technik} + \overline{E}_{Vulkan} = \overline{E}_{Weltraum}\left[Atmosphäre\left(\overline{E}_{Tecknik} + \overline{E}_{Vulkan}\right]\right. \tag{1.3}$$

ergibt sich die mittlere globale Temperatur der Erde $\overline{T}_E$, die einerseits von der Sonnenaktivität und vom Vulkanismus und andererseits vom Reflexions- und Abstrahlungsvermögen der Atmosphäre abhängig ist.

---

[1]Ergänzend sei hier angemerkt, dass der durch radioaktiven Zerfall gespeiste Wärmefluss aus dem Erdinneren gegenüber dem von der Sonne vernachlässigbar ist.

[2]Bei diesem natürlichen Gleichgewicht wird im Gegensatz zu technischen Systemen nie ein in diesem Sinn stationäres Verhalten angenommen. Ganz im Gegenteil: Natürliche Systeme meiden technische Gleichgewichtszustände (Abschn. 3.4).

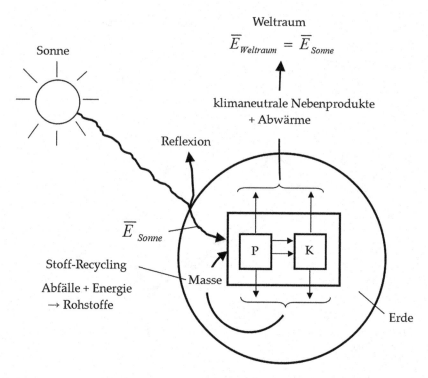

Bild 1.15 Idealfall eines vollständig solar angetriebenen volkswirtschaftlichen Prozesses mit Stoff-Recycling

Dabei ist darauf zu achten, dass das Reflexions- und Abstrahlungsvermögen nicht vom menschlichen Wirtschaften so gestört wird, dass die globale Temperatur der Erde ansteigt.[3]

Im Idealfall ohne Vulkanismus und ohne große menschliche Effekte bedeutet dies, dass gilt:

$$\overline{E}_{Sonne} = \overline{E}_{Weltraum} \text{ bei } \overline{T}_{Erde} = \overline{T}_{natürlich} \tag{1.4}$$

Damit dennoch der volkswirtschaftliche Prozess betrieben werden kann, müssen energetische Technologien so geprägt sein, dass den Wärmeabfluss in den Weltraum behindernde Effekte begrenzt bleiben. Technologien solarer und nuklearer Prägung erfüllen diese Bedingung am besten. Außerdem ist die Intensität der Wolkenbildung (Reflexion) infolge

---

[3]Der Treibhauseffekt, der im Inneren von Treibhäusern durch die Blockierung der Konvektionsströmung [6] entsteht, sollte gedanklich nicht auf die reale Atmosphäre angewendet werden. Der „Treibhauseffekt" gehört ebenso wie der Begriff „Erneuerbare Energien" zu der heute gängigen Sprachenverwirrung und kann allenfalls als fachliches Pseudonym verstanden werden. Physikalisch sind diese Begriffe unsinnig.

Bild 1.16 Nicht-recycelfähige
Nebenprodukte und
recycelfähige Abfälle

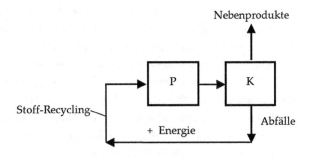

des menschlichen Handelns zu beachten (Staub, Aerosole, etc.), die auch von der Erde selbst [4, 5, 7] und extraterrestrisch [8] beeinflusst wird.

Der Idealfall eines rein solar angetriebenen volkswirtschaftlichen Prozesses ist in Bild 1.15 zusammenfassend dargestellt, der allerdings eine beschränkte Bevölkerungsdichte voraussetzt, da solaren Technologien eine geringe Leistungsdichte eigen ist, die bei hohen Bevölkerungsdichten zwangsläufig zu dramatischen Umweltzerstörungen führen.

1.6   Nebenprodukte, Abfälle, Schadstoffe

Bei jedem volkswirtschaftlichen Prozess (Produktion und Konsum) entstehen Emissionen. Nebenprodukte sind dabei Emissionen, die während des Prozesses in die Umwelt nicht rückholbar zerstreut werden. Die Abfälle fallen dagegen sowohl bei der Produktion als auch am Konsumende kompakt an und sind somit recyclingfähig.

Ein einfaches Beispiel hierzu ist das Autofahren (Konsum) als Teil eines volkswirtschaftlichen Prozesses. Während der Konsumzeit entstehen Abgase, Abwärme, Abrieb und Leckverluste, die sich in die Umwelt verflüchtigen oder fein verteilen und damit Nebenprodukte sind. Am Konsumende liegt der nicht mehr konsumfähige Abfall (Schrott, Altöl, . . .) kompakt vor, der unter Energieaufwendung zu erneut einsetzbaren Rohstoffen recycelt werden kann (Bild 1.16).

Was recycelt wird, kann die Umwelt nicht belasten. Die Rückwirkung von Abfällen auf die Umwelt kann also im Idealfall eines ausnahmslosen Recyclings vollständig vermieden werden.

Ganz anders ist dies bei Nebenprodukten, die über Rückwirkungen zu Schädigungen führen können. Selbst Stoffe, die im direkten Kontakt mit dem Menschen keine negativen Wirkungen zeigen, können im Gesamtsystem Erde zum Problem werden.

So waren die als Kältemittel genutzten Fluorkohlenwasserstoffe (FCKW) selbst für den Menschen vollkommen ungefährlich.[4]

---

[4]FCKW-Labortests zeigen sehr geringe Toxizität, keine Reizung der Schleimhäute, keine Veränderung des Bewusstseins- und Reaktionsvermögens, Tod der Versuchstiere erst bei extremen Konzentrationen durch Unterschreitung des Sauerstoffmindestgehalts [9].

Durch ihre Reaktionen (Zerstörung der die Erde vor harter UV-Strahlung schützenden Ozonschicht) mit der Umwelt (Höhenatmosphäre) kann die harte UV-Strahlung von der Sonne bis zur Erdoberfläche vordringen. Diese Rückwirkung verursacht einen signifikanten Anstieg der Hautkrebserkrankungen. Bei totalem Verlust des Ozonschutzfilters ist das Erlöschen des irdischen Lebens denkbar. Damit sind die Fluorkohlenwasserstoffe (FCKW) extreme Schadstoffe, obwohl sie unmittelbar als gänzlich ungefährlich erscheinen.

Ein anderer wichtiger Rückwirkungsmechanismus läuft über die Nahrungskette. In die natürliche Nahrungskette (Sonne → Pflanzen → Tiere → Nahrungsprodukte → Mensch) werden vom volkswirtschaftlichen Prozess emittierte Nebenprodukte eingebaut, die sich dann selbst oder in akkumulierter Form auch in der menschlichen Nahrung wiederfinden. Dabei wird die weltweite Verteilung der Nebenprodukte konvektiv von der Erdatmosphäre geleistet. Eine räumliche Eingrenzung ist deshalb nicht möglich. Emittierte Substanzen finden sich selbst in Gebieten (z. B. Arktis und Antarktis), die räumlich weitab von jeglicher Zivilisation liegen. Besondere Bedeutung besitzen hierbei Akkumulationseffekte. Ähnlich wie im Fall der FCKW-Wirkung können selbst harmlose Substanzen – nach Anhäufung längs der Nahrungskette – durch Wechselwirkungen zu gefährlichen Kombinationen im Endprodukt Nahrung führen. Diese Effekte werden verstärkt durch die immer weiter fortschreitende Industrialisierung der Landwirtschaft, die nicht ohne ständig steigenden Energie- und Pestizideinsatz auskommt, deren Produktionsspektrum zudem auf immer weniger Pflanzen- und Tierarten (Monokultur) eingeschränkt wird, so dass die Bekämpfung der Schädlinge zu einem immer größeren Problem (Resistenzevolution) wird.

1.7   Umweltverträglichkeit

Ein Blick zurück auf die bisher abgelaufene irdische Evolutionsgeschichte (Darwin) zeigt einen unbarmherzigen Kampf um das „Leben" oder besser „Überleben". Die heute auf der Erde lebenden Organismenarten stellen nur einen außerordentlich kleinen Bruchteil (ca. 1 %) der Arten dar, die bisher auf der Erde gelebt haben [10]. Das Aussterben von Arten ist offensichtlich die Regel. Ökologische Krisen sind nichts Außergewöhnliches, sie sind Evolutionsalltag. Die Ursachen hierfür sind vorprogrammiert. Die Evolution ist ein Innovationsmechanismus zur Sicherung des Lebens; er ist artenvernichtend und gerade deshalb lebenserhaltend.

So wurde etwa durch das Aufkommen der Pflanzen, die als Nebenprodukt Sauerstoff (Umweltgift für die damalige Urwelt) freisetzen, nahezu die gesamte anaerobe (sauerstofffreie) Vorgängerlebewelt ausgerottet. Gleichzeitig wurden aber durch diesen Evolutionsschritt (Aufbau organischer Körpersubstanz aus unbelebtem anorganischem Material mit Hilfe des Sonnenlichts → Photosynthese, Assimilation) die Voraussetzungen für das Entstehen höherer Lebensformen bis hin zum Menschen geschaffen [11].

Dabei ist es ein Grundprinzip der Evolution (Konkurrenzprinzip), jeder neuen Art eine zerstörerische Ansturmdynamik auf die bereits vorhandenen Arten mitzugeben. Dies muss wohl so sein, denn es gibt nichts Neues zu verteilen, sondern es kann wegen der Beschränktheit des Lebensraums (Erde) nur umverteilt werden. Jede Organismenart

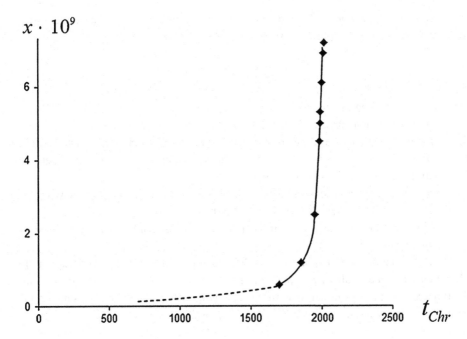

Bild 1.17 Zeitliche Entwicklung der Weltbevölkerung

erzeugt aufgrund dieses Konkurrenzprinzips mehr Nachkommen als zur Bestandserhaltung (Geburtenrate gleich Sterberate) erforderlich sind. Wenn eine Art nur eine Startnische findet, wächst sie anfänglich exponentiell.

Dieses statistisch zu beobachtende Verhalten (Bild 1.17) lässt sich mit einer einfachen Speicher- oder Wachstumsgleichung beschreiben (s. a. Abschn. 3.4.4). Wenn x die Anzahl der Individuen ist, kann sich diese über die Zeit nur entsprechend der Differenz zwischen der Wachstumsrate g (Geburten, Zufluss) und der Sterberate d (Todesfälle, Abfluss) ändern. Wie für jedes technische Speicherproblem gilt somit:

$$\frac{dx}{dt} = \dot{x} = g - d \tag{1.5}$$

Die Wachstums- und Sterberaten hängen von der aktuell vorhandenen Zahl der Individuen selbst ab

$$g = \alpha x, \quad d = \beta x \tag{1.6}$$

wobei durch die Faktoren α, β die Lebensbedingungen (Nahrungsangebot, Klima, Technologie, Medizin, Umwelt) wiedergespiegelt werden.

Mit (1.6) ergibt sich so aus (1.5) die Wachstumsgleichung (Gesetz von Malthus, 1798)

$$\dot{x} + (\beta - \alpha)\, x = 0 \tag{1.7}$$

zur Berechnung des zeitlichen Verlaufs der Weltbevölkerung $x(t)$. Ist insbesondere $\beta - \alpha$ konstant, ergibt sich die explizite Lösung

$$x(t) = x_0 \cdot e^{(\alpha - \beta) \cdot (t - t_0)} \tag{1.8}$$

wenn als Anfangsbedingung noch $x(t_0) = x_0$ unterstellt wird. Wie in der Realität (Bild 1.17) ergibt sich für $\alpha > \beta$ (Geburtenüberschuss) eine exponentiell anwachsende Weltbevölkerung, wobei das tatsächliche Wachstum noch durch die Zeitabhängigkeit der Koeffizienten $\alpha - \beta = f(t)$ verschärft wird, hinter der sich die derzeit zunehmend verbessernden Lebensbedingungen verbergen.

Wegen der Begrenztheit des Lebensraums (Erde) kann ein exponentielles Wachstum nur über einen beschränkten Zeitraum aufrechterhalten werden. Es kommt dann infolge dieses begrenzten Lebensraums und der somit auch beschränkten Ressourcen jeglicher Art zum Verteilungskampf.

Die Beschränkung des exponentiellen Wachstums und der damit verknüpften Beschränkung der menschlichen Population lassen sich phänomenologisch durch einen nichtlinearen Zusatzterm in der Wachstumsgleichung (1.9) beschreiben. Es gilt dann die verallgemeinerte Wachstumsgleichung (Verhulst, 1837)

$$\dot{x} + (\beta - \alpha) x + \gamma x^2 = 0 \tag{1.9}$$

mit der expliziten Lösung

$$x(t) = \frac{(\alpha - \beta) x_0}{\gamma x_0 + \left[(\alpha - \beta) - \gamma x_0\right] e^{-(\alpha - \beta)(t - t_0)}} \tag{1.10}$$

bei wiederum unterstellter Anfangsbedingung $x(t_0) = x_0$. Die Lösung (1.10) der so verallgemeinerten Wachstumsgleichung, die auch logistische Gleichung genannt wird, zeigt für $(\alpha - \beta) > > \gamma x_0$ in der Umgebung des Startzeitpunkts t_0 (Beobachtungsbeginn) zunächst exponentielles Verhalten entsprechend der einfachen Wachstumsgleichung ohne Beschränkung, das dann mit fortschreitender Zeit immer weiter abgeschwächt wird, um schließlich asymptotisch mit $t \to \infty$ gegen den Grenzwert $x_\infty = (\alpha - \beta)/\gamma$ zu streben (Bild 1.18).

Bemerkenswert ist, dass der Grenzwert (Wachstumsgrenze) im Rahmen der Evolution nicht etwa durch Anpassung (Verringerung) der Nachkommen an die real gebotenen Lebensbedingungen erreicht wird. Ganz im Gegenteil: Es werden stets maximal viele Nachkommen erzeugt. Ein Gleichstand kann im Rahmen der Evolution allein durch Abschöpfung (Hungertod, ...) der zu viel produzierten (vergeudeten) Individuen erreicht werden. Dies hat Konsequenzen, denn exponentielle Populationen verursachen eine zerstörerische Überbeanspruchung (kein Minimalprinzip, kein Ressourcenschutz) der Umwelt, und damit verbundene Rückwirkungen führen zu gefährlichen Veränderungen

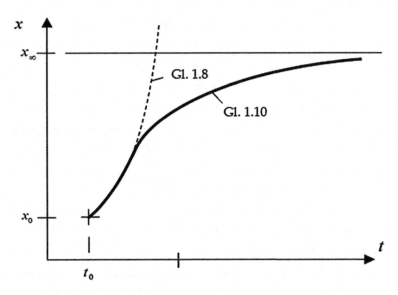

Bild 1.18 Logistisches (s-förmiges) Wachstumsverhalten

der Lebensgrundlagen. Dieser Konflikt ist es (ausgelöst durch das Konkurrenzprinzip), der den Übergang zu einer angemessenen Gleichgewichtspopulation so schwierig und krisenanfällig macht.

Die Evolution hat bis heute keine vernünftige (humane) Lösung zur notwendigen Wachstumsbegrenzung gefunden. Es gibt für lebende Arten keinen sicheren Weg hin zu einer Gleichgewichtspopulation. Diese rein darwinistisch evolutionären Abläufe werden zudem noch durch physikalische Umweltbedingungen (Temperatur, Strahlung, ...) gestört, die sich sowohl geordnet als auch chaotisch überlagern. Insgesamt ist also festzustellen, dass ökologische Krisen für die Menschheit – ebenso wie für alle anderen Organismenarten – im Rahmen der Evolution vorprogrammiert sind. Eine notwendige Begrenzung kann nur durch Geburtenkontrolle (Empfängnisverhütung) erreicht werden, die in der menschlichen Zivilisation vorwiegend durch religiöse Einflüsse behindert wird.

Bleibt noch anzumerken, dass die logistische Gleichung in der diskretisierten Form [12, 13] infolge der Nicht-Linearität vielfältige Eigenschaften wie Oszillationen, Chaos, Überempfindlichkeiten in sich trägt (Bild 1.19).

Diese diskrete Beschreibung (Differenzengleichung) ist im Allgemeinen realistischer als die kontinuierliche Beschreibung (Differenzialgleichung), da sich die Natur vorzugsweise selbst diskret verhält.

Die kontinuierliche Beschreibung mit Hilfe der Differenzialgleichung (1.9) und deren Lösung (1.10) ist nur ein extremer Sonderfall der vielfältigen realen Möglichkeiten.

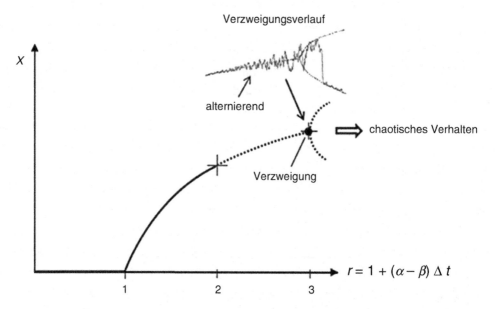

Bild 1.19 Wachstumsverhalten in Abhängigkeit vom Fruchtbarkeitsparameter r

---

Ergänzende und weiterführende Literatur

1. Binswanger, H. – C. / Bonus, H. / Timmermann, M.: Wirtschaft und Umwelt, W. Kohlhammer 1983
2. Seifritz, W.: Der Treibhauseffekt. München, Wien: Carl Hanser 1991
3. N. N.: Klimaschutz und Energieversorgung in Deutschland 1990–2020. Studie der Deutschen Physikalischen Gesellschaft, September 2005
4. Klostermann, J.: Das Klima im Eiszeitalter. Stuttgart: Schweizerbart 2009
5. Berner, U. / Hollerbach, A.: Klimafakten: Der Rückblick – Ein Schlüssel für die Zukunft / Klimawandel und CO_2 aus geowissenschaftlicher Sicht. BGR 2004
6. Unger, J.: Konvektionsströmungen. Stuttgart: Teubner 1988
7. N. N.: Natürliche Lachgasquellen. Kuratorium für Technik und Bauwesen in der Landwirtschaft (KTBL), Darmstadt
8. Svensmark, H. et al.: Experimental evidence for the role of ions in particle nucleation under atmospheric conditions. Proc. Roy. Soc. A (2007) 463,385–396
9. N.N.: Frigen-Handbuch, Sicherheitskältemittel. Farbwerke Höchst, 1962
10. MacLeod, N.: Arten sterben. Wendepunkte der Evolution. Theiss Verlag, 2016
11. Lehninger, A. L.: Bioenergetik 3. Aufl. Stuttgart, New York: Georg Thieme Verlag 1982
12. Braun, M.: Differentialgleichungen und ihre Anwendungen. 2. Aufl. Berlin, Heidelberg, New York: Springer 1991
13. Prigogine, I. / Stengers, I.: Dialog mit der Natur. 5. Aufl. München, Zürich: Piper 1993

Energetische Beurteilungskriterien

2

Zusammenfassung

Die klassische ingenieurmäßige Beurteilung von Energiesystemen allein mit Hilfe des Wirkungsgrades η ist nicht hinreichend.

$$E_{zu} \longrightarrow \bigcirc \longrightarrow E$$

$$\eta = \frac{P}{P_{zu}} = \frac{E}{E_{zu}}$$

Neben der mit dem Wirkungsgrad beschriebenen Prozessgüte der Energieumwandlung spielt auch die gesamte für diesen Prozess benötigte Infrastruktur eine entscheidende Rolle. Diese Infrastrukturgüte wird mit dem Energie-Erntefaktor ε beschrieben, der anzeigt, ob der Energieaufwand zum Realisieren eines Energie-Wandlungs-Apparates einschließlich der dazugehörigen gesamten Infrastruktur auch gerechtfertigt ist.

$$\bigcirc \longrightarrow E$$
$$\uparrow$$
$$E_{Infra}$$

$$\varepsilon = \frac{E}{E_{Infra}} = \frac{P\,T}{E_{Infra}}$$

© Springer Fachmedien Wiesbaden GmbH, ein Teil von Springer Nature 2020
J. Unger et al., *Alternative Energietechnik*,
https://doi.org/10.1007/978-3-658-27465-8_2

Der Erntefaktor liefert im Grenzfall $\varepsilon = 1$ die anschauliche energetische Amortisationszeit $T_{AM} = E_{Infra}/P$.

Die Prozess- und Infrastrukturgüte lässt sich gesamtenergetisch mit dem Global-wirkungsgrad $\delta = \delta(\eta, \varepsilon)$ universell als harmonisches Mittel zwischen dem Wirkungs-grad η und dem Erntefaktor ε darstellen. Systeme sind nur dann energetisch innovativ, wenn sowohl $d\eta > 0$ als auch $d\varepsilon > 0$ und damit auch $d\delta > 0$ realisiert wird.

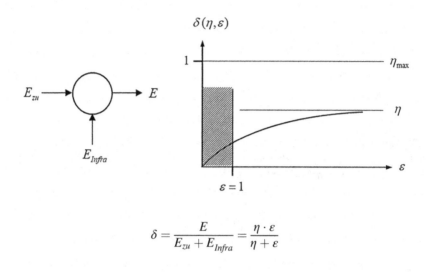

$$\delta = \frac{E}{E_{zu} + E_{Infra}} = \frac{\eta \cdot \varepsilon}{\eta + \varepsilon}$$

$\varepsilon < 1 \quad \rightarrow \quad$ Verlust der Energieautarkie

2.1 Wirkungsgrad

Energieumwandlungen sind nicht beliebig möglich. Soll insbesondere allein die Nutzen-energie in Form von elektrischem Strom (höchstwertige Energieform) bereitgestellt werden, kann jeweils nur ein Bruchteil der zur Verfügung stehenden Ausgangsenergie (Energie-Hierarchie, Abschn. 1.2, Bild 1.7) in Strom umgewandelt werden. Die Beschreibung des Wirkungsgrads η, der als Obergrenze das physikalisch maximal mögliche Verhältnis zwischen der nutzbaren Stromenergie zur aufgewendeten Ausgangsenergie beschreibt, ist das Ziel, das im Folgenden exemplarisch für sowohl alternative als auch konventionelle Energieumwandlungssysteme verfolgt wird. Durch die Beschränkung auf die Obergrenzen des Wirkungsgrads bei der Stromerzeugung kann die Herleitung rein physikalisch ohne Ingenieur-Detailkenntnisse geleistet werden. Dabei werden auch Nebenbedingungen berücksichtigt, die über die richtige Handhabung der Energieumwandlungssysteme ent-scheidend sein können.

2.1.1 Systeme zur Stromerzeugung

Die Versorgung mit Strom war in der Vergangenheit dezentral. Die Versorgungsbereiche der ersten Stromkraftwerke umfassten allenfalls einige Straßenzüge oder das Gebiet einer Gemeinde [1]. Der Verbund zwischen einzelnen Kraftwerken war die Ausnahme. Bei dem dann folgenden Ausbau der Versorgungsleitungen entstanden juristische Probleme, die zunächst privatrechtlich durch Konzessionsverträge gelöst wurden. Dann kam es zwischen den dezentralen Anbietern und entstehenden Überlandzentren zur Konkurrenzsituation. Die Großerzeugung von Strom wurde postuliert. Damit verknüpft war das Entstehen der großen Energie-Versorgungs-Untenehmen (EVU: RWE, Preußen Elektra, . . .) mit Monopolstellung (Stromkartell). Die Bedeutung dieses Stromkartells stieg strategisch bedingt mit dem 1. Weltkrieg weiter an und gipfelte dann im militärisch geprägten NS-Deutschland 1935 im Energiewirtschaftsgesetz (Sicherstellung der Stromversorgung an jedem Ort des Deutschen Reiches). Damit entstand ein weitreichendes Netz zur Stromverteilung im ganzen Land, so wie wir es heute kennen. Daran hat sich nach 2. Weltkrieg mit dem Ende der NS-Herrschaft unter dem Diktat der alliierten Siegermächte nichts geändert.

Mit der Einführung des Stromeinspeisegesetzes (Strom EinspG), das am 1. Januar 1991 in Kraft trat, hat sich die Stromwirtschaft grundlegend verändert. Das Gesetz verpflichtet die Versorgungsunternehmen zur Einspeisung und Vergütung des in ihrem Versorgungsgebiet aus erneuerbaren Energien erzeugten Stroms. Die großen Energieversorgungsunternehmen (EVU), die mit dem 1935 von den Nationalsozialisten zur Kriegsvorbereitung auf den Weg gebrachten Energiewirtschaftsgesetzes (EnWG) entstanden waren, konnten somit den Zugang zu ihren Verbundnetzen nicht mehr verweigern.

Mit diesem Stromeinspeisegesetz wurde der Grundstein für das Erneuerbare Energien Gesetzes (EEG) gelegt, das am 1. April 2000 in seiner ersten Fassung in Kraft trat und in seiner Anwendung auf die regenerativen Energien (Wasserkraft, Windenergie, Photovoltaik, Biomasse, Geothermie) eingeschränkt ist.

2.1.1.1 Wasserkraft
Wir beginnen mit der Abschätzung des Wirkungsgrads für die Wasserkraft (Bild 2.1).

Dieses klassischste aller regenerativen Energiesysteme ist von hydraulischer Natur. Das Handwerkzeug zur Berechnung des Wirkungsgrades ist deshalb die Hydraulik in Form des globalen Energie- und Impulssatzes für stationäre Strömungen [2]. Wir schreiben zunächst die Energiegleichung oder Bernoullische Gleichung für die Situation mit und ohne Turbine an. Hierfür gilt bei verlust- und drallfreier Betrachtung:

$$\text{ohne Turbine} \qquad p_0 + g\rho H = p_0 + \frac{\rho}{2}\,U^2 \qquad (2.1)$$

$$\text{mit Turbine} \qquad p_0 + g\rho H = p_0 + \frac{\rho}{2}\,U^2 + \Delta p_T \qquad (2.2)$$

Ohne Turbine ($\Delta p_T = 0$) ergibt sich aus (2.1) die maximale Ausflussgeschwindigkeit

$$U = U_{\max} = \sqrt{2gH} \tag{2.3}$$

nach Torricelli. Durch den sich bei Leistungsentnahme über die Turbine ergebenden Drucksprung $\Delta p_T = p - p_0 > 0$ wird diese Ausflussgeschwindigkeit reduziert. Es gilt dann

$$U = \sqrt{2gH - \frac{2}{\rho}\Delta p_T} < U_{\max} \tag{2.4}$$

nach (2.2). Die Turbinenleistung P berechnet sich für dieses stationäre Problem aus

$$P = FU \tag{2.5}$$

wobei die Kraft F noch unbekannt ist, die von der Turbine auf die Flüssigkeit ausgeübt wird. Diese beschaffen wir uns mit Hilfe des Impulssatzes und betrachten dazu das Kontrollvolumen nach Bild 2.1 bzw. Bild 2.2.

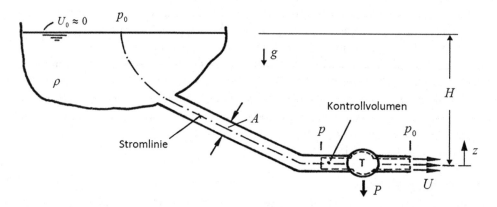

Bild 2.1 Wasserkraftanlage

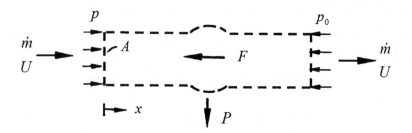

Bild 2.2 Kontrollvolumen um Turbine zur Berechnung der Kraft F

Durch Anschreiben des Impulssatzes für die Komponente in Strömungsrichtung

$$\underset{\substack{\text{ausfließender} \\ \text{Impuls/Zeiteinheit}}}{\dot{m}\,U} \quad - \quad \underset{\substack{\text{einfließender}}}{\dot{m}U} \quad = \quad \underset{\substack{\text{Kräfte auf} \\ \text{Kontrollvolumen}}}{pA - p_0A \; - F} \tag{2.6}$$

erhält man so bei vorausgesetzter Verlust- und Drallfreiheit (vollkommen unabhängig von konstruktiven Details der Turbine) die Kraft

$$F = (p \; - \; p_0)\,A \; = \; \Delta p_T\,A \tag{2.7}$$

infolge Leistungsentnahme. Die Turbinenleistung P ergibt sich dann durch Einsetzen von (2.7) in (2.5) zu

$$P = \Delta p_T A\,U = \Delta p_T\,\dot{V} \tag{2.8}$$

oder bei Beachtung von (2.3) und (2.4) mit

$$\Delta p_T = g\rho H - \frac{\rho}{2}\,U^2 = \frac{\rho}{2}\left(U_{\max}^2 - U^2\right) \tag{2.9}$$

in der expliziten Form

$$P = \frac{\rho}{2}A\left(U_{\max}^2 - U^2\right)U \; = \; P(U) \tag{2.10}$$

als Funktion von der Abströmgeschwindigkeit U. Wir erkennen sofort, dass die Leistung sowohl für $U = 0$ als auch $U = U_{\max}$ verschwindet. Offensichtlich muss es dazwischen einen Wert U^* geben, für den die Leistung maximal wird.

Durch Differenzieren und Nullsetzen der Ableitung

$$\frac{dP}{dU} = \frac{\rho}{2}A\left[\left(U_{\max}^2 - U^2\right) - 2U\,U\right] \tag{2.11}$$

findet man

$$U^* = \left(1/\sqrt{3}\right)U_{\max} \tag{2.12}$$

und damit die maximale Turbinenleistung

$$P_{\max} = \frac{\rho}{2}A\left(U_{\max}^2 - U^{*2}\right)U^* \; = \; \frac{1}{3\sqrt{3}}\rho A\,U_{\max}^3 \tag{2.13}$$

Bild 2.3 Leistungskennlinie
mit Maximum

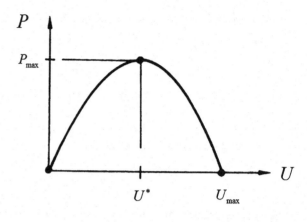

Bild 2.4 Zur Leistungsbilanz
für eine Wasserturbine

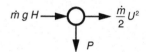

die entnommen werden kann, wenn die Turbine gerade mit der Abflussgeschwindigkeit
$U = U^*$ betrieben wird (Bild 2.3). Die Leistungsgleichung (2.10) kann bei Beachtung des
Massenstroms

$$\dot{m} = \rho\,\dot{V} = \rho A\,U \qquad\qquad (2.14)$$

und der Torricelli-Geschwindigkeit (2.3) auch in die anschaulichere und damit besser
interpretierbare Form

$$P \;=\; \dot{m}\,g\,H \;-\; \frac{\dot{m}}{2}\,U^2 \qquad\qquad (2.15)$$

gebracht werden. Aus dieser Darstellung entnehmen wir, dass sich die Turbinenleistung aus
der Differenz zwischen der potenziellen Energie/Zeiteinheit der zufließenden Flüssigkeit und
der kinetischen Energie/Zeiteinheit der abfließenden Flüssigkeit ergibt (Bild 2.4).

Der hier letztlich interessierende Wirkungsgrad der Wasserkraftanlage, der in der
Abschätzung nach oben dem idealen Turbinenwirkungsgrad entspricht, kann dann allgemein
in der Form[1]

---

[1]Die Definition des Wirkungsgrades als Leistungsverhältnis (2.16) ist mit der energetischen Formulierung gleichwertig, wenn die Nutzleistung bei stationärem Betrieb simultan zur zugeführten
Leistung entnommen wird: $\eta = P/P_{zu} = E/E_{zu}$.

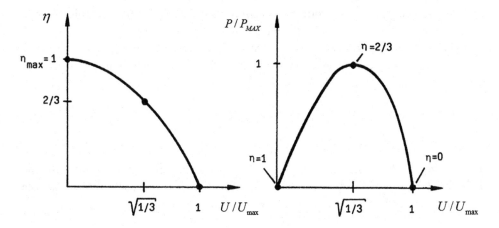

Bild 2.5 Wirkungsgrad und Leistung in dimensionsfreier Darstellung

$$\eta = \frac{P}{P_{zu}} = \frac{\dot{m}\,gH - \frac{\dot{m}}{2}\,U^2}{\dot{m}\,gH} = 1 - \frac{U^2}{2gH} = 1 - \left(\frac{U}{U_{max}}\right)^2 \qquad (2.16)$$

angegeben werden. Wir erkennen hieraus, dass bei vorgegebener Topolgie des Wasserreservoirs ($U_{max} = \sqrt{2gH}$) für den Turbinenwirkungsgrad allein eine Abhängigkeit von der realisierten Abflussgeschwindigkeit U besteht.

Dieses Ergebnis ist zusammen mit der Turbinenleistung nach (2.10) bzw. (2.13) in der (2.16) entsprechenden dimensionsfreien Form

$$\frac{P}{P_{max}} = \frac{3}{2}\sqrt{3}\left[1 - \left(\frac{U}{U_{max}}\right)^2\right]\frac{U}{U_{max}} \qquad (2.17)$$

in Bild 2.5 dargestellt.

Dem entnehmen wir, dass einerseits beim Turbinenbetrieb mit $\eta = 2/3$ die maximale Leistung entnommen werden kann, andererseits die verfügbare Leistung bei Annäherung an den maximalen Wirkungsgrad $\eta = 1$ verschwindet, da für diesen Grenzfall auch die Abflussgeschwindigkeit gerade zu Null wird. Dieses für Systeme mit Rückwirkung typische Verhalten[2] ist bei einer Wasserturbine gegeben (Bild 2.5) und auch der Grund dafür, dass hier nicht a priori auf die energetisch sinnvollste Betriebsweise geschlossen werden kann. Es muss also noch eine Nebenbedingung gestellt werden, die erst die richtige Wahl der Betriebsweise (Abflussgeschwindigkeit U, Geschwindigkeitsverhältnis U/U_{max}) gestattet. Diese Nebenbedingung folgt aus der Ergiebigkeit des vorhandenen Wasserreservoirs.

---

[2]Der Zufluss zur Turbine (Eingangsgröße) ist eine Funktion des Abflusses (Ausgangsgröße).

Ist hinreichend viel Wasser vorhanden, so dass das Reservoir durch den Turbinenbetrieb nie geleert werden kann, ist die Turbine bei maximaler Leistung $P_{\max}$ mit einem Wirkungsgrad $\eta = 2/3$ zu fahren.

Man erhält dann bei ununterbrochenem Betrieb über die Zeit t die zugehörige Energie:

$$E = \int_0^t P_{\max}\, dt = P_{\max}\, t \tag{2.18}$$

Liegt dagegen Wassermangel vor, kann die Anlage bei gleicher Betriebsweise mit $\eta = 2/3$, $P = P_{\max}$, $U = U^*$ nur über eine verkürzte Zeit t_1 betrieben werden, die sich aus der nutzbaren Wassermasse M des Reservoirs zu

$$t_1 = M/\rho A\, U^* \tag{2.19}$$

berechnet. Dabei wird die Energie

$$E_1 = P_{\max}\, t_1 \tag{2.20}$$

entnommen, die sich in dimensionsfreier Darstellung (Bild 2.6) durch die aufgespannte Fläche von der Größe 1×1 zeigt.

Wird die Anlage dagegen bei verminderter Leistung $P < P_{\max}$ und somit bei erhöhtem Wirkungsgrad $\eta > 2/3$ bei einer reduzierten Abflussgeschwindigkeit $U < U^*$ (Bild 2.5) betrieben, vergrößert sich die Nutzungszeit derart, dass die dann verfügbare Nutzenergie

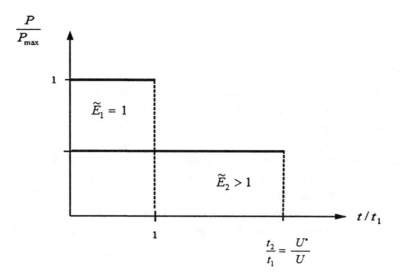

Bild 2.6 Betrieb bei Wassermangel

trotz geminderter Leistung ansteigt (Bild 2.6). Um dies zeigen zu können, berechnen wir die jetzt gestreckte Nutzungszeit

$$t_2 = M/(\rho A\,U) \;=\; (U^*/U)\,t_1 > t_1 \tag{2.21}$$

die multipliziert mit der verminderten Leistung auf die nutzbare Energie

$$E_2 = P\,t_2 \tag{2.22}$$

führt, die sich bei Beachtung von (2.3), (2.14) und (2.15) in der aussagekräftigeren Form

$$E_2 = \dot{m}\left(gH - \frac{U^2}{2}\right)\frac{M}{\rho A\,U} = \frac{M}{2}\left(U_{\max}^2 - U^2\right) \;>\; E_1 = \frac{M}{2}\left(U_{\max}^2 - U^{*2}\right) \tag{2.23}$$

darstellen lässt. Hieraus erkennen wir, dass sich die Nutzenergie E_2 vergrößert, wenn die Anlage mit einer Abströmgeschwindigkeit $U < U^*$ und dem zugehörigen Wirkungsgrad $\eta > \eta^* = 2/3$ betrieben wird.

2.1.1.2 Windkraft

Gegenstand der folgenden Betrachtung sind Windräder in klassischer Bauweise (Bild 2.7), deren Wirkungsgrad wiederum nach oben abgeschätzt werden soll.

Auch hier ist die Energienutzung regenerativ. Im Gegensatz zum Beispiel Wasserkraft ist das zu betrachtende Medium jetzt ein Gas (Luft) und somit im Allgemeinen kompressibel. Wenn aber die Anströmgeschwindigkeit U_1 klein gegenüber der zugehörigen Schallgeschwindigkeit a der Luft bleibt und deshalb für die Machzahl stets $Ma = U/a << 1$ gilt, verhält sich die Luft inkompressibel wie eine Flüssigkeit. In dieser Näherung kann also die Dichte der Luft als konstant angesehen werden, so dass die hydraulischen Überlegungen des vorherigen Abschnitts auch für die Windkraft gültig bleiben. Neu dagegen ist, dass wir das Kontrollvolumen zur Berechnung der Kraft F, die vom Windrad auf die Luft ausgeübt wird, nicht mehr a priori kennen. Da die Ummantelung des zur Energieentnahme verwen-

Bild 2.7 Windrad in klassischer Bauweise

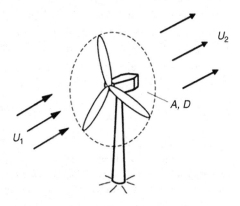

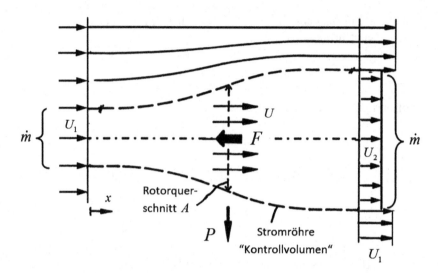

Bild 2.8 Kontrollvolumen bei Leistungsentnahme durch Windrad

deten Mechanismus (Windrad) jetzt fehlt, muss die sich beim Betrieb von selbst einstellende Stromröhre (Bild 2.8) mitberechnet werden, die zugleich Kontrollvolumen ist.

Da mit zunehmender Leistungsentnahme die Geschwindigkeit U_2 hinter dem Windrad gegenüber der Geschwindigkeit U_1 des anströmenden Winds abgeschwächt wird, muss es dort zu einer Aufweitung und entsprechend vor dem Windrad zu einer Kontraktion der in Bild 2.8 dargestellten Stromröhre[3] kommen. Das den Querschnitt $A = D^2\pi/4$ überstreichende Windrad vom Durchmesser D wirkt wie ein durchströmter Widerstand und übt auf die Luft die Kraft F aus, die wir wieder mit dem Impulssatz berechnen können.

Für die Komponente in Hauptströmungsrichtung gilt bei Verlust- und Drallfreiheit

$$\dot{m}\,U_2 - \dot{m}\,U_1 = -F \tag{2.24}$$

wobei beachtet wurde, dass der statische Druck sowohl auf den Stirnflächen (parallele Stromlinien) als auch auf der Mantelfläche (Freistrahl) der Stromröhre durch die Atmosphäre aufgeprägt wird. Damit fallen die Druckterme in (2.24) heraus oder sind identisch Null, wenn wir für den Atmosphärendruck wegen des inkompressiblen Verhaltens ($Ma \ll 1$) gleich $p_0 = 0$ setzen.

Somit kann für die auf die Luft vom Windrad ausgeübte Kraft

---

[3]Eine Stromröhre ist dadurch definiert, dass über ihre Mantelfläche weder Masse zu- noch abfließt. Die Mantelfläche wird also nicht durchströmt und verhält sich wie eine materielle Wand. Der Massenstrom längs der Stromröhre ist somit konstant.

$$F = \dot{m}\left(U_1 - U_2\right) \tag{2.25}$$

geschrieben werden, und durch Einsetzen in (2.5) ergibt sich bei Beachtung des Massenstromes durch die Stromröhre

$$\dot{m} = \rho\,\dot{V} = \rho A\,U \tag{2.26}$$

dann die dem Wind entnommene Leistung zu:

$$P = F\,U = \rho A\,U^2\left(U_1 - U_2\right) \tag{2.27}$$

Dabei ist U die mittlere Geschwindigkeit (Bild 2.8), mit der die vom Windrad überstrichene Fläche durchströmt wird ($U \perp A$). Zur Berechnung der noch unbekannten Geschwindigkeit $U_1 > U > U_2$ wird zusätzlich die Leistungsgleichung (2.28) genutzt, die den Zusammenhang der Leistung mit der Abnahme der kinetischen Energie/Zeiteinheit in der Stromröhre beschreibt:

$$P = \frac{\dot{m}}{2}\,U_1^2 - \frac{\dot{m}}{2}\,U_2^2 \tag{2.28}$$

Durch Gleichsetzen von (2.27) und (2.28) erhält man bei Beachtung von (2.26) und unter der Voraussetzung $U_2 > 0$ (durchströmtes Windrad) so

$$U = \frac{1}{2}\left(U_1 + U_2\right) \tag{2.29}$$

als arithmetisches Mittel, gebildet mit der Zu- und Abströmgeschwindigkeit der Stromröhre. Damit ist schließlich auch die Leistung

$$P = \frac{1}{4}\,\rho A\left(U_1 + U_2\right)^2\left(U_1 - U_2\right) = P\left(U_2\right) \tag{2.30}$$

in Abhängigkeit von der Abströmgeschwindigkeit U_2 bekannt. Es existiert wieder eine ausgezeichnete Geschwindigkeit U_2^*, bei der die Leistung des Windrads maximal wird (Bild 2.9).

Wir berechnen P_{max} durch Differenzieren und Nullsetzen der Ableitung

$$\frac{dP}{dU_2} = \frac{1}{4}\,\rho A\left(U_1 + U_2\right)\left(U_1 - 3U_2\right) = 0 \tag{2.31}$$

und erhalten mit

Bild 2.9 Leistungskennlinie
mit Maximum

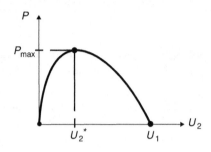

Bild 2.10 Zur Leistungsbilanz
für ein Windrad

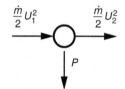

$$U_2^* = \frac{1}{3}\, U_1 \tag{2.32}$$

die maximal nutzbare Leistung:

$$P_{\max} = \frac{1}{2}\, \rho A\, U_1^3 \cdot \frac{16}{27} \tag{2.33}$$

Mit der in Bild 2.10 systemtechnisch dargestellten Leistungsbilanz nach Gleichung (2.28), die der Gleichung (2.15) im Fall der Wasserkraft entspricht, ergibt sich so wieder ganz zwangsläufig der letztlich interessierende Wirkungsgrad

$$\eta = \frac{P}{P_{zu}} = \frac{\frac{\dot m}{2}\, U_1^2 - \frac{\dot m}{2}\, U_2^2}{\frac{\dot m}{2}\, U_1^2} = 1 - \left(\frac{U_2}{U_1}\right)^2 \tag{2.34}$$

der zusammen mit der dimensionsfrei gemachten Leistung in Bild 2.11 dargestellt ist.

Wir erkennen, dass das Verhalten eines Windrades prinzipiell mit dem einer Wasserturbine übereinstimmt. Bei einem Wirkungsgrad von $\eta = 8/9$ kann einerseits die maximale Leistung entnommen werden, andererseits fällt die verfügbare Leistung bei Annäherung an $\eta_{\max} = 1$ ab und verschwindet schließlich.

Allein der Grenzübergang bei verschwindender Abströmgeschwindigkeit $U_2 \to 0$ ist hier etwas komplizierter und nicht formal mit den benutzten Gleichungen handhabbar, da bei der Herleitung eine stets hinreichend durchflossene Stromröhre ($U_2 > 0$) vorausgesetzt wurde. Dennoch kann etwa aus der Leistungsgleichung (2.28) auf $P = 0$ für $U_2 = 0$ geschlossen werden, denn für $U_2 \to 0$ wird der Eintrittsquerschnitt der Stromröhre immer

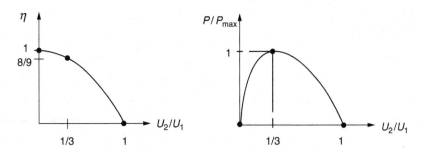

Bild 2.11 Wirkungsgrad und Leistung in dimensionsfreier Darstellung

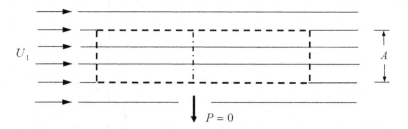

Bild 2.12 Zylindrische Stromröhre bei fehlender Leistungsentnahme

kleiner, so dass der durch das Windrad hindurchströmende Massenstrom $\dot{m}$ schließlich selbst verschwindet.

Windräder sind bei maximaler Leistungsausbeute (Windüberschuss) zu betreiben. Ohne Wind kein Strom. Die Diskussion um eine geeignete Betriebsweise (Wassermangel bei Wasserkraftanlagen) erübrigt sich. Der hier erreichte Wirkungsgrad $\eta = 8/9$ bei maximaler Leistung liegt schon sehr nahe bei $\eta_{max} = 1$. Ursache ist die energetisch hochwertige Primär-Windenergie (Energiehierarchie, Bild 1.7) und die sich in Strömungsrichtung erweiternde Stromröhre.

Bezieht man die Windradleistung P auf die maximale Leistung $\dot{m}_0 U_1^2/2$ des Windes, die bei fehlender Leistungsentnahme im dann ungenutzt durch die zylindrische Stromröhre vom Querschnitt A ($U_1 = U = U_2$: Bild 2.12) fließenden Massenstrom $\dot{m}_0 = \rho A\, U$ steckt, erhält man den Betzschen Ausbeutekoeffizienten für Windräder [3]

$$c_{Betz} = \frac{P}{\frac{\dot{m}}{2}\, U_1^2}\bigg|_{P=0} = \frac{\frac{1}{4}\,\rho A\,(U_1 + U_2)^2\,(U_1 - U_2)}{\frac{1}{2}\,\rho A\, U_1^3}$$

$$= \frac{1}{2}\left(1 + \frac{U_2}{U_1}\right)^2\left(1 - \frac{U_2}{U_1}\right) \tag{2.35}$$

Bild 2.13 Betzscher
Ausbeutekoeffizient

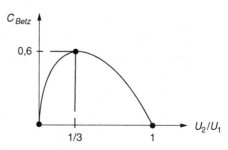

Bild 2.14 Aufwindkraftwerk

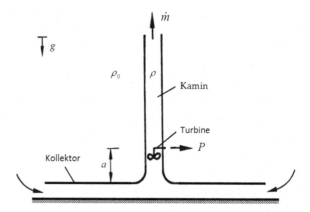

der allgemein in Abhängigkeit vom Geschwindigkeitsverhältnis U_2/U_1 in Bild 2.13 dargestellt ist, dessen maximaler Wert 16/27 für $U_2^*/U_1 = 1/3$ auch schon aus der Gleichung (2.33) für die maximalen Leistung abgelesen werden konnte.

Maximal lassen sich also nur 16/27 oder 60 % der von der ungestörten Windströmung transportierter Energie/Zeiteinheit abschöpfen.

2.1.1.3 Aufwindkraft

Bei der Aufwindkraft wird nicht der natürliche Wind genutzt, sondern dieser künstlich erzeugt. Zu diesem Zweck benötigt man einen Kamin und einen Kollektor (Bild 2.14).

Die von der Sonne im Kollektor erwärmte Luft steigt infolge Dichteverringerung ($\rho < \rho_0$) im Kamin auf. Aus der Bewegungsenergie des so künstlich erzeugten Winds (Sekundärwindenergie) kann mit Hilfe konventioneller Windradtechnik ein gewisser Anteil an mechanischer Energie abgezweigt und mit einem angekoppelten Generator schließlich in elektrischen Strom umgesetzt werden [4].

Um wiederum das Energieumwandlungsverhalten auch dieses Systems nach oben abschätzen zu können, lassen wir jegliche Verluste außer Acht und berechnen zunächst die maximale Bewegungsenergie/Zeiteinheit, die in der sich im Kamin frei einstellenden Konvektionsströmung infolge Sonneneinstrahlung steckt, wenn keine Leistung entnommen wird. Wir formulieren hierzu den Impulssatz für stationäre Strömungen unter Beachtung der hier vorliegenden Situation nach Bild 2.15.

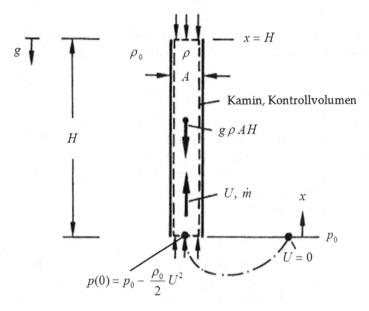

Bild 2.15 Kontrollvolumen zur Berechnung der Kaminströmung

Dabei ist das Kontrollvolumen $V = AH$ das Kaminvolumen selbst, so dass das bei zylindrischen Kaminen der ausfließende und einfließende Impuls pro Zeiteinheit gleich groß ist. Der Impulssatz reduziert sich deshalb auf das Kräftegleichgewicht

$$\dot{m}\,U - \dot{m}\,U = 0 = p(0)A - p(H)A - g\rho AH \qquad (2.36)$$

zwischen den Druckkräften an den Stirnenden des Kontrollvolumens bei $x = 0$, $x = H$ und der Gewichtskraft $g\rho AH$ der erwärmten Luftsäule der Dichte $\rho < \rho_0$ im Kamin. Die gesuchte freie Konvektionsströmung wird sich gerade so einstellen, dass der statische Druck im Kaminaustritt $p(H)$ mit dem der angrenzenden Umgebung übereinstimmt. Aus dieser Abströmbedingung (tangentiales Ausströmen) ergibt sich bei ungestörter hydrostatischer Umgebung der Druck im Kaminaustritt zu $p(H) = p_0 - g\rho_0 H$. Der Druck am Kaminfuß $p(0)$ wird dagegen durch die Beschleunigung der Luftteilchen aus der Ruhe heraus festgelegt.

Betrachten wir hierzu eine Stromlinie, die von der ungestörten Umgebung bei $x = 0$ zum Kaminfuß führt, ergibt sich bei unterstellter Verlustfreiheit und Beachtung kleiner Dichteänderungen $\Delta\rho/\rho_0 \ll 1$ in gröbster Näherung der um den Staudruck $\rho_0 U^2/2$ abgesenkte Druck $p(0) = p_0 - \rho_0 U^2/2$.

Damit vereinfacht sich (2.36) auf

$$0 = -\frac{1}{2}\,\rho_0 U^2 A + gAH\,\Delta\rho \qquad (2.37)$$

mit der Dichtedifferenz $\Delta \rho = \rho_0 - \rho > 0$ und kann als Kräftegleichgewicht zwischen einer Auftriebskraft $F_A = g A H \Delta \rho$ und einer Widerstandskraft $F_W = \rho_0 A\, U^2/2$ gedeutet werden. Hieraus erhält man sofort die modifizierte Torricelli-Geschwindigkeit

$$U = \sqrt{2 g H \frac{\Delta \rho}{\rho_0}} \qquad (2.38)$$

mit der sich schließlich die maximal in der Kaminströmung steckende mechanische Leistung $P_{\mathrm{max}} = \dot{m}\, U^2/2$ berechnen lässt. Dem steht die von der Sonne eingestrahlte Wärmeleistung $\dot{Q} = q_S A_K$ (q_S: Solarkonstante, A_K: Kollektorfläche) gegenüber, die wir mit der globalen Energiegleichung in der Darstellung

$$\dot{Q} = \dot{m}\, c_p\, \Delta T \qquad (2.39)$$

mit der sich beim Durchströmen des Kollektors einstellenden Temperaturerhöhung $\Delta T = T - T_0$ beschreiben können. Es ist unmittelbar einleuchtend, dass selbst die maximale Leistung P_{max} nur ein Bruchteil der von der Sonne eingestrahlten Wärmeleistung $\dot{Q}$ sein kann, denn die Luft wird nicht nur bewegt, sondern vor allem auch erwärmt. Um die Effizienz des betrachteten Systems zeigen zu können, bilden wir den bestmöglichen Wirkungsgrad η_{max} als Verhältnis $P_{\mathrm{max}}/\dot{Q}$.

Es gilt dann zunächst

$$\eta_{\mathrm{max}} = \frac{P_{\mathrm{max}}}{\dot{Q}} = \frac{\frac{1}{2}\, \dot{m}\, U^2}{\dot{m}\, c_p\, \Delta T} = \frac{U^2}{2\, c_p \Delta T} \qquad (2.40)$$

und mit der modifizierten Torricelli-Geschwindigkeit nach (2.38) und Beachtung der thermischen Zustandsgleichung für kleine Aufheizspannen der Luft (ideales Gas)

$$\Delta T/T_0 \ll 1 : \qquad \rho = \rho_0 \left(1 - \frac{\Delta T}{T_0}\right) \quad \text{oder} \quad \frac{\Delta \rho}{\rho_0} = \frac{\Delta T}{T_0} \qquad (2.41)$$

vereinfacht sich (2.40) auf:

$$\eta_{\mathrm{max}} = \frac{g H}{c_p\, T_0} = \frac{H}{H^*} \qquad \text{mit} \qquad H^* = \frac{c_p\, T_0}{g} \qquad (2.42)$$

Letztlich kann der maximal mögliche Wirkungsgrad als Längenverhältnis zwischen der Kaminhöhe H und einer charakteristischen Länge H^* dargestellt werden. Diese Aussage ist von eminenter Bedeutung: Der Wirkungsgrad eines Aufwindkraftwerkes kann allein durch Erhöhen des Kamins verbessert werden. Da zudem die mit der Erdbeschleunigung g, der Referenztemperatur T_0 der Umgebung und der spezifischen Wärmekapazität c_p der Luft

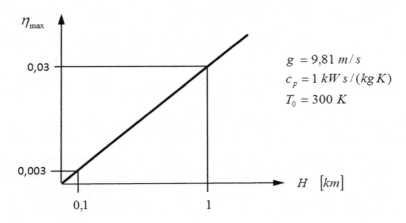

Bild 2.16 Maximaler Wirkungsgrad in Abhängigkeit von der Kaminhöhe

(Bild 2.16) gebildete charakteristische Länge mit $H^* = 30$ km sehr groß ausfällt, lassen sich Wirkungsgrade im %-Bereich nur mit Kaminhöhen im km-Bereich realisieren.

Aufwindkraftwerke sind somit ganz zwangsläufig gigantische Gebilde. Dies ist nicht weiter verwunderlich, denn der künstliche Wind wird nach den gleichen atmosphärischen Regeln wie in der Natur erzeugt, und dazu sind eben meteorologische Maßstäbe erforderlich. Energetisch interpretiert bedeutet dies, dass einerseits die Bewegungsenergie der Kaminströmung sehr viel kleiner als die von ihr transportierte Wärmeenergie ist, andererseits aber nur aus der Bewegungsenergie mechanische Nutzenergie entnommen werden kann. Vom Prinzip her ist deshalb ein Aufwindkraftwerk keineswegs zur Stromerzeugung prädestiniert.

Wir betrachten das Aufwindkraftwerk jetzt mit Leistungsentnahme. Zu diesem Zweck sind die bisherigen Überlegungen etwas allgemeiner zu formulieren. Wesentlich ist der Drucksprung Δp_T, der sich bei Leistungsentnahme über die Windturbine bei $x = a$ einstellt (Bild 2.14). Ohne Drucksprung (fehlende oder leerlaufende Turbine) liegt im Kamin der Druckverlauf

$$p(x) = p_0 - \frac{1}{2}\rho_0 U^2 - g\rho x \qquad (2.43)$$

vor, den wir für ein variabel gedachtes Kontrollvolumen $V(x) = A x$ direkt aus dem Impulssatz (2.36) entnehmen, indem wir H durch x ersetzen. Dieser Druckverlauf ist jetzt zu modifizieren. Es muss dazu der Drucksprung Δp_T infolge Leistungsentnahme am Ort der Turbine $x = a$ eingebaut werden. Somit gilt für den Druckverlauf im Kamin jetzt

$$p(x) = p_0 - \frac{\rho_0}{2} U^2 - g\rho x \qquad \text{für } x < a$$
$$p(x) = p_0 - \frac{\rho_0}{2} U^2 - g\rho x - \Delta p_T \qquad \text{für } x > a \qquad (2.44)$$

und durch Einsetzen von (2.44) in die bereits zuvor diskutierte Abströmbedingung $p(H) = p_0 - g\rho_0 H$ ergibt sich sofort die modifizierte Torricelli-Geschwindigkeit bei Leistungsentnahme

$$U = \sqrt{2gH\frac{\Delta\rho}{\rho_0} - \frac{2}{\rho_0}\Delta p_T} \qquad (2.45)$$

die für den Sonderfall $\Delta p_T = 0$ mit (2.38) identisch ist. Setzen wir dieses Ergebnis (2.45) schließlich in die globale Energiegleichung (2.39) ein, erhalten wir bei Beachtung von $\Delta\rho/\rho_0 \ll 1$ mit (2.41) beim Umschreiben des Dichte- und Geschwindigkeitsterms in den entsprechenden Temperatur- und Massenstromterm die Leitungsgleichung für die Turbine:

$$\frac{2gH\rho_0^2 A^2}{c_p T_0}\dot{Q} = \dot{m}^3 + 2\rho_0^2 A^2\left(\Delta p_T \cdot UA\right) \qquad (2.46)$$

Aus dem ganz rechts stehenden Term entnehmen wir, dass sich ein Aufwindkraftwerk ähnlich wie ein hydraulisches Kraftwerk verhält, denn wie bei der Wasserkraft gilt für die Turbinenleistung

$$P = \Delta p_T \cdot UA = \Delta p_T \cdot \dot{V} \qquad (2.47)$$

die hydraulische Formel (2.8). Die Thermik ist also nur das Vehikel zur Erzeugung des künstlichen Windes. Weiter lesen wir ab, dass bei fehlender Leistungsentnahme $P = 0$ sich der maximale Massenstrom

$$\dot{m}_{Max} = \sqrt[3]{\left(2gH\rho_0^2 A^2/c_p T_0\right)\dot{Q}} \qquad (2.48)$$

einstellt und die Turbinenleistung explizit in der Form

$$P = \frac{1}{2\rho_0^2 A^2}\left(\dot{m}_{MAX}^3 - \dot{m}^3\right) \qquad (2.49)$$

dargestellt werden kann (Bild 2.17), die trivialerweise für $\dot{m} = \dot{m}_{Max}$ die Leistung $P = 0$ liefert, für $\dot{m} \to 0$ aber eine nicht verschwindende Leistung ausweist, die im Widerspruch zu den bisher gefundenen Leistungscharakteristika für die Wasser- und Windkraft steht.

Die Ursache für die hier mit $\dot{m} \to 0$ nicht verschwindende Leistung ist der bisher vernachlässigte Wärmeverlust des Kollektors. Mit Berücksichtigung dieses für Kollektoren typischen Verlustes $\dot{Q}_V = \gamma\,\Delta T$ (Aufgabe 7) ergibt sich die modifizierte Darstellung

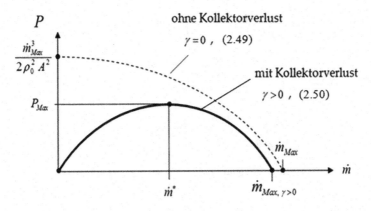

Bild 2.17 Leistungsverhalten eines Aufwindkraftwerks

$$P = \frac{1}{2\rho_0^2 A^2} \left(\frac{\dot{m}_{Max}^3}{1 + \dfrac{\gamma}{c_p}\dfrac{1}{\dot{m}}} - \dot{m}^3 \right) \tag{2.50}$$

die jetzt sowohl für $\dot{m} = 0$ als auch $\dot{m} = \dot{m}_{Max\,\gamma>0}$ eine verschwindende Leistung beschreibt und bei verschwindendem Wärmeverlust für $\gamma = 0$ mit (2.49) in Übereinstimmung bleibt.

Das mit der Wasser- und Windkraft somit in Übereinstimmung stehende Leistungsverhalten zeigt, dass wiederum eine maximale Leistung P_{Max} existiert, die bei dem ausgezeichneten Massenstrom $\dot{m}^*$ angenommen wird, der sich durch Differenzieren von (2.50) und Nullsetzen der Ableitung

$$\frac{dP}{d\dot{m}} = \frac{1}{2\rho_0^2 A^2} \left[\frac{\dfrac{\gamma}{c_p}\dfrac{1}{\dot{m}^2}}{\left(1 + \dfrac{\gamma}{c_p}\dfrac{1}{\dot{m}}\right)^2} \dot{m}^3{}_{Max} - 3\dot{m}^2 \right] = 0 \tag{2.51}$$

berechnen lässt. Die sich ergebende Bestimmungsgleichungen für $\dot{m}^*$ ist in ein Polynom 4. Ordnung:

$$\dot{m}^{*4} + \frac{2\gamma}{c_p}\dot{m}^{*3} + \left(\frac{\gamma}{c_p}\right)^2 \dot{m}^{*2} = \frac{1}{3}\frac{\gamma}{c_p}\dot{m}_{Max}^3 \tag{2.52}$$

Aus der in Bild 2.18 skizzierten Leistungsbilanz für die Turbine kann der Wirkungsgrad der Windturbine η_T abgelesen werden,

$$P_{zu} = \dot{Q}\left(1 - \frac{\dot{Q}_v}{\dot{Q}}\right)\frac{H}{H^*}$$

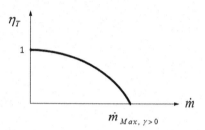

$$= \dot{Q}\left(1 - \frac{\gamma}{\gamma + c_p\,\dot{m}}\right)\frac{H}{H^*}$$

$$= \left(1 - \frac{\gamma}{\gamma + c_p\,\dot{m}}\right)\frac{\dot{m}^3_{Max}}{2\,\rho_0^2\,A^2}$$

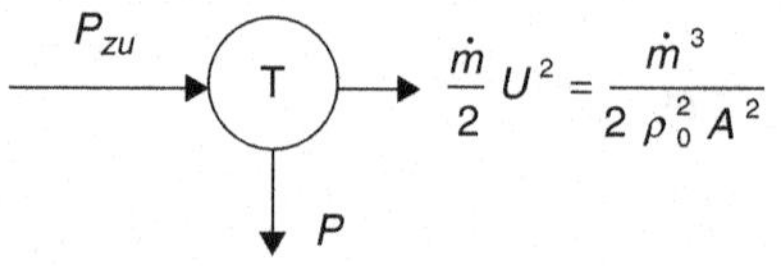

Bild 2.18 Leistungsbilanz für die Windturbine im Kamin

Bild 2.19 Wirkungsgrad der
Windturbine im Kamin

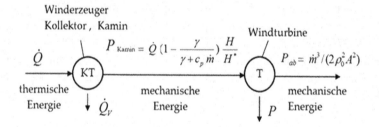

Winderzeuger
Kollektor, Kamin

Bild 2.20 Gesamtleistungsbilanz für ein Aufwindkraftwerk

$$\eta_T = \frac{P}{P_{zu}} = 1 - \left(1 + \frac{\gamma}{c_p}\frac{1}{\dot{m}}\right)\left(\frac{\dot{m}}{\dot{m}_{Max}}\right)^3 \qquad (2.53)$$

dessen Abhängigkeit vom Massenstrom $\dot{m}$ in Bild 2.19 skizziert ist.

Da bei Aufwindkraftwerken der Wind künstlich erzeugt wird (Sekundärwindenergie), ist nicht allein die Windturbine, sondern zusätzlich auch der Anlagenteil zur Winderzeugung (Kollektor, Kamin) mitzubetrachten. Aus der in Bild 2.20 skizzierten Gesamtleistungsbilanz kann der Gesamtwirkungsgrad $\eta = \eta_T \cdot \eta_{KT}$ des Aufwindkraftwerks entnommen werden.

Der Gesamtwirkungsgrad des Aufwindkraftwerks ergibt sich zu

$$\eta = \frac{P}{\dot{Q}\left(1 - \dot{Q}/\dot{Q}_V\right)} = \frac{H}{H^*}\left[1 - \left(1 + \frac{\gamma}{c_p}\frac{1}{\dot{m}}\right)\frac{\dot{m}^3}{\dot{m}^3_{MAX}}\right] = \eta_{KT} \cdot \eta_T \qquad (2.54)$$

Bild 2.21 Gesamtwirkungsgrad
des Aufwindkraftwerks

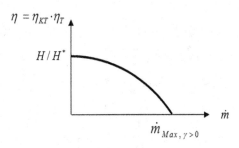

der sich multiplikativ (nicht-innovativ) aus dem Wirkungsgrad η_{KT} des Windmachers und dem der Windturbine η_T zusammensetzt, dessen Verlauf in Abhängigkeit vom $\dot{m}$ in Bild 2.21 skizziert ist.

Selbst mit extrem hohen Kamin $H = 1$ km lässt sich nur ein sehr bescheidener Gesamtwirkungsgrad $\eta = \eta_T \cdot \eta_{KT} < H/H^* = 1/30$ erreichen. Ursache hierfür ist die schlechte Umwandlung der von der Sonne eingestrahlten thermischen Energie in nutzbare Strömungsenergie, die uns glücklicherweise aber auch vor allzu gigantischen Stürmen in der Erdatmosphäre schützt.

Allein aufgrund dieses generellen Defizits ($P/\dot{Q} \ll 1$) fällt der Wirkungsgrad des Aufwindkraftwerks schon außerordentlich klein aus. Die Nutzung der Windenergie als Sekundärenergie (Aufwindkraftwerk) ist deshalb nicht sinnvoll.

Sinnvoll kann nur die Nutzung der Windenergie als Primärenergie sein, die den Wind nutzt, der ganz von selbst ohne jeglichen Investitions- und Wartungsaufwand in der Erdatmosphäre entsteht, dessen Nutzung noch durch den natürlichen Stromröhreneffekt ohne jeglichen Bauaufwand verbessert wird, der im Aufwindkraftwerk konstruktionsbedingt nicht genutzt werden kann, so dass sich die Effizienz des Aufwindkraftwerks nochmals reduziert.

2.1.1.4 Lichtkraft

Durch Nutzung des photoelektrischen Effekts (Photovoltaik) kann elektromagnetische Strahlungsenergie (Licht) direkt in elektromagnetische Energie (Strom) umgewandelt werden. Mit seiner 1905 veröffentlichten Arbeit „Über einen die Erzeugung und Verwandlung des Lichtes betreffenden heuristischen Gesichtspunkt"[5], für die Einstein 1921 den Nobelpreis erhielt, wurde der photoelektrische Effekt bereits wissenschaftlich vor über 100 Jahren hoffähig gemacht. Die Entwicklung der erforderlichen Energieumwandler wurde aber erst mit der entstehenden Raumfahrt und der damit verknüpften Spionagetätigkeiten mit Hilfe von Satelliten in der Zeit des Ost-West-Konflikts nach dem 2. Weltkrieg begonnen (Bild 2.22).

Durch den gezielten Einbau von Fremdatomen (Dotierung) in die beiden Wirtshalbleiterschichten (Bild 2.22) werden diese n-leitend (Anreicherung mit negativen Ladungsträgern) bzw. p-leitend (Anreicherung mit negativen Fehlstellen, die positiven Ladungsträgern entsprechen) gemacht. Ohne auf weitere Details eingehen zu müssen, wird

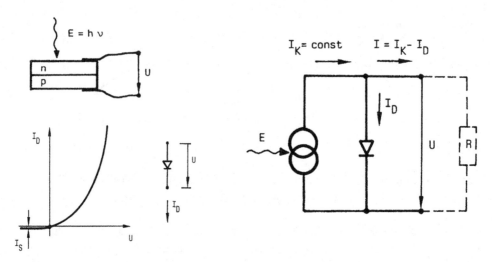

Bild 2.22 Ersatzschaltbild für eine Solarzelle mit Konstantstromquelle und Diode

das hier interessierende ideale Verhalten solcher Solarzellen anhand des ebenfalls in Bild 2.22 dargestellten Ersatzschaltbildes diskutiert.

Bei Belichtung ($E > 0$) und angeschlossenem Verbraucher wird von der Solarzelle die Leistung

$$P = U I \tag{2.55}$$

geliefert. Dabei fließt der Strom $I = I_K - I_D$. Mit dem spannungsabhängigen Strom I_D, der dem Strom-Spannungs-Gesetz für die Diode (Bild 2.22) folgt

$$I_D = I_S \left(e^{\beta U} - 1 \right) \qquad \text{mit} \qquad \beta = \frac{e_0}{k T} \tag{2.56}$$

e_0: Elementarladung
k: Boltzmann-Kontante
T: absolute Temperatur
β: reziproke Temperaturspannung
erhält man aus (2.55) die Leistung in der Form

$$P = U \left(I_K - I_S \left(e^{\beta U} - 1 \right) \right) = P(U) \tag{2.57}$$

die allein von der Spannung U abhängt. Wir erkennen sofort wieder, dass die Leistung sowohl für $U = 0$ als auch bei der Leerlaufspannung U_0 ($I = 0$: abgeklemmten Verbraucher)

$$U = U_0 = (1/\beta) \ln (1 + I_K/I_S) \tag{2.58}$$

verschwindet.

Zwischen diesen beiden Werten $U = 0$ und $U = U_0$ muss eine maximale Leistung $P_{\text{max}} = P(U^*)$ existieren, die durch Differenzieren von (2.57) und Nullsetzen der Ableitung

$$\frac{dP}{dU} = I_K - I_S(e^{\beta U} - 1) - \beta U I_S e^{\beta U} = 0 \qquad (2.59)$$

gefunden wird.

Aus (2.59) folgt die implizite Gleichung (2.60) für die ausgezeichnete elektrische Spannung U^*

$$1 + \frac{I_K}{I_S} = e^{\beta U^*}(1 + \beta U^*) \qquad (2.60)$$

die eingesetzt in (2.57) auf die explizite Gleichung (2.61) für die maximale Leistung $P(U^*) = P_{\text{max}}$ führt:

$$P_{\text{max}} = \frac{\beta U^*}{1 + \beta U^*}(I_K + I_S) U^* \qquad (2.61)$$

In der Darstellung von $P(U)$ nach (2.57) fällt auf, dass wegen des extrem kleinen Sättigungsstroms $I_S \ll I_K$ die Leistung in Bild 2.23 zunächst nahezu linear bis zum Maximum ansteigt.

Dementsprechend zeigt die zugehörige Strom-Spannungs-Kennlinie (Bild 2.24) in diesem Bereich $0 < U < U^*$ einen von der Solarzelle gelieferten nahezu konstanten Strom, der dem Kurzschluss-Strom I_K entspricht, der sich bei Anschluss eines Verbrauchers mit verschwindendem ohmschen Widerstand ($R \to 0: \; U = RI \to 0$ und $I_D \to 0$) einstellt.

Außerdem kann in Bild 2.24 der sich jeweils einstellende Betriebspunkt (U, I) als Schnittpunkt der Solarkennlinie mit der Verbraucherkennlinie abgelesen werden. Die aufgespannte Fläche ist gerade die zugehörige Leistung $P = UI$. Diese wird maximal, wenn die Solarzelle und der Verbraucher so aufeinander abgestimmt sind, dass gerade der bestmögliche Betriebspunkt (MPP: Maximum-Power-Point $\to U = U^*, I = I^*, P = P^* = P_{\text{max}}$) erreicht wird.

Bild 2.23 Leistungskennlinie
mit Maximum

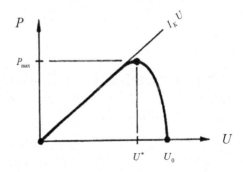

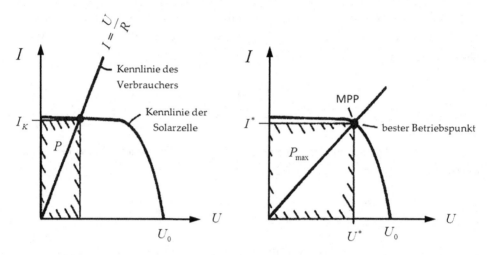

Bild 2.24 Strom-Spanungs-Kennlinie

Um wieder die Güte der Energie-Umwandlung beurteilen zu können, vergleichen wir die entnommene elektrische Leistung $P = UI$ mit der aufgenommenen elektromagnetischen Strahlungsleistung P_{zu}, die tatsächlich zur Nutzleistung P beiträgt.

Unter Beachtung der Leerlaufsituation $I_K/I_S = e^{\beta U_0} - 1$, dem maximalen Kurzschlussstrom $I_K = \dot{n}\, e_0$, der von den einfallenden Photonen pro Zeiteinheit $\dot{n}$ erzeugt wird, die perfekt die Energie $E_G = h\,\nu_G$ zum Auslösen der Elektronen entsprechend des verwendeten Halbleitermaterials besitzen (Plancksche Konstante h, Frequenz des auslösenden und damit wirksamen Lichts ν_G), die zugleich die Energie $E_G = U e_0$ zum Transport eines Elektrons der Elementarladung e_0 durch den Halbleiter bei anliegender Spannung U ist, folgt schließlich:

$$\eta = \frac{P}{P_{zu}} = \frac{U I_K \left[1 - \frac{I_S}{I_K}\left(e^{\beta U} - 1\right)\right]}{\dot{n}\, E_G} = 1 - \frac{e^{\beta U} - 1}{e^{\beta U_0} - 1} \tag{2.62}$$

Wie bei allen anderen regenerativen Systemen ergibt sich auch bei der Photovoltaik der Wirkungsgrad (Bild 2.25) mit den typischen Grenzfällen:

$$\begin{aligned} U &= 0 &\rightarrow\quad \eta &= 1 \\ U &= U_0 &\rightarrow\quad \eta &= 0 \end{aligned} \tag{2.63}$$

Der Wirkungsgrad bei der maximalen Leistung $P_{\max} = P\,(U^*)$ kann unter den genannten idealen Voraussetzungen wie im Fall der Wasser- und Windkraft als obere Abschätzung explizit angegeben werden:

Bild 2.25 Wirkungsgrad in dimensionsfreier Darstellung

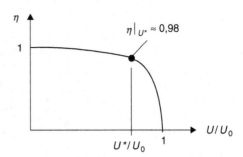

$$\eta\big|_{P_{\mathrm{max}}} = \eta\big|_{U^*} = 1 - \frac{e^{\beta U^*} - 1}{e^{\beta U_0} - 1} \tag{2.64}$$

Mit $\beta\,U^* \gg 1$ und $\beta\,U_0 \gg 1$ kann zudem näherungsweise

$$\eta\big|_{U^*} = 1 - e^{\beta(U^* - U_0)} \tag{2.65}$$

geschrieben werden.

Für etwa eine monokristalline Silizium-Solarzelle mit einer Leerlaufspannung $U_0 = 1{,}1$ V ergibt sich bei einer reziproken Temperaturspannung $\beta = 38{,}7/\mathrm{V}$ bei Raumtemperatur und der bei maximaler Leistung am Verbraucher anliegenden Spannung $U^* \approx 1$ V nach (2.65) der zugehörige Wirkungsgrad zu $\eta\big|_{U^*} \approx 0{,}98$. Dies zeigt, dass die Effektivität des photoelektrischen Effekts (Energiehierarchie, Bild 1.7) nicht das Problem der Photovoltaik ist.

Bezieht man die ideal verfügbare elektrische Leistung auf die insgesamt eingefallene Lichtleistung $P_{zu,ges} > \dot{n}\,E_G$, erhält man den Ausbeutekoeffizienten

$$C_B = \frac{P}{P_{zu,ges}} = \frac{P}{A \displaystyle\int_0^\infty \Phi(\nu)\,d\nu} < \eta \tag{2.66}$$

der bedeutend kleiner als der Wirkungsgrad η ausfällt, da entsprechend des einfach dotierten Halbleitermaterials nicht alle Anteile des Strahlungsintensitätsintegrals über alle Frequenzen ν des in die Solarzelle vom Querschnitt A einfallenden Lichtes zum photovoltaischen Effekt beitragen.

Photonen mit zu geringer Energie liefern ebenso wie Photonen mit zu hoher Energie keinen Beitrag. Die für sichtbares Licht in Abhängigkeit vom verwendeten Halbleitermaterial mit der Auslöseenergie E_G in eV (Elektronenvolt) erreichbaren maximalen Ausbeutekoeffizienten sind in Bild 2.26 für typische Halbleitermaterialien dargestellt.

Die wirklich erreichbaren Ausbeutekoeffizienten liegen infolge von zusätzlichen Verlusten (Oberflächenreflexion, Rekombination bereits getrennter Ladungsträger, Erwärmung

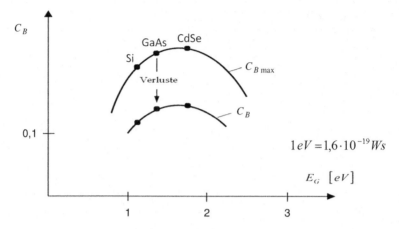

Bild 2.26 Maximale Ausbeutekoeffizienten für verschiedene einfach dotierte Halbleitermaterialien

durch Überschussenergie, ohmsche Verluste, ...) entsprechend niedriger, die ebenfalls in Bild 2.26 dargestellt sind: $C_B < C_{B\,max}$

Wie gezeigt wurde, ist die Güte der Energieumwandlung mit Hilfe des photoelektrischen Effekts in Halbleitermaterialien ganz ausgezeichnet. Dies zeigt sich auch, wenn etwa eine handelsübliche monokristalline Silizium-Solarzelle mit monochromatischem Licht entsprechend deren Dotierung bestrahlt wird, das dann nahezu vollständig genutzt wird. Der Ausbeutekoeffizient, der bei einer Bestrahlung mit Tageslicht bei 13 % liegt, steigt dann auf über 50 % ($C_B \rightarrow \eta$) an [6]. Zur Verbesserung von Solarzellen ist also nicht deren Wirkungsgrad, sondern deren Ausbeutekoeffizient zu steigern. Hierzu ist eine möglichst kontinuierliche Nutzung aller im Sonnenspektrum vorhandenen Frequenzen bzw. Wellenlängen (Bild 2.27) erforderlich.

Aus der Darstellung in Bild 2.27 wird nochmals der Unterschied zwischen dem Wirkungsgrad und dem Ausbeutekoeffizient deutlich, der in der Literatur für Erneuerbare Energien schlechthin missachtet wird.

Beispielhaft denke man sich Kohle mit Materialien ohne Heizwert vermischt. Im Heizkessel kann dieses Gemisch nur den Wärmeinhalt der Kohle freisetzen. In der EE-Literatur wird aber so getan, als ob die Materialien ohne Heizwert den gleichen Heizwert wie die Kohle hätten. Der mit dieser Vorstellung ausgedrückte Pseudo-Wirkungsgrad kann nur kleiner als der tatsächliche Wirkungsgrad sein. Anteile, die gar nicht zum Nutzen beitragen, dürfen nicht in die Beschreibung des Wirkungsgrads eingehen.

Diese Situation, die im Fall der Photovoltaik und ebenso bei Windrädern gegeben ist, führt zur Definition des Ausbeutekoeffizienten, der die Nutzenergie im Verhältnis zur ideal zur Verfügung stehenden Energie beschreibt, die aber aus physikalischen Gründen nie voll genutzt werden kann. Dieser Ausbeutekoeffizient wird im Rahmen der Erneuerbaren Energien dennoch Wirkungsgrad genannt. Hier sollte man beim objektiven Wissensstand bleiben, der im Fall der Windkraft bereits 1919 von Albert Betz eingeführt wurde. Im

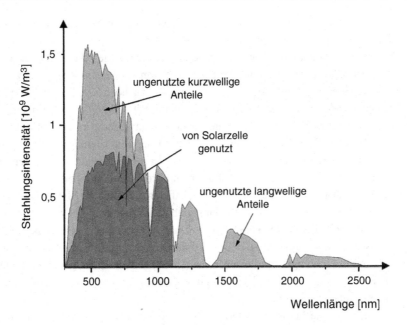

Bild 2.27 Mit Solarzelle genutzte und ungenutzte Anteile des Sonnenlichts

Wirkungsgrad eines Windrades können keine Windanteile stecken, die gar nicht zur Nutzenergie beitragen, die das Windrad gar nicht durchströmen, sondern ohne Wirkung nur umströmen (Stromröhre: Abschn. 2.1.1.2, Bild 2.8). Deshalb ist der Wirkungsgrad stets größer als der Ausbeutekoeffizient.

Im Fall der Photovoltaik dürfen ebenso im Wirkungsgrad nur die Strahlungsanteile des Lichts eingehen, die auch Elektronen auslösen, die von der Solarzelle genutzt werden können (Bild 2.27).

Anstelle des in der klassischen Technik verwendeten Wirkungsgrads zur Kennzeichnung der Umsetzung einer bekannten zugeführten Energiemenge in eine nutzbare Energiemenge sollte im solaren EE-Bereich besser von der Effizienz einer Solarzelle gesprochen werden, die dem Ausbeutekoeffizient entspricht.

Der nutzbare Anteil des einfallenden Lichts, der für die Berechnung des Wirkungsgrads einer Solarzelle von Bedeutung ist, wird auch mit dem Shockley-Queisser-Limit beschrieben. Je nach der fachlichen Herkunft der Betrachter werden unterschiedliche Darstellungen für den letztlich gleichen physikalischen Sachverhaltshalt verwendet.

Vollständigkeitshalber sei hier angemerkt, dass der Ausbeutekoeffizient im Fall der Wasserkraft bedeutungslos wird, da das Wasser aus dem Wasserreservoir über das Fallrohr der Turbine vollständig zugeführt wird.

Früher standen spezielle in der Produktion beschränkte Anwendungen mit hohen Ausbeutekoeffizienten im Zusammenhang mit der Anwendung in der Raumfahrt im Vordergrund, die mit in der Natur nur beschränkt vorkommenden Materialien (GaAs,

CdSe, ...→ Bild 2.26) erreicht werden konnten. Heute stehen Massenproduktionen zur dezentralen weltweiten Stromversorgung im Vordergrund.

Silizium als das zweithäufigst vorkommende Element der Erde scheint für solche Massenproduktionen prädestiniert zu sein. Der Energieaufwand zur Herstellung der bisher den Markt dominierenden Si-Solarzellen war bisher jedoch zu hoch [7]. Folge davon waren unbefriedigende energetische Amortisationszeiten und damit verknüpfte zu geringe Energie-Erntefaktoren (Abschn. 2.2) gegenüber den anderen gängigen Erneuerbaren Energien (Bild 2.57, Abschn. 2.2.1). Deshalb wird weltweit an der Reduzierung des Energie- und Materialaufwandes und auch an der Reduzierung der Umweltbelastung bei der Herstellung gearbeitet, um die Si-Halbleitertechnik (Dünnschichtzellen, Tandemzellen, etc.) marktfähig halten zu können. Dabei sollte zur Steigung der Effizienz auf seltene Materialien (Versorgungssicherheit) und toxische Zusatzstoffe (Umweltbelastung, Recycling) verzichtet werden.

Ob die Si-Technik überleben kann, hängt von den erreichbaren Erntefaktoren bzw. Amortisationszeiten im Vergleich zu denen der Konkurrenzsysteme ab. Aus der Vielzahl der sich in der Entwicklung befindlichen Solarzellen, werden im Folgenden die elektrochemische Farbstoffsolarzelle nach Prof. Grätzel, die organische Solarzelle und die Nanoantennen-Solarzelle skizziert.

Die elektrochemische Farbstoff-Solarzelle nutzt zur Absorption des Lichts Farbstoffe. Die Idee von Prof. Grätzel war die Nachahmung der Photosynthese der Natur. In Bild 2.28 ist eine solche durch Farbstoffmoleküle sensibilisierte Solarzelle (Dye-Sensitized Solar Cell: DSC) dargestellt.

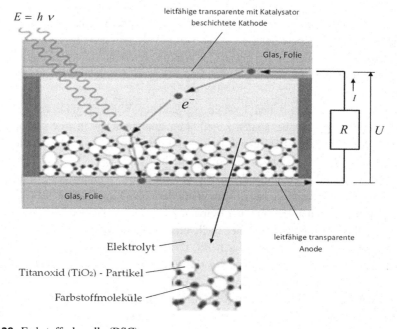

Bild 2.28 Farbstoffsolarzelle (DSC)

Die Farbstoffsolarzelle besteht aus den beiden Trägermaterialien (Glas, Folie), die jeweils mit einem elektrisch leitfähigen Oxid (TCO-Schicht: Transparent Conducting Oxide) beschichtet sind. Auf der unteren Schicht befindet sich Titanoxid mit einer großen Oberfläche, die durch Sintern erreicht wird, an die sich die Farbstoffmoleküle gut anlagern lassen. Die obere Schicht ist zusätzlich mit einem Katalysator (Verringerung des inneren Widerstandes bei Stromfluss) beaufschlagt. Zwischen diesen beiden Schichten befindet sich ein Elektrolyt (Elektronen-Rückfluss).

Beim Einfall von Licht wird dieses im Farbstoff absorbiert, Elektronen aus dem Farbstoff gelöst. Es entsteht eine Spannung zwischen den beiden Elektroden (Anode und Kathode) mit der ein externer elektrischer Verbraucher betrieben werden kann.

Die Güte der Energieumwandlung mit Hilfe des photoelektrischen Effekts ist ausgezeichnet. Die erreichbaren Energie-Erntefaktoren werden durch die Auswahl geeigneter Materialien bestimmt. Der Farbstoff muss möglichst viel Licht absorbieren, der Transport der Elektronen möglichst verlustarm erfolgen. Auch die Wahl des Elektrolyts und die Beschichtung der Elektroden beeinflussen den Ausbeutekoeffizienten entscheidend.

Die Farbstoffsolarzellen-Technologie (DSC) ist eine photovoltaische Nanotechnologie, die sukzessive in sehr dünnen Schichten (Sandwichbauweise) auf Substrate aus Glas, Metall oder Plastik aufgedruckt werden kann. Diese Eigenschaften prädestinieren die DSC-Zellen für den gebäudeintegrierten Einsatz, um vor Ort Strom zu erzeugen. Vorteilhaft ist auch, dass die Farbstoffzellen das Licht bei bewölktem Himmel effizienter als Siliziumzellen in elektrischen Strom umwandeln und Ausrichtungs- und Positionsverluste geringer als bei herkömmlichen Siliziumzellen ausfallen.

Die Weiterentwicklung der Grätzel-Zelle ist noch nicht abgeschlossen. Anstelle der bisher verwendeten Farbstoffe konnte durch die Verwendung anderer Stoffe (Perowskit: CaTiO3) die Absorption des Sonnenlichts noch gesteigert werden. Weitere Verbesserungen sind durch die Nutzung neuer Nanoeffekte denkbar. Auch der Ersatz des flüssigen Elektrolyten durch einen festen Halbleiter bringt Vorteile insbesondere hinsichtlich der Lebensdauer. Mit den hier skizzierten Maßnahmen geht die Entwicklung der ursprünglichen Grätzel-Zelle hin zu einer Feststoffzelle. Die anfängliche Nachahmung der Photosynthese unter Nutzung eines Farbstoffs war nur wegweisend.

Die Organische Photovoltaik (OPV) ersetzt das Silizium durch organische Halbleiter. Die heute möglichen Benutzungszeiten von wenigen Tausend Stunden schränken deren Anwendung ein. Organische Solarzellen nach dem heutigen Entwicklungsstand sind ungeeignet für die Massenproduktionen zur allgemeinen dezentralen Stromversorgung. Die einfache kostengünstige Herstellung von flexiblen und transparenten Produkten, die sich wie Kunststoffe einfach handhaben lassen, prädestiniert die organische Photovoltaik in besonderer Weise für die Stromversorgung mobiler Geräte.

Die Umwandlung von elektromagnetischen Wellen in Strom war bereits um 1900 ein Arbeitsschwerpunkt von Nikola Tesla. Die Realisierung dieser Umwandlung von Radiowellen mit Hilfe einfacher Antennen aus Draht war zumindest seit der Einführung des Rundfunks bekannt [7]. Funkwellen sind ebenso wie das Sonnenlicht elektromagnetische Wellen. Allein die Wellenlängen des Lichts im Nanobereich von 400 nm bis 700 nm sind signifikant kleiner.

Antennen zur Umwandlung des Sonnenlichts in Strom müssen deshalb Nanoantennen sein. Durch die Anordnung von unterschiedlichen an die Wellenlängen des Lichtes angepassten Nanoantennen in einem Solarmodul kann die Effizienz gegenüber der derzeitigen Siliziumtechnik gesteigert werden. Vorteilhaft ist, dass diese Nanoantennentechnik auch an die Infrarotstrahlung angepasst werden kann, die nachts stets verfügbar ist. Damit könnte das Problem der gegenwärtigen Photovoltaik, die nachts gar keinen Strom liefert, gemindert und auch die erforderliche Infrastruktur zur dezentralen Speicherung und Verteilung reduziert werden.

Damit die Nano-Antennentechnik erfolgreich für eine dezentrale weltweite Stromversorgung genutzt werden kann, muss ebenso wie für alle anderen Techniken darauf geachtet werden, dass die hierfür erforderlichen Stoffe weltweit verfügbar sind. Derzeitige Experimente mit Golddrähten sind nach Ansicht der Autoren nicht akzeptabel. Eine Achillesferse der Nano-Antennentechnik ist derzeit auch der geerntete hochfrequente Wechselstrom, der zum realen Einsatz zu transformieren ist. Dabei ist eine Gleichrichtung zur Erreichung eines Gleichstroms wie bei den Solarzellen nicht erforderlich, da unsere Stromnutzung durch Wechselstrom geprägt ist.

Mit den vorgestellten realisierbaren Solartechnologien (DSC, OPV, Nanoantennen) sind die Möglichkeiten der direkten Stromerzeugung ohne sich bewegende Teile allein durch Nutzung von Materialeigenschaften ausgeschöpft. Daraus abgeleitete Technologien sind Mischformen. Künftige Verbesserungen werden durch die weitergehende Nutzung von Nano-Effekten erwartet.

2.1.1.5 Wärmekraft

Anders als rein mechanische Energieumwandlungssysteme (Wasserkraft, Windkraft, ...) mit jeweils $\eta_{Max} = 1$ als oberste Grenze für die Prozessgüte besitzen thermische Systeme zur Bereitstellung mechanischer Energie entsprechend der Energiehierarchie nach Bild 1.7 eine stets deutlich unterhalb von $\eta_{Max} = 1$ liegende Prozessgüte. Ein extremes Beispiel hierzu ist das zuvor im Detail untersuchte thermohydraulische Aufwindkraftwerk mit $\eta_{Max} = H/H^* \ll 1$ als obere Grenze, ein im thermodynamischen Sinn offenes System, dessen Kreislauf über die Atmosphäre geschlossen wird, wie dies letztlich auch bei der Wasser-und Windkraft der Fall ist.

Im Gegensatz hierzu sind Hochleistungswärmekraftwerke geschlossene Systeme, in denen ein kompressibles Medium als Arbeitsmittel verwendet wird. Ohne auf irgendwelche Details eingehen zu müssen, wollen wir einen solchen Wärmekraftprozess energetisch nach oben abschätzen. Als Handwerkszeug benötigen wir jetzt die beiden Hauptsätze der Thermodynamik [8, 9]

$$1. \text{ HS} \qquad dQ = dE + p\,dV \qquad (2.67)$$

$$2. \text{ HS} \qquad T\,dS = dE + p\,dV \qquad (2.68)$$

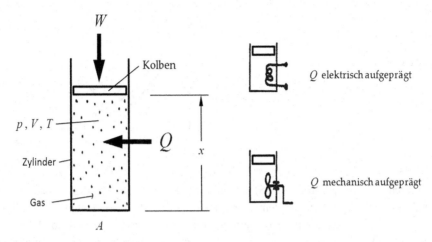

Bild 2.29 Thermodynamisches System mit sowohl mechanisch (W) als auch thermisch (Q) aufprägbarer Energie

die zunächst erläutert werden. Hierzu betrachten wir das nach Bild 2.29 von einem Zylinder und einem Kolben eingeschlossene Gas als thermodynamisches System.

Wird dem Gas bei festgehaltenem Kolben ($V = \text{const}$, $dV = 0$) die Wärmeenergie dQ zugeführt, erhöht sich dessen innere Energie E um dE. Das thermodynamische System ist dann arbeitsfähig, denn bei der Erwärmung ist auch der Druck p des Gases angestiegen, so dass es zu einer Kolbenverschiebung dx kommt, wenn man den Kolben loslässt. Dabei wird vom System die mechanische Arbeit $dW = -p\,dV = -pA\,dx < 0$ über den Kolben abgegeben, die sich nutzen lässt. Im Allgemeinen ändert sich bei Wärmezufuhr oder -abfuhr sowohl die innere Energie E als auch die mechanische Energie W.[4]

Dieses Verhalten, das von dem eines rein mechanischen Systems abweicht, wird durch die Energiebilanz (2.67) beschrieben. Anders als bei einem rein mechanischen System ist hier der Druck p nicht eindeutig durch Vorgabe des Volumens bestimmt. Das thermodynamische System *Gas* verhält sich eben nicht nur wie eine elastische Feder ($p \sim x \sim V$), sondern nimmt zusätzlich thermische Energie auf, die in Abhängigkeit von der Temperatur T in der innermolekularen Bewegung (kinetische Gastheorie) steckt, die letztlich auch den Druckanstieg bei Wärmezufuhr bewirkt. An die Stelle der rein mechanischen Gleichung $p = p(V)$ tritt bei einem thermodynamischen System somit die thermische Zustandsgleichung

$$p = p(V,T) \tag{2.69}$$

mit zwei unabhängigen Variablen zur Beschreibung des Gasverhaltens.

---

[4] $dQ > 0$, $dW = -p\,dV > 0$ sind stets dem thermodynamischen System zugeführte Energien.

Bild 2.30 Reversible
Zustandsänderungen längs einer
Isentropen bei langsamer
Kolbenbewegung

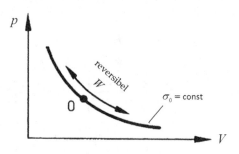

Um auch den 2. Hauptsatz (2.68) erläutern zu können, der für das Verstehen von Wärmekraftprozessen von noch elementarerer Bedeutung als der 1. Hauptsatz (2.67) ist, experimentieren wir jetzt mit dem thermodynamischen System nach Bild 2.29 noch weitgehender. Wir denken uns das System dazu vorab thermisch isoliert (adiabat) und beginnen (ausgehend von einem beliebigen Startzustand 0) mit einer hinreichend langsamen Kolbenbewegung (Zufuhr bzw. Abfuhr mechanischer Energie), so dass das Gas stets thermodynamische Gleichgewichtszustände durchlaufen kann. Die bei diesem Prozess sich simultan einstellenden, leicht messtechnisch erfassbaren Werte für den Druck und das Volumen sind in Bild 2.30 aufgetragen.

Wegen der vorausgesetzt langsamen Kolbenbewegung ist der betrachtete Prozess umkehrbar (reversibel) und die Auswertung der Messwerte zeigt, dass sich die so realisierten Zustandsänderungen allgemein durch die Gleichung

$$\sigma(p,V) = \sigma_0 = \text{const} \tag{2.70}$$

oder speziell für ein ideales Gas durch

$$\sigma = p\,V^{\kappa} = \sigma_0 = \text{const} \tag{2.71}$$

beschreiben lassen. Längs der in Bild 2.30 dargestellten Kurve $p = p(V)$ bleibt der Parameter σ_0 konstant. Eine Kurve mit dieser Eigenschaft wird Isentrope genannt, κ ist der Isentropenexponent des betrachteten idealen Gases.

In einem zweiten Experimentierschritt halten wir den Kolben fest (V=const) und führen dem System jetzt thermische Energie durch Rühren oder Heizen (Bild 2.29) zu, wobei Rühren und Heizen äquivalente Arten der Wärmezufuhr sind. Wählen wir hierbei ohne Einschränkung der Allgemeinheit wieder den Startzustand 0, gelangen wir in den im Bild 2.31 dargestellten Zustand 1.

Im Gegensatz zur reversiblen Bewegung des Kolbens, der sich beim Loslassen wieder in seine Ausgangslage zurückbewegt, dreht sich die Kurbel des Rührers nicht zurück. In diesem Unterschied zeigt sich ganz anschaulich das in diesem Fall irreversible Verhalten.

Wiederholen wir jetzt die Prozedur der langsamen Kolbenbewegung, gilt wiederum

Bild 2.31 Irreversible
Zustandsänderungen durch
Zufuhr thermischer Energie

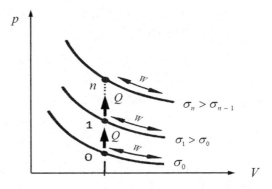

Bild 2.32 Isentrope als
Trennlinie zwischen
erreichbaren und unerreichbaren
Zuständen

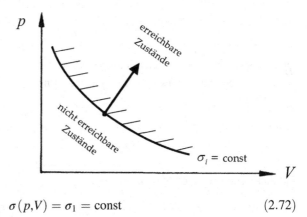

$$\sigma(p,V) = \sigma_1 = \text{const} \tag{2.72}$$

allerdings auf einem erhöhten Niveau, das durch den Parameter $\sigma_1 > \sigma_0$ gekennzeichnet ist. Durch Fortsetzen dieses Verfahrens erhält man die Monotonieordnung

$$\sigma_0 < \sigma_1 < \sigma_2 < \ldots < \sigma_n \tag{2.73}$$

für den Isentropenparameter σ, die uns zeigt, dass bei einem adiabaten System (ausgehend von einem beliebigen Zustand p, V auf einer Isentropen mit dem Wert σ_i) stets alle Zustände auf Isentropen mit $\sigma > \sigma_i$ erreichbar und alle Zustände auf Isentropen mit $\sigma < \sigma_i$ unerreichbar sind. Mit dem Parameter σ wird also die Erreichbarkeit bzw. Unerreichbarkeit von Zuständen oder die Reversibilität bzw. Irreversibilität von Zustandsänderungen in einem adiabaten System beschrieben (Bild 2.32).

Die aufgezeigte Monotonieeigenschaft ist aber nicht nur dem Isentropenparameter σ eigen, der entsprechend der hier vorgeführten Herleitung auch als empirische Entropie bezeichnet wird. Jede beliebige nur mit σ monoton anwachsende Funktion $S(\sigma)$ liefert ebenfalls ein brauchbares Entropiemaß zur Beurteilung von möglichen und unmöglichen Zustandsänderungen in einem adiabaten thermodynamischen System. Insbesondere für ein thermisch und kalorisch ideales Gas (Masse: $M = \rho\,V$, Gaskonstante: $R = (C_P - C_V)/M$,

Isentropenexponent: $\kappa = C_P/C_V$, Wärmekapazität bei konstanten Volumen: C_V, Wärmekapazität bei konstantem Druck: C_p), das sowohl der thermischen Zustandsgleichung

$$p\,V = M\,R\,T \tag{2.74}$$

als auch der kalorischen Zustandsgleichung

$$E(T) = C_V\,T + E_* \tag{2.75}$$

gehorcht, kann leicht gezeigt werden, dass sich durch die spezielle Wahl der logarithmischen Abbildungsfunktion

$$S(\sigma) = C_V\,ln\,\frac{\sigma}{\sigma_*}, \quad \sigma = \sigma_*\,e^{S/C_V} \tag{2.76}$$

der 2. Hauptsatz in der einfachen Form $T\,dS = dE + p\,dV$ schreiben lässt. Wir zeigen dies durch Umschreiben der inneren Energie $E(T)$ nach (2.75) unter Beachtung von (2.74), (2.71) und (2.76) in

$$E(V,S) = \frac{C_V}{M\,R}\,\sigma_*\,V^{1-\kappa}\,e^{S/C_V} + E_* \tag{2.77}$$

und Ausrechnen des totalen Differenzials

$$dE = \frac{\partial E(V,S)}{\partial V}\,dV + \frac{\partial E(V,S)}{\partial S}\,dS \tag{2.78}$$

mit den zugehörigen partiellen Ableitungen

$$\frac{\partial E(V,S)}{\partial V} = \frac{C_V}{M\,R}\,\sigma_*\,(1-\kappa)\,V^{-\kappa}\,e^{S/C_V} = -p \tag{2.79}$$

$$\frac{\partial E(V,S)}{\partial S} = \frac{C_V}{M\,R}\,\sigma_*\,V^{1-\kappa}\,\frac{1}{C_V}\,e^{S/C_V} = T \tag{2.80}$$

die sich bei nochmaliger Benutzung von (2.71) und (2.74) auf den negierten Druck $-p$ und die absolute Temperatur T reduzieren.[5]

---

[5]Anmerkung: Die Konstanten legen lediglich das Nullniveau fest und sind für Zustandsänderungen unwesentlich, da diese bei der Differenzbildung herausfallen.

Bleibt noch anzumerken, dass der 2. Hauptsatz in der hier für ein ideales Gas nachgewiesenen Form $T\,dS = dE + p\,dV$ ganz allgemein für alle thermodynamischen Systeme gültig ist, deren Zustand sich durch zwei unabhängige Variable festlegen lässt.

Nachdem uns jetzt der Umgang mit dem 1. und 2. Hauptsatz bereits vertraut ist, beschaffen wir uns mit diesem Handwerkszeug eine weitere wichtige Aussage. Ein Blick auf (2.67), (2.68) zeigt sofort, dass wegen der identischen rechten Seiten

$$dQ = T\,dS \quad \text{oder} \quad Q = \int T\,dS \tag{2.81}$$

gelten muss. Diese Aussage ist von ganz außerordentlicher Anschaulichkeit, denn in der Darstellung $T = T(S)$ zeigt sich die Wärmeenergie Q als Fläche unter der Temperaturkurve. Wird einem thermodynamischen System etwa monoton Wärmeenergie zugeführt, steigt dabei sowohl die Temperatur T als auch die Entropie S monoton an. Das System gelangt vom Startzustand A in den Zustand B, die bei diesem Prozess zugeführte Wärmeenergie Q_{zu} kann betragsmäßig als Fläche unter der Temperaturkurve $T = T(S)$ abgelesen werden (Bild 2.33).

Soll ein kontinuierlicher Betrieb zur Bereitstellung mechanischer Nutzenergie realisiert werden, muss der thermodynamische Prozess nach Entnahme der Nutzenergie wieder in den Anfangszustand A zurückgeführt werden, um erneut einen Zyklus durchlaufen zu können. Dieser Kreisprozess $A \to B \to A$ ist nur möglich, wenn die von $A \to B$ produzierte Entropie durch den Rückführprozess $B \to A$ gerade wieder abgebaut wird (Bild 2.34).

Dazu muss Wärmeenergie abgeführt werden, denn ohne Wärmesenke (adiabates System) kann die Entropie nur ansteigen oder allenfalls konstant bleiben. Eine Wärmeabfuhr zur Schließung des Kreisprozesses ist also unerlässlich. Unter dieser Voraussetzung $S_B - S_A = -(S_A - S_B) = \Delta S$ kann kontinuierlich die Nutzenergie $E_N = Q_{zu} - Q_{ab}$ entnommen und der Wirkungsgrad eines solchen Kreisprozesses formuliert werden:

Bild 2.33 Prozess $A \to B$
infolge Wärmezufuhr

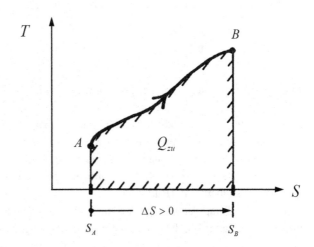

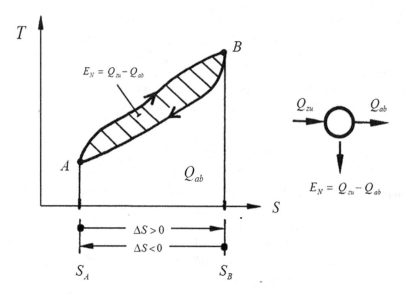

Bild 2.34 Thermischer Kreisprozess zur Bereitstellung mechanischer Nutzenergie

$$\eta = \frac{E_N}{Q_{zu}} = \frac{Q_{zu} - Q_{ab}}{Q_{zu}} = 1 - \frac{Q_{ab}}{Q_{zu}} \qquad (2.82)$$

Die Nutzenergie E_N bzw. der soeben definierte thermodynamische Wirkungsgrad η werden am größten, wenn die zugehörige Differenzfläche in Bild 2.34 am größten ausfällt.

Unter der Voraussetzung einer sowohl monotonen Wärmezufuhr als auch monotonen Wärmeabfuhr ist die Rechteckfläche (Bild 2.35) die Maximalfläche. Die maximale nutzbare Energie $E_{N\,max}$ wird offensichtlich mit dem Idealprozess nach Bild 2.35 erreicht, der bereits 1824 von Carnot als solcher erkannt wurde.

Der zu diesem Carnotschen Kreisprozess gehörige maximal mögliche Wirkungsgrad

$$\eta = \eta_{max} = \eta_C = \frac{(T_{max} - T_{min})\,\Delta S}{T_{max}\,\Delta S} = 1 - \frac{T_{min}}{T_{max}} \qquad (2.83)$$

ist ganz allein abhängig von der größten und der kleinsten Prozesstemperatur.

Diese oberste Grenze aller denkbaren Kreisprozesse ist unabhängig vom verwendeten Arbeitsmedium und irgendwelchen konkreten Konstruktionsausführungen. Ebenso ist die systemtechnische Realisierung für alle Kreisprozesse gleich. Unterschiede bestehen allein in den verwendeten Komponenten, die zur Einspeisung der Wärmeenergie, der Entnahme der Nutzenergie und zur Abfuhr der Wärmeenergie (zum Schließen des Kreisprozesses) im Einzelfall installiert sind (Bild 2.36).

Die obere Temperatur T_{max} wird durch die verwendeten Werkstoffe begrenzt und die untere Temperatur T_{min} letzlich durch die Umgebungstemperatur T_U geprägt. Die realen

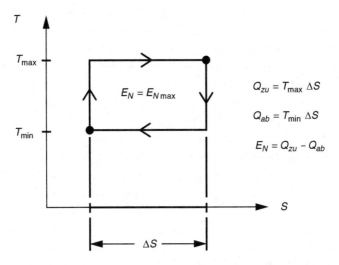

Bild 2.35 Idealer Kreisprozess nach Carnot

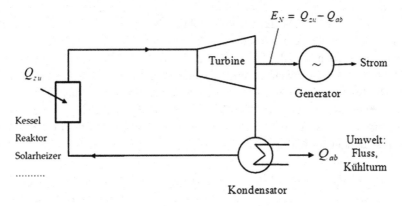

Bild 2.36 Technische Realisierung des Kreisprozesses

Verbrennungstemperaturen der verfügbaren fossilen Energieträger von weit über 2000 °C lassen sich wegen der Nichtverfügbarkeit hochtemperaturfester Werkstoffe im klassischen Kraftwerksbau nicht ausnutzen.

Mit T_{max}=(650 + 273) K und T_{min}= (30 + 273) K liegt man heute bei einem Carnotschen Wirkungsgrad von $\eta_C \approx 0,7$ und durch unvollkommene Maschinen werden tatsächlich Wirkungsgrade von $\eta \approx 0,3...0,4$ bei alleiniger Nutzung mechanischer Energie erreicht.

Ganz unabhängig von unterschiedlichsten thermischen Technologien zur alleinigen Nutzung von mechanischer Energie gilt:

$$\eta \;<\; \eta_C = \; \eta_{max} < 1 \tag{2.84}$$

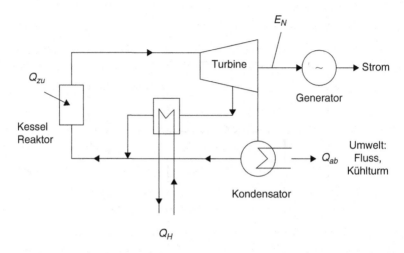

Bild 2.37 Wärmeauskopplung zu Heizzwecken

Wie im Fall des zuvor studierten Aufwindkraftwerks, besteht auch hier das typische Defizit bei der Umwandlung von thermischer in mechanische Energie entsprechend der Energiehierarchie nach Bild 1.7. Die Energieumwandlung ist unvollkommen, und deshalb gilt $\eta_{max} < 1$. In der Realität werden nahezu 2/3 der eingesetzten Wärmeenergie wieder an die Umgebung abgegeben, die dadurch, je nach der Art der Wärmesenke (Flusskühlung, Nasskühlturm, ...) die Umwelt thermisch, klimatologisch und bakteriologisch-chemisch belastet. Die Nutzung dieser zur Schließung des Kreisprozesses unerlässlichen Abwärme zu Heizzwecken, ist die Idee der Kraft-Wärme-Kopplung.[6] Durch eine derart geänderte Betriebsweise (Bild 2.37) und einer damit verbundenen Umdefinition des Nutzens ($E_N + Q_H$) erhält man als Wirkungsgrad

$$\eta = \frac{E_N + Q_H}{Q_{zu}} = \frac{Q_{zu} - (Q_{ab\,1} + Q_{ab\,2}) + Q_H}{Q_{zu}} = \left(1 - \frac{Q_{ab}}{Q_{zu}}\right) + \frac{Q_H}{Q_{zu}} \quad (2.85)$$

so dass der maximale Wirkungsgrad

---

[6]In der Realität kann die Wärme zum Heizen nicht aus dem kondensierten Abdampf entnommen werden, da die Kondensation zur möglichst effizienten Stromerzeugung nahezu bei Umgebungstemperatur erfolgt. Zur Auskopplung der Wärme wird mit einer Bypassleitung aus der Turbine in Abhängigkeit von der gewünschten Heiztemperatur Dampf zum Beheizen eines separaten Wasserkreislaufs entnommen. Die so ausgekoppelte Wärme kann dann außerhalb des Kraftwerks zu Heizzwecken (Nah- und Fernheizung) Verwendung finden.

$$\eta_{max} = \eta_C + \frac{Q_H}{Q_{zu}} > \eta_C \qquad (2.86)$$

den Carnotschen Wirkungsgrad η_C übersteigt.

Dieses Überbieten des Carnotschen Wirkungsgrads ist allein eine Folge der vorgenommenen Umdefinition des Nutzens und nicht etwa das Werk besonders genialer Ingenieure. Dies wird noch deutlicher, wenn wir den Grenzfall eines reinen Heizwerkes ($E_N = 0$, $Q_{ab} = Q_H = Q_{zu}$) betrachten. Als maximaler Wirkungsgrad ergibt sich dann (Bild 2.36 und 2.37)

$$\eta_{max} = 1 \qquad (2.87)$$

denn es entfällt die nur unvollkommen mögliche Umwandlung von Wärmeenergie in mechanische Energie. Die zugeführte Wärmeenergie wird vollständig wieder als Wärmeenergie abgeführt. Es findet keine Energieumwandlung statt.

Die geschilderte Wärme-Kraft-Kopplung zur verbesserten Ausnutzung der eingesetzten Energie setzt Verbraucher mit Strom- *und* Wärmebedarf voraus.

Die Nutzung mechanischer Energie zur Stromerzeugung und thermischer Energie zum Heizen ist auch mit Blockheizkraftwerken (BHKW) zu realisieren, (Bild 2.38), die einen Verbrennungsmotor zum Antrieb eines Generators zur Stromerzeugung und die beim Betrieb anfallende Abwärme zu Heizzwecken verwenden. Wenn simultan sowohl Strom als auch Wärme genutzt werden kann, erhöht sich der Wirkungsgrad von $\eta_{el} \approx 0{,}3$ auf $\eta_{max} = \eta_{BHKW} \approx 0{,}9$:

$$\eta_{BHKW} = \frac{E_N + Q_H}{E_{zu}} = \eta_{el}\left(1 + \frac{Q_H}{E_N}\right) > \eta_{el} \qquad (2.88)$$

Der Betrieb eines BHKW ist energetisch nur sinnvoll, wenn ganzjährig der Verkauf der zwangsläufig beim Betrieb freigesetzten Wärme garantiert ist. Der hohe Gesamtwirkungsgrad bei geringem elektrischen Wirkungsgrad wird allein durch die additive Nutzung von zwei unterschiedlichen Energieformen (Strom: hochwertig, Wärme: niederwertig) erreicht.

Bild 2.38 BHKW zur Nutzung der Abwärme (Wärme-Kraft-Kopplung)

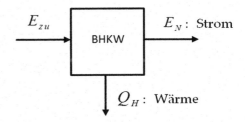

Soll dagegen der Wirkungsgrad in Kraftwerken, die allein der Strombereitstellung dienen, verbessert werden, ist dies durch „Carnotisieren" des Kreisprozesses (Anpassung an Idealprozess) etwa verfahrenstechnisch durch Vorwärmung und Überhitzung des Arbeitsmediums zu erreichen. Dies ist ungleich schwieriger als die Wirkungsgradsteigerung allein durch Abwärmenutzung.

Da die Verbrennungstemperaturen bei der Erzeugung von Wasserdampf materialbedingt gar nicht genutzt werden können, liegt es nahe, die in einer Gasturbine realisierten höheren Verbrennungstemperaturen zu nutzen. Dies wird heute mit kombinierten Gas-Dampf-Kraftwerken (GuD) gemacht [8, 10]. Die Abwärme der Gasturbine kann dann zur Dampferzeugung in einem nachgeschalteten Dampfkraftwerk genutzt werden, das ebenfalls Strom erzeugt. So lassen sich Wirkungsgrade weit über denen von klassischen Dampfkraftwerken erreichen.

Durch die Nutzung der Abwärme im GuD-Betrieb (Bild 2.39) kann der Wirkungsgrad des reinen Gasturbinenbetriebs von $\eta_{GT} \approx 0{,}3$ additiv auf $\eta_{GuD} \approx 0{,}6$ verdoppelt werden.

$$\eta_{GuD} = \frac{E_{NGT} + E_{NDT}}{E_{zu}} = \eta_{GT} \left(1 + \frac{E_{NDT}}{E_{NGT}} \right) > \eta_{GT} \qquad (2.89)$$

Die Nutzung der hohen Verbrennungstemperaturen in Gasturbinen ist durch die Kühlung der Turbinenschaufeln und deren keramische Beschichtung möglich. Anders als beim BHKW ist der Erfolg der GuD-Technik sehr wohl dem Erfindergeist der Ingenieure und vor allem der Werkstofftechnik geschuldet. Anders als beim BHKW werden beim GuD additiv zwei Stromerzeugungen zusammengeführt. Beim BHKW wird die Stromerzeugung lediglich zusammen mit dem Wärmeabfall genutzt.

Bild 2.39 Gasturbinen- und Dampfkraftwerk (GuD)

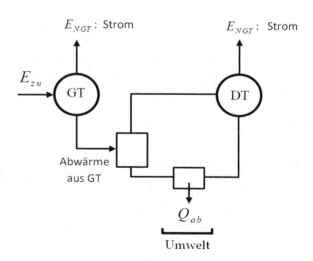

2.1.2 Systeme zur Wärmeversorgung

Systeme zur Wärmeversorgung sind von einfacher Natur und meist auch nicht von Ingenieuren erdacht, sondern von Handwerkern und Heizungsinstallateuren geschultert. Die Energieumwandlung in Wärme (niederwertigste Energieform) ist nahezu vollständig möglich (Energie-Hierarchie, Abschn. 1.2, Bild 1.7). Der Wirkungsgrad liegt deshalb immer in der Nähe von $\eta_{max} = 1$. Lässt man etwa Öl in einem Eimer innerhalb eines Gebäudes abbrennen, wird der Energieinhalt des Öls vollständig in Wärmeenergie umgewandelt. Allein, um die bei der Verbrennung (primitivste Energieumwandlung) entstehenden Nebenprodukte (Rauchgase) von der Wärme trennen zu können, die sich über einen Kaminrohr abführen lassen, wird der reale Wirkungsgrad etwas reduziert. Wird dagegen der hochwertige Strom zu Heizzwecken in Wärmeenergie umgewandelt, entstehen am Ort des Verbrauchs keine Nebenprodukte und die Energieumwandlung ist vollständig.

Wie bei den Systemen zur Stromerzeugung werden jetzt althergebrachte und neue Systeme zum Heizen von Gebäuden betrachtet.

2.1.2.1 Fossilheizung

Wir betrachten eine konventionelle Heizung, die letztlich das ins Haus geholte prähistorische Feuer unserer Vorfahren ist, das mit fossilen Brennstoffen genährt wird. Die wesentlichen Verluste, die hierbei entstehen, sind die Abgasverluste. Entsprechend Bild 2.40 kann für den Wirkungsgrad

$$\eta = \frac{\dot{Q}_H}{\dot{Q}_{zu}} = \frac{\dot{Q}_{zu} - \dot{Q}_V}{\dot{Q}_{zu}} = 1 - \frac{\dot{Q}_V}{\dot{Q}_{zu}} = 1 - \frac{\dot{Q}_V}{\dot{m}_B H_U} \tag{2.90}$$

angeschrieben werden. Dabei haben wir als Systemgrenze die Kesselstruktur zugrunde gelegt. Außerdem wurde unterstellt, dass das Abgas eine Temperatur oberhalb des zugehörigen Taupunkts besitzt (keine Kondensation der dampfförmigen Bestandteile im Kamin). Dementsprechend ist die zugeführte Wärmeleistung proportional zum zugeführten Brennstoffmassenstrom $\dot{m}_B$ und dem unteren Heizwert H_U. Im Idealfall $\dot{Q}_V \to 0$ ergibt sich der maximale Wirkungsgrad zu $\eta_{max} = 1$.

Bild 2.40 Fossilheizung mit Kesselstruktur als Systemgrenze

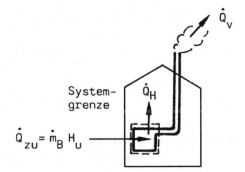

Bild 2.41 Fossilheizung mit
Gebäudestruktur als
Systemgrenze

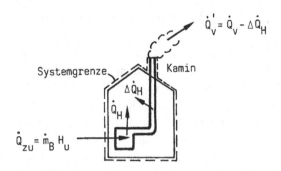

Wir wollen bei dieser Gelegenheit zeigen, dass der Wirkungsgrad immer von der jeweils gewählten Systemgrenze abhängig ist. Dazu betrachten wir dieselbe Heizung wie in Bild 2.40, jedoch jetzt mit der Gebäudestruktur als einschließende Systemgrenze (Bild 2.41).

Da sich das Abgas zwischen Kessel und Kaminaustritt abkühlt und somit der das Haus mitheizende Energieanteil/Zeit $\Delta \dot{Q}_H$ jetzt als Nutzen erscheint, ergibt sich in diesem Fall

$$\eta = \frac{\dot{Q}_H + \Delta \dot{Q}_H}{\dot{Q}_{zu}} = \frac{\dot{Q}_{zu} - (\dot{Q}_V - \Delta \dot{Q}_H)}{\dot{Q}_{zu}} = \left(1 - \frac{\dot{Q}_V}{\dot{Q}_{zu}}\right) + \frac{\Delta \dot{Q}_H}{\dot{Q}_{zu}} \qquad (2.91)$$

ein um den Anteil $\Delta \dot{Q}_H / \dot{Q}_{zu} = \Delta \dot{Q}_H / (\dot{m}_B H_U)$ erhöhter Wirkungsgrad, obwohl die betrachtete Heizung in beiden Fällen identisch ist. Offensichtlich ist der Wirkungsgrad abhängig von der gewählten Systemgrenze.

Die heute erreichbaren Wirkungsgrade fossil betriebener Heizungen liegen im Bereich zwischen (90 ... 95 %). Eine Möglichkeit, die Abgasverluste noch weiter zu reduzieren, wird mit Brennwertkesseln erreicht. Hierbei liegen die Abgastemperaturen unterhalb des zugehörigen Taupunkts, so dass durch Kondensation die in den dampfförmigen Abgasanteilen steckende Energie zusätzlich nutzbar gemacht wird. Allerdings werden dazu säurefeste Kamine benötigt und das saure Kondensat (pH-Wert) ist zu entsorgen.

Auch wenn in Brennwertkesseln (BWK) die Wärme beim Auskondensieren des in den Rauchgasen vorhandenen Wasserdampfes genutzt wird, kann der erreichbare Wirkungsgrad den maximal möglichen Wert $\eta_{\max} = 1$ nicht überschreiten. Zur physikalisch richtigen Beschreibung des Wirkungsgrads von Brennwertkesseln muss beachtet werden, dass nicht der untere Heizwert H_U, sondern der oberer Heizwert $H_o > H_U$ anzuwenden ist:

$$\eta_{BWK} = \frac{\dot{Q}_H}{\dot{Q}_{zu}} = \frac{\dot{Q}_H}{\dot{m}_B H_O} = \frac{\dot{Q}_{zu} - \dot{Q}_V}{\dot{m}_B H_O} = 1 - \frac{\dot{Q}_V}{\dot{Q}_{zu}} = 1 - \frac{\dot{Q}_V}{\dot{m} H_O} \leq \eta_{\max} = 1 \qquad (2.92)$$

Bei Nichtbeachtung und formaler Anwendung der Gleichung (2.90) ergibt sich $\eta > 1$. Diese Falschaussage entsteht, wenn einerseits im Zähler die real erzielte Heizleistung mit Kondensationseffekt verwendet, andererseits aber im Nenner nur der Heizwert H_U des Brenn-

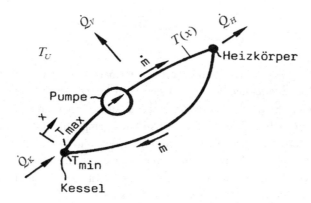

Bild 2.42 Wärmeverteilungssystem (Kessel, Vor- und Rücklauf, Heizkörper)

stoffs ohne Nutzung der Kondensation durch Abkühlung des Rauchgases auf Werte unterhalb der Taupunktemperatur eingesetzt wird.

Jetzt wollen wir die Idee der Niedertemperaturheizungen mit Umwälzpumpe eingehend erläutern und damit auch die Verteilung der Heizleistung $\dot{Q}_H$ im Gebäude detaillierter betrachten. Grundlage hierfür ist die in Bild 2.42 dargestellte Situation.

Die vom Kessel in das Verteilersystem eingespeiste Heizleistung $\dot{Q}_K$ soll möglichst vollständig am Heizkörper verfügbar sein. Auf dem Weg zum Heizkörper (Vorlauf) und zurück zum Kessel (Rücklauf) entstehen Wärmeverluste, die proportional zum jeweils lokal vorliegenden Temperaturgefälle $T(x) - T_U$ zwischen der lokalen Temperatur $T(x)$ des Wassers in der Rohrleitung und der zugehörigen Umgebungs-temperatur T_U sind. Diese Wärmeverluste $\dot{Q}_V$ lassen sich um so stärker reduzieren, je geringer die Differenz $T(x) - T_U$ längs der Rohrleitung gemacht wird. Deshalb arbeitet man mit einer möglichst geringen Vorlaufstemperatur $T_{max} = T(0)$. Um dennoch die gewünschte Nutzheizleistung realisieren zu können, muss eine Umwälzpumpe installiert werden, die für einen entsprechend großen Massenstrom $\dot{m}$ sorgt. Wir verstehen dies unmittelbar durch Anschreiben der globalen Energiegleichung für das betrachtete Wärmeverteilungssystem:

$$\dot{Q}_H = \dot{Q}_K - \dot{Q}_V = \dot{m}\,c\,(T_{max} - T_{min}) - \dot{Q}_V \qquad (2.93)$$

Auch bei einem abgesenkten Temperaturniveau lässt sich die gewünschte Nutzheizleistung immer erreichen, wenn nur der Massenstrom $\dot{m}$ entsprechend gesteigert wird, denn allein das Produkt $\dot{m}\,(T_{max} - T_{min})$ ist entscheidend. Der negative Effekt der Massenstromerhöhung auf den Wärmeverlust $\dot{Q}_V$ ist unwesentlich, da dieser insgesamt luftseitig bestimmt wird und außerdem bei Verkleinerung der Rohrdurchmesser noch die wärmetauschende Fläche reduziert werden kann. Wichtig ist dagegen, dass sich trotz der zusätzlich erforderlichen Pumpenleistung der Wirkungsgrad tatsächlich steigern lässt. Unterstellen wir eine elektrisch angetriebene Pumpe, kann für den Wirkungsgrad

$$\eta = \frac{\dot{Q}_H}{\dot{Q}_K + P_{el}} = \frac{\dot{Q}_K - \dot{Q}_V}{\dot{Q}_K + P_{el}} = \frac{1 - \dot{Q}_V/\dot{Q}_K}{1 + P_{el}/\dot{Q}_K} \qquad (2.94)$$

geschrieben werden. Aus unseren vorangegangenen Überlegungn (Abschn. 2.1.1.3) wissen wir, dass wegen der Skalierung $H/H^* \lll 1$ stets auch $P_{el}/\dot{Q}_K \lll 1$ gilt. Die im Nenner stehende Pumpenleistung P_{el} kann also vernachlässigt werden, so dass letztlich durch Senkung des betrieblichen Temperaturniveaus (Niedertemperatursysteme) und der damit verbundenen Reduzierung der Wärmeverluste/Zeit der Wirkungsgrad mit dem Einsatz einer elektrisch betriebenen Umwälzpumpe verbessert werden kann. Wir haben hier also die bemerkenswerte Situation, dass in der Tat durch Einsatz von Strom der Energiebedarf zum Heizen ohne Wohlfühlverlust gesenkt werden kann.

2.1.2.2 BHKW mit Brennstoffzelle

Mit der Idee der Wärme-Kraft-Kopplung (Abschn. 2.1.1.5) kam es auch zur Realisierung von Blockheizkraftwerken (BHKW). Bei einer kontinuierlichen Nutzung der Abwärme unterschiedlichster Antriebsaggregate (Verbrennungsmotor, Stirlingmotor, Gasturbine, ...), die mit einem mechanischen Generator Strom bereitstellen, konnte mit der additiven Nutzung von Strom + Wärme eine signifikante Steigerung des Wirkungsgrads erreicht werden (Abschn. 2.1.1.5). Da die Abwärme im Sommer nicht genutzt werden konnte, war das im Sommerbetrieb laufende BHKW mit seiner Stromerzeugung gegenüber üblichen stromerzeugenden Kraftwerken derart im Nachteil, dass es abgeschaltet werden musste. Diese BHKW waren nur sinnvoll, wenn etwa in einem Gewerbepark auch die Wärme kontinuierlich über das ganze Jahr zum Einsatz gebracht werden konnte. Dazu waren Betriebe mit kontinuierlichem Wärmebedarf bewusst anzusiedeln.

Dann versuchte man die Mini-BHKW mit üblichen Fahrzeugmotoren hoffähig zu machen. Jetzt kommt es zur Neuauflage mit dem Brennstoffzellen-BHKW.

Vorteilhaft dabei ist, dass die Brennstoffzelle einen besseren elektrischen Wirkungsgrad gegenüber dem historisch mechanischen Generator aufweist. Das Brennstofzellen-BHKW ist ein System ohne bewegte Teile (Motor und Generator der üblichen BHKW entfallen).

Anstelle der solaren Betriebsweise der Brennstoffzelle (Abschn. 1.1, Bild 1.5) wird diese jetzt mit Erdgas (Plan B [21], Abs. 7 und 11) betrieben. Dazu wird ein vorgeschalteter Reformer benötigt, der aus dem Methan (Erdgas) Wasserstoff für die Brennstoffzelle verfügbar macht. Dabei werden gasförmige $CO_2 + H_2O$ Emissionen freigesetzt, die als Abgas in die Atmosphäre entweichen.

In der Brennstoffzelle reagiert der Wasserstoff mit Sauerstoff. Dabei entstehen Strom und Wärme. Die Elektrizität wird als Gleichstrom aus der Brennstoffzelle in den Inverter geleitet. Dort wird der Gleichstrom in Wechselstrom umgewandelt und für den Wechselstrom-Verbraucher nutzbar gemacht. Durch die bei der Konvertierung entstehenden Verluste, wird der Vorteil der besseren elektrischen Wirkungsgrade der Brennstoffzelle gegenüber mechanischen Wechselstromgeneratoren wieder reduziert. Die Wärme

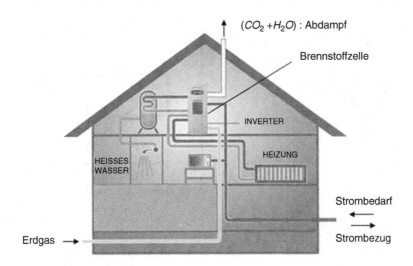

Bild 2.43 Haus mit Brennstoffzellen-BHKW

wird über einen Wärmetauscher an einen Heizwasser-Pufferspeicher abgegeben und zur Erwärmung des Trinkwassers oder des Heizkreislaufs genutzt (Bild 2.43).

Mit einem Brennstoffzellen-BHKW lassen sich die CO_2-Emissionen gegenüber einer Erzeugung der Wärme mit einer Brennwertheizung mit Erdgas[7] und einem Strombezug aus dem Netz um bis zu einem Drittel reduzieren.

Dekarbonisierung kann auch mit der Erdgas-Brennstoffzellentechnolgie nur eingeschränkt erreicht werden. Zudem wir eine gesicherte Versorgung mit Erdgas vorausgesetzt (Plan B [21], Abs. 7 und 11).

Die Installationen im Haus bleiben mit der Brennstoffzellentechnik unverändert.

2.1.2.3 Wärmepumpe

Die Umkehrung des Wärme-Kraft-Prozesses führt zur Wärmepumpe (Bild 2.44). Durch Zuführen von mechanischer Energie kann Wärmeenergie der Umgebung auf Heizniveau angehoben werden. Die Wärmepumpe wirkt wie ein Kühlschrank, dessen Inneres mit der Umgebung verknüpft ist, der die anfallende Wärme des Wärmetauschers auf der Rückseite des Kühlschranks in den Wohnraum abgibt.

Mit der üblichen Definition des Wirkungsgrads aus Nutzen und Aufwand erhält man mit

---

[7]Die Erdgas-Niedertemperatur-Brennwertheizung mit Nutzung des oberen Heizwertes durch den Betrieb mit Abgasen unterhalb des Taupunktes ist die beste fossile Heizung.

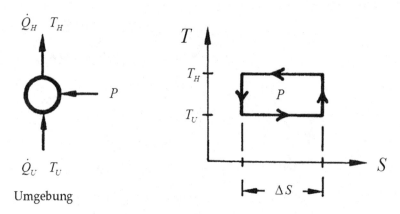

Bild 2.44 Idealer Kreisprozess für Wärmepumpe

$$\eta = \frac{\dot{Q}_H}{P} = \frac{\dot{Q}_H}{\dot{Q}_H - \dot{Q}_U} = \frac{T_H \Delta S}{(T_H - T_U)\Delta S} = \frac{1}{1 - T_U/T_H} > 1 \qquad (2.95)$$

einen Ausdruck größer Eins, der einerseits Ingenieure seit jeher entzückt hat, andererseits aber verschämt Leistungsziffer genannt wird, weil ein Wirkungsgrad nie Werte größer als Eins annehmen kann, da sonst eine wundersame Energievermehrung einhergehen müsste. Diese Diskrepanz lässt sich etwa am Beispiel einer Solarzelle bereinigen. Hierfür würde die (2.95) entsprechende Formulierung stets auf

$$\eta_{solar} = \frac{P_N}{P_{zu}} = \frac{P_{el}}{0} = \infty \qquad (2.96)$$

führen. Alle Solarzellen hätten so einen Wirkungsgrad ∞, unabhängig davon, wie gut deren Energieumsatz im Einzelnen ausfällt. Dies ist natürlich Unsinn und allein die Folge einer naiven Anwendung des Verhältnisses Nutzen zu Aufwand. Da der Wirkungsgrad den Prozess der Energieumwandlung beschreiben soll, muss zwangsläufig die Energie der Umgebung, die real in das System einfließt, berücksichtigt werden, auch dann, wenn diese aufwandsfrei zur Verfügung steht. Für den Wirkungsgrad einer Wärmepumpe muss deshalb

$$\eta = \frac{\dot{Q}_H}{\dot{Q}_U + P} \leq \frac{T_H \Delta S}{[T_U + (T_H - T_U)]\Delta S} = \eta_{max} = 1 \qquad (2.97)$$

gelten. Dabei ergibt sich die obere Grenze (Carnot-Prozess: 2.1.1.5, Bild 2.35) wie bei jedem Heizungssystem zu $\eta_{max} = 1$, womit das aufgrund der Leistungsziffer vermeintlich herausragende Verhalten von Wärmepumpen gegenüber anderen Heizungssystemen ad absurdum geführt ist. Davon unberührt hat die Leistungsziffer, die wir mit dem Symbol μ

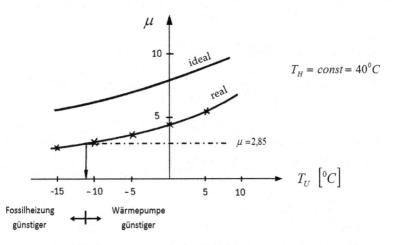

Bild 2.45 Ideale und reale Leistungsziffer und Außentemperatur

belegen wollen, ihre Bedeutung, da wir hier direkt Auskunft über die zum Betrieb einer Wärmepumpe erforderliche mechanische Energie/Zeit erhalten:

$$\mu = \frac{\dot{Q}_H}{P} \leq \frac{1}{1 - T_U/T_H} \quad \rightarrow \quad P = \frac{\dot{Q}_H}{\mu} \qquad (2.98)$$

Wir erkennen aus (2.98), dass die Leistungsziffer derart von der Außentemperatur T_U abhängt, dass eine Wärmepumpe gerade im Winter weniger effektiv als im Sommer arbeitet.

In Bild 2.45 ist exemplarisch für den Idealfall (Carnot-Prozess) und eine Vorlauftemperatur $T_H = 40\,°C$ dieser Zusammenhang $\mu(T_U, T_H = const)$ dargestellt.

Wie auch die für diese Situation an einer realen Wärmepumpe ermittelten Werte zeigen, die ebenfalls in Bild 2.45 eingetragen sind, liegt das reale Verhalten unterhalb der oberen Grenzkurve nach (2.98).

Vergleichen wir nun eine solche Wärmepumpe mit etwa einer Fossilheizung mit einem Wirkungsgrad

$$\eta_H = \frac{\dot{Q}_H}{\dot{Q}_{zu}} \qquad (2.99)$$

lässt sich unter Zuhilfenahme der gemessenen Leistungszifferkurve (Bild 2.45) erkennen, ab welcher Außentemperatur die Wärmepumpe im Winterbetrieb schlechter als die Fossilheizung abschneidet. Wenn wir dabei noch einen elektrischen Antrieb der Wärmepumpe unterstellen und den Primärenergiebedarf bei der konventionellen fossilen Erzeugung des Stroms berücksichtigen

$$P = P_{el} = \dot{Q}_{zu}\eta_{el} \qquad (2.100)$$

kann für die Leistungsziffer (2.98)

$$\mu = \frac{\dot{Q}_H}{\dot{Q}_{zu}\eta_{el}} \quad \rightarrow \quad \mu\eta_{el} = \frac{\dot{Q}_H}{\dot{Q}_{zu}} \qquad (2.101)$$

geschrieben werden. Von beiden Systemen gleicher Heizleistung $\dot{Q}_H$ wird offensichtlich gleichviel Primärenergie $\dot{Q}_{zu}$ verbraucht, wenn gilt:

$$\mu\eta_{el} = \eta_H \qquad (2.102)$$

Gute Fossilheizungen erreichen aktuell Wirkungsgrade um 95 % und bei einer mittleren fossilen Strombereitstellung werden Wirkungsgrade um $\eta_{el} = 1/3$ erreicht, so dass sich aus (2.102) eine Leistungsziffer $\mu = 2{,}85$ für den primärenergetischen Gleichstand der beiden betrachteten Heizungssysteme ergibt. Aus Bild 2.45 kann damit entnommen werden, dass die Wärmepumpe nur oberhalb einer Umgebungstemperatur von $T_U = -12\,°C$ ein gegenüber einer Fossilheizung günstigeres primärenergetisches Heizungsverhalten aufweist.

Im Gesamtzusammenhang mit dem Kraftwerk zur Strombereitstellung zeigt sich, dass die aufwendungsfrei aus der Umgebung von der Wärmepumpe aufgenommene Umgebungsenergie etwa derjenigen entspricht, die das Kraftwerk als Abwärme verliert. Für $\mu = 3$ und $\eta_{el} = 1/3$ ergibt sich diesbezüglich gesamtenergetisch eine „Nullbilanz", die in Bild 2.46 für eine fiktiv eingesetzte Primärenergieleistung von 1 kW anschaulich dargestellt ist. Insgesamt wird also weder Wärme gewonnen noch verloren.

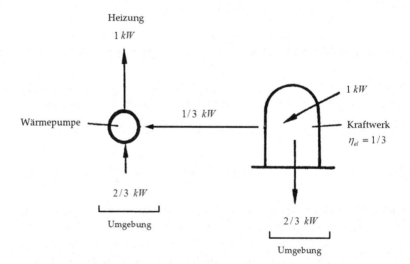

Bild 2.46 Nullbilanz für System Wärmepumpe/Kraftwerk

Diese wärmetechnische Nullbilanz entfällt, wenn der Strom zum Antrieb der Wärmepumpe nicht mit thermodynamisch arbeitenden Kraftwerken mit Abfallwärme, sondern mit den Erneuerbaren Energien Wind und Photovoltaik bereitgestellt wird.

2.1.2.4 Solarkollektoren

Im Gegensatz zum Aufwindkraftwerk wird mit einem Sonnenkollektor die von der Sonne eingestrahlte Energie nahezu vollständig genutzt, da mit diesem System (Kollektor, Tank, Hin- und Rückführleitung: Bild 2.47) nicht mechanische, sondern thermische Energie verfügbar gemacht wird, um etwa Brauchwasser aufheizen zu können.

Damit sich im Solarkollektor überhaupt ein stationärer Naturumlauf infolge der Dichteunterschiede einstellen kann, muss der Tank (Wärmesenke) oberhalb des Kollektors angeordnet sein (chaotisches Verhalten, Abschn. 3.4.2). Wir berechnen zunächst diesen sich stationär einstellenden Massenstrom $\dot{m}$ durch stückweises Anwenden der Impuls- und Energiegleichung in differenzieller Form unter der für Niedertemperatursysteme zutreffenden Voraussetzung kleiner Aufheizspannen $\beta_0 \Delta T \ll 1$, vereinfachen aber zuvor das System entsprechend Bild 2.48, um den Rechenaufwand gering halten zu können.

$$\text{(Impuls)}: \quad 0 = -\frac{dp}{dx} + \vec{g} \cdot \vec{e}\,\rho - K\dot{m}^\delta \tag{2.103}$$

$$\text{(Energie)}: \quad \dot{m}\,c\,\frac{dT}{dx} = q \quad \rightarrow \quad \dot{m}\,c\,\Delta T = \int_0^{x_1} q\,dx = \dot{Q} \tag{2.104}$$

$$\text{Zustandsgl.}: \quad \rho = \rho_0[1 - \beta_0\,(T - T_0)] \tag{2.105}$$

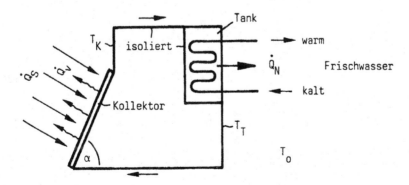

Bild 2.47 Sonnenkollektor mit Naturumlaufsystem

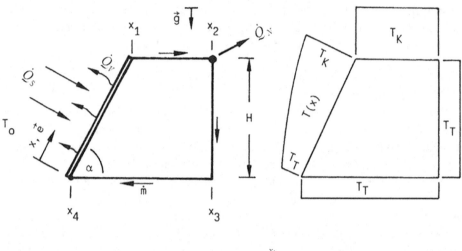

$$\dot{Q}_S = \dot{Q}_{zu} = q_0\, x_1\,, \quad \dot{Q}_V = r \int\limits_0^{x_1} \left[\, T(x) - T_0 \,\right] dx$$

Bild 2.48 Vereinfachtes System

Die Betrachtung in differenzieller Form ist erforderlich, um den kontinuierlichen Eintrag der Solarwärme mathematisch modellieren zu können. Das Vorzeichen des Dichteterms wird durch das Skalarprodukt (Schwerkraftvektor·Einheitsvektor) gesteuert, x ist die umlaufende Ortskoordinate, β_0 der Volumenausdehnungskoeffizient und c die spezifische Wärmekapazität der als Wärmeträger verwendeten Flüssigkeit. Mit der Potenz δ wird die vorliegende Strömungsform ($\delta = 1$: laminar, $\delta = 2$: turbulent) beschrieben, und K ist der zugehörige Widerstandskoeffizient. Der konvektive Beschleunigungsterm in der Impulsgleichung ist weggelassen, weil der damit beschriebene Effekt der Volumenausdehnung bei kleinen Aufheizspannen $\beta_0 \Delta T \ll 1$ vernachlässigt werden kann [11]. Für die einzelnen Systemabschnitte nach Bild 2.48 gilt somit:

$$0 \le x \le x_1: \qquad 0 = -\frac{dp}{dx} - g\rho_0 \sin\alpha[1 - \beta_0\,(T(x) - T_0)] - K_{0,1}\,\dot{m}^\delta \qquad (2.106)$$

$$\dot{m}\,c\,\frac{dT}{dx} = q_0 - r(T(x) - T_0) \qquad (2.107)$$

$$x_1 \le x \le x_2: \qquad 0 = -\frac{dp}{dx} - K_{1,2}\,\dot{m}^\delta \qquad (2.108)$$

$$\dot{m}\,c\,\frac{dT}{dx} = 0 \quad \rightarrow \quad T = T_K \qquad (2.109)$$

$$x_2 \leq x \leq x_3 : \qquad 0 = -\frac{dp}{dx} - g\rho_0[1 - \beta_0(T_T - T_0)] - K_{2,3}\dot{m}^\delta \qquad (2.110)$$

$$\dot{m}c(T_K - T_T) = \dot{Q}_N \qquad (2.111)$$

$$x_3 \leq x \leq x_4 : \qquad 0 = -\frac{dp}{dx} - K_{3,4}\dot{m}^\delta \qquad (2.112)$$

$$\dot{m}c\frac{dT}{dx} = 0 \quad \rightarrow \quad T = T_T \qquad (2.113)$$

In das System wird über den Kollektor die Solarleistung/Länge q_0 eingespeist. Dem stehen einerseits die Leistungsentnahme aus dem Tank und andererseits der Verlust am Kollektor gegenüber. Die Leistungsentnahme aus dem Tank wird hier vereinfacht punktförmig bewerkstelligt, so dass der so erzeugte Temperatursprung $\Delta T = T_K - T_T$ mit der globalen (integrierten) Energiegleichung beschrieben werden kann. Der Wärmeverlust am Kollektor infolge Konvektion und Strahlung wird proportional zur lokalen Temperaturdifferenz $T(x) - T_0$ dargestellt [11]. Dabei ist r der zugehörige Verlustkoeffizient und T_0 die konstante Umgebungstemperatur.

Aus (2.107) folgt durch Integration und Beachtung von $T(0) = T_T$ die Temperaturzunahme längs des Kollektors

$$T(x) - T_0 = \frac{q_0}{r} + \left[(T_T - T_0) - \frac{q_0}{r}\right]e^{-(r/\dot{m}c)x} \qquad (2.114)$$

und aus (2.111) die Temperaturabsenkung

$$T_K - T_T = \frac{\dot{Q}_N}{\dot{m}c} \qquad (2.115)$$

durch Entnahme der Nutzwärmeleistung $\dot{Q}_N$ aus dem Brauchwassertank. Die maximale Kreislauftemperatur stellt sich am Kollektorausgang ein und kann aus (2.114) für $x = x_1$ zu

$$T_K = T_0 + \frac{q_0}{r} + \left[(T_T - T_0) - \frac{q_0}{r}\right]e^{-(r/\dot{m}c)x_1} \qquad (2.116)$$

abgelesen werden. Damit ist die Temperaturverteilung im gesamten Kreislauf bekannt, wenn man auch noch den Massenstrom $\dot{m}$ kennt. Wir berechnen diesen sich hier frei einstellenden Massenstrom aus den aufgelisteten Impulsgleichungen (2.106), (2.108), (2.110), (2.112) durch Einsetzen der Temperaturverteilung des Kollektors, Aufintegration längs des Kreislaufs und Schließen der Masche ($p(x_4) = p(0)$). Man erhält so die Umlaufgleichung zur Berechnung des Massenstroms

$$F(\dot{m}) = 0 = f_A - f_W$$

$$
\begin{aligned}
f_A &= g\rho_0\beta_0 \left[\frac{q_0 x_1 \sin\alpha}{r} - (T_T - T_0)(x_3 - x_2)\right] \\
&\quad - g\rho_0\beta_0 \sin\alpha \left[(T_T - T_0) - \frac{q_0}{r}\right]\left[e^{-r x_1/(\dot{m} c)} - 1\right]\frac{\dot{m} c}{r}
\end{aligned}
\tag{2.117}
$$

$$f_W = \left(K_{0,1} x_1 + K_{1,2}(x_2 - x_1) + K_{2,3}(x_3 - x_2) + K_{3,4}(x_4 - x_3)\right)\dot{m}^\delta = K^* L \dot{m}^\delta$$

in impliziter Form, die das Kräftegleichgewicht zwischen der Auftriebskraft/Volumen f_A und Widerstandskraft/Volumen f_W beschreibt. Bei der Herleitung der Umlaufgleichung müssen die hydrostatischen Anteile stets herausfallen, da allein die Dichteabweichungen vom Ruhezustand (hydrostatisches Gleichgewicht) den sich frei einstellenden Naturumlauf bestimmen [11]. Um trotz des impliziten Ergebnisses zu einer einfachen Darstellung gelangen zu können, betrachten wir jetzt einen Solarkollektor mit geringen Verlustkoeffizienten, so dass der exponentielle Anteil in (2.117) nach Taylor entwickelt werden kann:

$$e^{-\varepsilon} = 1 - \varepsilon + \frac{1}{2}\varepsilon^2 + \dots \quad \text{mit} \quad \varepsilon = r x_1/(\dot{m} c) \tag{2.118}$$

Durch Einsetzen von (2.118) in (2.117), Beachtung von $x_1 \sin\alpha = x_3 - x_2 = H$, $\dot{Q}_{zu} = q_0 x_1$ und Einführen eines repräsentativen Widerstandskoeffizienten K^* für den Gesamtkreislauf der Länge $L = x_4$ und der entsprechenden Entwicklung von (2.116) mit dem Ergebnis $\dot{Q}_N = \dot{Q}_{zu} - (T_T - T_0) r x_1$ erhält man die vereinfachte Umlaufgleichung in gröbster Näherung

$$F(\dot{m}) = 0 = \frac{g\rho_0\beta_0 H}{2\dot{m} c}\left[\dot{Q}_{zu} - (T_T - T_0) r x_1\right] - K^* L \dot{m}^\delta \tag{2.119}$$

die jetzt sogar explizit nach dem Massenstrom aufgelöst werden kann:

$$\dot{m} = \left\{\frac{g\rho_0\beta_0 H}{2 c K^* L}\left[\dot{Q}_{zu} - (T_T - T_0) r x_1\right]\right\}^{1/(\delta+1)} \tag{2.120}$$

Wir erinnern uns (Abschn. 2.1.1.3), dass mit $c/(g\beta_0) = H^*$ eine charakteristische Länge im Spiel ist, die für Wasser bei Umgebungsbedingungen mit $c = 4,2\,kW\,s/(kg\,K)$, $\beta_0 = 2 \cdot 10^{-3}/K$, $g = 9,81\,m/s^2$ den extrem großen Wert von $H^* = 210\,km$ gegenüber der Bauhöhe H des Solarkollektorsystems (Bild 2.48) annimmt, so dass $H/H^* \lll 1$ gilt. Mit diesem Höhenverhältnis kann die Massenstromgleichung schließlich in die Darstellung

$$\dot{m} = \left\{\frac{\rho_0}{2 K^* L}\frac{H}{H^*}\left[\dot{Q}_{zu} - (T_T - T_0) r x_1\right]\right\}^{1/(1+\delta)} \tag{2.121}$$

gebracht werden. Hieraus erkennen wir wiederum, wie im Fall des Aufwindkraftwerkes, dass die in der freien Konvektionsströmung steckende mechanische Leistung $P{\sim}\dot{m}^3$ verschwindend klein gegenüber der von der Strömung transportierten Wärmeleistung $\dot{Q}_N = \dot{Q}_{zu} - (T_T - T_0)\,r x_1$ ist, denn es gilt:

$$P \sim \left(\frac{H}{H^*}\right)^{3/(\delta+1)} <<< 1 \qquad (2.122)$$

Da die Aufgabe von Solarkollektorsystemen allein die Nutzung von Wärmeenergie[8] ist, besitzen diese von Natur aus gute Wirkungsgrade, so dass selbst mit technisch unvollkommenen Realisierungen noch Wirkungsgrade um 60 % erreicht werden. Allgemein kann für den Wirkungsgrad

$$\eta = \frac{\dot{Q}_N}{\dot{Q}_{zu}} = \frac{\dot{Q}_{zu} - \dot{Q}_V}{\dot{Q}_{zu}} = 1 - \frac{\dot{Q}_V}{\dot{Q}_{zu}} \qquad (2.123)$$

und in gröbster Näherung für schwache Kollektorverluste

$$\eta = 1 - \frac{r}{q_0}(T_T - T_0) \qquad (2.124)$$

geschrieben werden. Für den idealen Kollektor mit $r \to 0$ muss schließlich der Wirkungsgrad gegen $\eta_{\max} = 1$ streben.

Wie unsere Untersuchungen hier und in Abschn. 2.1.1.3 gezeigt haben, ist die Erzeugung von Bewegungen mit thermischer Energie wenig effektvoll.

Durch die Zufuhr von mechanischer Energie (Pumpe) lassen sich dagegen Bewegungen sehr effektvoll erreichen. Deshalb ist der Einbau einer Umwälzpumpe in ein Heizsystem in der Regel sinnvoll, insbesondere dann, wenn der Gewinn durch Reduzierung der Wärmeverluste den zusätzlichen Aufwand durch Zuführung mechanischer Energie übersteigt.

Dies ist die Idee von Niedertemperaturheizungen, die wir bereits ausführlich im Abschn. 2.1.2.1 diskutiert haben.

Damit ist aber auch der Einbau von Umwälzpumpen im Solarkollektorsystem energetisch legitimiert, so dass praktikablere Anordnungen des Tanks (Wärmesenke unterhalb der Wärmequelle, Bild 2.49) sinnvoll sind. Außerdem kann mit Hilfe der Pumpe das energetische Verhalten des Kreislaufs gesteuert werden.

---

[8]Von Niedertemperaturkreisläufen mit Temperaturen unterhalb 60 °C können Gefahren ausgehen (Infektionen beim Duschen), da diese beste Nährböden für Bakterien wie etwa Legionellaceae sind. Wenn solche Systeme nicht zeitweilig auf Temperaturwerte über 60 °C erhitzt und damit sterilisiert werden, ist ein zweiter Kreislauf zwingend erforderlich (Bild 2.47), dem Frischwasser zugeführt werden muss.

Bild 2.49 Mit Umwälzpumpe
ermöglichte Tankanordnung
unterhalb des Kollektors

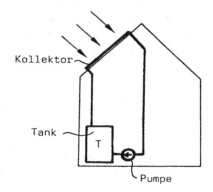

Im Zusammenhang mit der solaren Beheizung eines Gebäudes sollte selbstverständlich auch eine energetisch bewusste Bauweise gewählt werden, so dass der erforderliche Heizbedarf auf möglichst niedrigem Niveau liegt.

Um den Effekt der Bauweise (direkte Solarheizung) demonstrieren zu können, werden die empirisch ermittelten Energiebilanzen von drei Modellhäusern gleicher Grundfläche (Bild 2.50) für einen sehr sonnigen Wintertag bei einer Außentemperatur von $-15\,^\circ C$ einander gegenübergestellt. Bei den Messungen wurde die Innentemperatur jeweils auf $20\,^\circ C$ gehalten.

2.1.2.5 Infrarot-Heizung

Das Heizen ist auch mit elektromagnetischer Strahlungsenergie im für den menschlichen Organismus verträglichen Infrarotbereich zu bewerkstelligen. Im Idealfall kann der Strom zum Betrieb der Infrarotheizung mit Solarzellen gedeckt werden. Durch die zweimalige Nutzung der elektromagnetischen Strahlung (Solarzelle $\rightarrow$ Strom $\rightarrow$ Wärme) kann schließlich auch der Wärmemarkt vom prähistorischen Feuer befreit werden [7], eine neue sowohl ökologisch als auch ökonomisch sinnvollere Heiztechnik etabliert werden. Mit dieser Perspektive werden Blockheizkraftwerke, Brennwertheizungen, Wärmepumpen mit aufwendigen Fußbodenheizungen und Erdwärmesonden und selbst Solarkollektoren in Frage gestellt. Die Infrarotheizung gepaart mit der weiterentwickelten Photovoltaik und der konsequenten Nutzung von Gebäudeoberflächen einschließlich der Fenster ist wegweisend.

Der wesentlich thermische Unterschied zwischen bisher üblichen Heizungen und einer Strahlungsheizung zeigt Bild 2.51. Klassische Heizungen erwärmen die Luft in der Umgebung des Heizkörpers. Diese wärmere und damit auch leichtere Luft steigt im Schwerefeld der Erde auf, es entsteht die in Bild aufgezeigte Zirkulation. Die warme Luft im oberen Teil des Wohnraums über dem Heizkörper kann von den Bewohnern nicht genutzt werden. Diese müssen sich mit der zum Heizkörper zurückzirkulierenden Luft niederer Temperaturen begnügen. Die Wärmestrahlung einer Infrarotheizung durchdringt dagegen die Luft, ohne diese direkt zu erwärmen. Es werden von der Strahlung direkt nur Oberflächen (Möbel, Wände, Bewohner) erwärmt. Es entsteht primär keine Zirkulation, keine Stau-

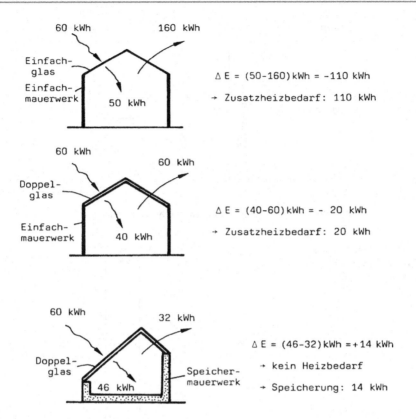

Bild 2.50 Vergleichende Energiebilanzen zur „Direkten Solarheizung"

baufwirbelungen (Thermophorese) und keine unbehagliche trockene Luft. Außerdem lassen sich hohe Belüftungswärmeverluste gegenüber den Konvektionsheizungen vermeiden und die Bildung etwa von Schimmelpilzen verhindern, da die Lufttemperaturen stets unter den Wandtemperaturen des Wohnraums bleiben.

Die Infrarotheizung zeichnet sich durch einen gegenüber Konvektionsheizungen deutlich geringeren Energiebedarf aus. Diese schon aus der vorangestellten Überlegungen qualitativ verstehbare Aussage wird durch eine von der TU Kaiserslautern durchgeführte Vergleichsmessung bestätigt [12].

Die Untersuchung der Testwohnung hat quantitativ ergeben, dass bei Nutzung der Gasheizung etwa der 2,5-fache Energiebedarf gegenüber dem beim Betrieb mit der Infrarotheizung aufgewendet werden musste (Bild 2.52).

Der Wirkungsgrad der Strahlungsheizung ist wie bei jeder elektrisch betriebenen Heizung $\eta = \eta_{max} = 1$. Die Umwandlung von Strom in Wärme ist vollständig. Diese generelle Aussage (Energiehierarchie, Abschn. 1.2) steht aber in keinem unmittelbaren Zusammenhang mit der zur Realisierung einer thermischen Wohnraumbehaglichkeit aufzuwendenden Energie. Durch die Nutzung der elektromagnetischen Strahlungseigenschaften benötigen

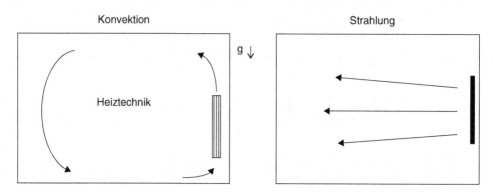

Bild 2.51 Klassische Konvektionsheizung und innovative Strahlungsheizung

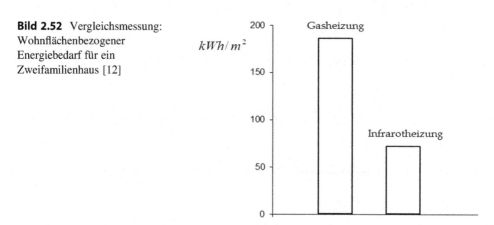

Bild 2.52 Vergleichsmessung: Wohnflächenbezogener Energiebedarf für ein Zweifamilienhaus [12]

Infrarotstrahlungsheizungen gegenüber allen Konvektionsheizungen einen geringeren Energiebedarf.

Mit Infrarotstrahlungsheizungen kann insbesondere bei Versorgung mit Strom, der unter ökologischen Kriterien erzeugt wurde, eine innovative Heizungstechnik etabliert werden, die alle bisherigen komplizierten und deshalb auch teuren Heizsysteme überflüssig macht. Alle aufwendigen Installationen für die Heizung (Rohrleitungen, Raum für Brenner und Warmwasserspeicher) entfallen.

Die Situation ist ähnlich wie in der Automobilbranche. Mit der Einführung des E-Auto (Abschn. 9.2) entfallen unzählige nicht mehr erforderliche Arbeitsbereiche. Dies betrifft sowohl die Produktion als auch die Wartung.

Eine gesamtheitliche Entwicklung, die elektromagnetische Wellen sowohl zur Stromerzeugung als auch zu Wärmeerzeugung ohne jegliche Maschinentechnik erlaubt, sollte als energetischer Schlüssel zum Öffnen des Wegs in die Zukunft genutzt werden, um endlich Abschied vom prähistorischen Feuer nehmen zu können.

Das sowohl im privaten als auch im industriellen Bereich immer noch benutzte prähistorische Feuer ist der Hauptverursacher der sich mit zunehmender Bevölkerungsdichte
noch verschärfenden ökologischen Probleme.

Insgesamt muss die Welt elektrischer gestaltet werden. Dabei ist der Strom ohne
prähistorisches Feuer bereitzustellen. Der Effizienz ist bei der Nutzung des Stroms
höchste Priorität einzuräumen. Dabei ist eine gesamtheitliche Betrachtung unabdingbar.

Die alten Heizungen mit prähistorischem Feuer sollten Vergangenheit sein. Insbesondere Holz und Biomasse sind auch Quellen mit Feinstaub.

Die Breitstellung des Stroms sollte weitgehend solar und ergänzend mit einer zu-
kunftsfähigen strahlungssicheren Kerntechnik ohne thermodynamische Stromerzeugung
erfolgen.

2.2 Energie-Erntefaktor

Der in Abschn. 2.1 ausführlich diskutierte Wirkungsgrad beschreibt nur das prozesstech-
nische Detailproblem der Energieumwandlung. Damit ist keineswegs sichergestellt, dass
die Bereitstellung einer gewünschten Nutzenergie auch tatsächlich funktioniert.

Um dies verständlich machen zu können, betrachten wir zunächst die in Bild 2.53
dargestellte Inselsituation, die den singulären Verbund zwischen einem konventionellen
Kohlekraftwerk zur Stromerzeugung und einem Bergwerk zur Kohleförderung zeigt. Mit
dem vom Bergwerk zum Kraftwerk kontinuierlich transportierten Massenstrom $\dot{m}_B$
(Brennstoff: Kohle mit Heizwert H_U) liefert das Kraftwerk mit dem Wirkungsgrad η die
elektrische Nutzleistung $P_{el} = \eta \, \dot{m}_B H_U$.

Unterstellen wir einfachheitshalber, dass die zur Förderung des Brennstoffs erforderliche Leistung $P_{Fö}$ allein elektrischer Natur sei, ist sofort einzusehen, dass in unserem
Beispiel die Bereitstellung von Strom nur möglich ist, solange die erforderliche För-
derleistung $P_{Fö}$ kleiner als die vom Kraftwerk abgegebene Leistung P_{el} bleibt.

Für $P_{Fö} > P_{el}$ bricht die Strombereitstellung zusammen. Unterstellen wir etwa ein
Fördergesetz $P_{Fö} = \dot{m}_B f(L)$ mit einer Funktion $f(L)$, die monoton mit zunehmender Tiefe
L die erschwerte Förderung beschreibt, kann die Situation wie in Bild 2.54 dargestellt
werden.

Die gerade noch mögliche Grenzförderung wird bei $P_{Fö} = P_{el}$ oder $f(L^*) = \eta H_U$
erreicht. Damit das Kraftwerk für das Bergwerk überhaupt Strom liefern kann, muss

$$P_{el}/P_{Fö} > 1 \qquad (2.125)$$

gelten. Es kann also nur Strom bereitgestellt (geerntet) werden, wenn die Ungleichung
(2.125) erfüllt ist.

Dies führt uns zur Definition des Energie-Erntefaktors. Wir betrachten die Situation
hierzu sinnvollerweise global über die gesamte Nutzungszeit des Kraftwerks, so dass in der
energetischen Darstellung von (2.125) der Energie-Erntefaktor $\tilde{\varepsilon}$ als Verhältnis zwischen

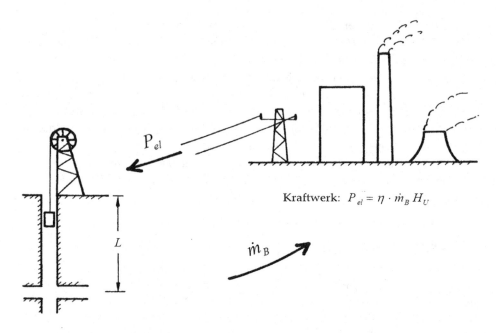

Kraftwerk: $P_{el} = \eta \cdot \dot{m}_B \, H_U$

Bergwerk: $P_{F\ddot{o}} = \dot{m}_B \cdot f(L)$

Bild 2.53 Inselsituation: Singulärer Verbund zwischen Kraftwerk und Bergwerk

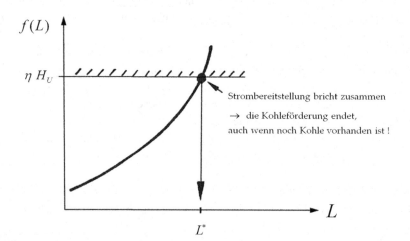

Bild 2.54 Grenzförderung bei Inselsituation

der in der Nutzungszeit geernteten Energie E und der Energie E_{ein} zur Realisierung des Kraftwerks einschließlich der insgesamt erforderlichen Infrastruktur

$$E/E_{ein} = \tilde{\varepsilon} > 1 \qquad\qquad (2.126)$$

geschrieben werden kann.

Bild 2.55 Verbundsituation zur Bereitstellung von Nutzenergie

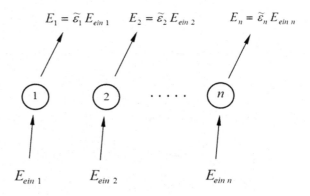

Nur wenn die geerntete Nutzenergie E größer als die aufgewendete Energie E_{ein} zum Bau, Betrieb, Entsorgung (im Betrieb bis hin zum Abriss) des Kraftwerks einschließlich der Bereitstellung (Erschließung, Förderung, Aufbereitung, Transport) des Brennstoffs

$$E_{ein} = E_{Bau} + E_{Betrieb} + E_{Bereitstellung} + E_{Entsorgung} \tag{2.127}$$

ist, kann überhaupt von einem Kraftwerk (Erzeuger) gesprochen werden. Für den Energie-Erntefaktor muss stets $\widetilde{\varepsilon} > 1$ gelten, damit tatsächlich Nutzenergie zur Versorgung externer Verbraucher bereitgestellt werden kann. Ein Kraftwerk ist umso besser, je größer dessen Energie-Erntefaktor ausfällt. Neben der nur notwendigen Wirkungsgradbedingung $\eta = E/E_{zu} > 0$ allein für das Funktionieren des Energieumwandlungsprozesses, muss noch die hinreichende Bedingung $\widetilde{\varepsilon} = \eta\, E_{zu}/E_{ein} > 1$ erfüllt werden.

Für den allgemeinen Fall der Verbundsituation von Erzeugern kann entsprechend Bild 2.55 ein resultierender Energie-Erntefaktor

$$\widetilde{\varepsilon}_{ges} = \frac{\sum \widetilde{\varepsilon}_i\, E_{ein\,i}}{\sum E_{ein\,i}} \tag{2.128}$$

angegeben werden, für den wiederum $\widetilde{\varepsilon}_{ges} > 1$ gelten muss, wenn sich das Verbundsystem insgesamt wie ein Erzeuger (Kraftwerk) verhalten soll. Hierbei ist festzuhalten, dass ein Verbundsystem mit $\widetilde{\varepsilon}_{ges} > 1$ sehr wohl auch Teilsysteme mit $\widetilde{\varepsilon}_i < 1$ enthalten kann. In einem Verbundsystem sind also versteckte Verbraucher möglich, die verdeckt bleiben, solange die anderen Teilsysteme diese energetisch subventionieren können. Bei der Installation von Teilsystemen mit $\widetilde{\varepsilon}_i < 1$ in einem zuvor echten Erzeuger-Verbundsystem können derartige Systeme zunächst gar nicht entdeckt werden.

Wir wollen unsere Überlegungen nun auch auf echte Verbraucher ausdehnen, um schließlich ein Gesamtsystem aus Erzeugern und Verbrauchern (Bild 2.56) beurteilen zu können.

Die insgesamt bereitgestellte Nutzenergie von Erzeugern $\sum \widetilde{\varepsilon}_{E\,i} E_{ein\,i}$ wird nicht nur zum Konsum der Verbraucher $\sum \widetilde{\varepsilon}_{V\,j} E_{V\,ein\,j}$ benötigt. Neben unvermeidlichen Verlusten ist vor allem die Infrastrukturenergie (Bau + ...) für sowohl die Erzeuger als auch für die

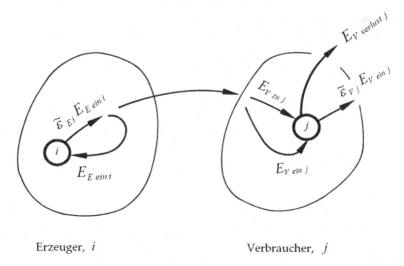

Erzeuger, i Verbraucher, j

Bild 2.56 Erzeuger/Verbraucher-System

Verbraucher erforderlich. Dargestellt in Form einer Gesamtenergiebilanz kann in gröbster Näherung

$$\underset{\substack{\text{bereitgestellte}\\\text{Nutzenergie}}}{\sum \tilde{\varepsilon}_{Ei} E_{E\,ein\,i}} \;=\; \underset{\substack{\\\text{konsumierte Energie}}}{\sum \tilde{\varepsilon}_{V\,j} E_{V\,ein\,j}} \;+\; \underset{\substack{\\\text{verlorene Nutzenergie}}}{\sum E_{V\,verlust\,j}} \;+\; \underset{\substack{\text{Energie für}\\\text{Erzeuger}}}{\sum E_{E\,ein\,i}} \;+\; \underset{\substack{\text{Infrastruktur}\\\text{Verbraucher}}}{\sum E_{V\,ein\,j}}$$

$$(2.129)$$

angeschrieben werden.

Der Gesamt-Energie-Erntefaktor für die Erzeuger

$$\tilde{\varepsilon}_{E\,ges} = \frac{\sum \tilde{\varepsilon}_{Ei} E_{E\,ein\,i}}{\sum E_{E\,ein\,i}} \qquad\qquad (2.130)$$

ergibt sich dann zu

$$\tilde{\varepsilon}_{E\,ges} \;=\; 1 \;+\; \frac{1}{\sum E_{E\,ein\,i}} \left\{ \sum \tilde{\varepsilon}_{V\,j} E_{V\,ein\,j} + \sum E_{V\,ein\,j} + \sum E_{V\,verl\,j} \right\} \;>\; 1$$

$$\uparrow$$

Eigenbedarf	Wirkung	Aufwand für Bau + ...	Aufwand für Verluste
Erzeuger	Verbraucher	Verbraucher	Verbraucher

$$(2.131)$$

und wir erkennen nochmals, dass nur Gesamterzeugersysteme mit $\widetilde{\varepsilon}_{E\,ges} > 1$ externe Verbraucher mit Nutzenergie versorgen können. Im Grenzfall $\widetilde{\varepsilon}_{E\,ges} = 1$ kann nur der Eigenbedarf der Erzeugersysteme gedeckt werden.

Beim Übergang auf Erzeugersysteme mit reduzierten Erntefaktoren $\widetilde{\varepsilon}_{E\,ges}$ ist es zwingend erforderlich, dass auch Verbraucher mit deutlich verringertem Energieaufwand zum Einsatz kommen. Zur Erhaltung des Lebensstandards ($\sum \widetilde{\varepsilon}_{V\,j} E_{V\,ein\,j} = const$) sind entsprechend (2.131) neue Technologien für die Verbraucher erforderlich, mit denen sowohl höhere Erntefaktoren $\widetilde{\varepsilon}_{V\,j}$ als auch Wirkungsgrade $\eta_{V\,j}$ zu erreichen sind.

Damit für weitergehende Überlegungen die Kompatibilität zwischen der Definition des Erntefaktors und des Wirkungsgrads in dem immer noch fossil dominierten industriellen Prozess gegeben ist, ersetzen wir jetzt in (2.126) die zunächst rein elektrisch gedachte Infrastrukturenergie E_{ein} durch den entsprechenden primärenergetischen Wert

$$E_{ein,pr} = \frac{1}{\eta} E_{ein} > E_{ein} \qquad (2.132)$$

der sich mit dem mittleren Wert des Wirkungsgrads $\overline{\eta} \approx 1/3$ des industriellen Prozesses zur Herstellung, Betrieb, Bereitstellung, Umwelt- und Entsorgungsmaßnahmen ergibt und erhalten so den im Folgenden stets benutzten primärenergetisch bezogenen Energie-Erntefaktor ohne Schlange:

$$\varepsilon = \frac{E}{E_{ein,pr}} = \overline{\eta}\,\widetilde{\varepsilon} > 1, \ \widetilde{\varepsilon} > \frac{1}{\overline{\eta}} > 1 \qquad (2.133)$$

Es sei an dieser Stelle nochmals deutlich darauf hingewiesen, dass in die Definition des Wirkungsgrads $\eta = E/E_{zu}$ mit E_{zu} nur der Energieinhalt der eingesetzten Brennstoffs eingeht, der in der Definition des Energie-Erntefaktors fehlt, in der mit $E_{ein,\,pr}$ gerade der komplementäre Energieanteil steckt, der zur Realisierung des Apparates (Kraftwerk) einschließlich dessen gesamter Infrastruktur zur Bereitstellung der Nutzenergie benötigt wird. Nur Strukturen, die der Ungleichung (2.126 bzw. 2.132) genügen sind sinnvoll.

Für detailliertere Beurteilung kann der Energie-Erntefaktor weiter aufgeschlüsselt werden. Wir erweitern zu diesem Zweck (2.133) mit dem Kehrwert der Nutzenergie E und erhalten bei Beachtung von (2.127) die Koeffizienten-Darstellung:

$$\varepsilon = \frac{1}{k_{Bau} + k_{Betr} + k_{Ber} + k_{Ent}} \qquad (2.134)$$

$k_{Bau} = E_{Bau}/E:$ Bautechnologie-Koeffizient

$k_{Betr} = E_{Betr}/E:$ Betriebs-Koeffizient

$$k_{Ber} = E_{Ber}/E: \qquad \text{Brennstoffbereitstellungs-Koeffizient}$$

$$k_{Ent} = E_{Ent}/E: \qquad \text{Entsorgungs-Koeffizient}$$

Wenn wir nun in einem konkreten Fall den Energie-Erntefaktor berechnen wollen, zeigt sich, dass dies nur sehr unvollkommen möglich ist, da uns im Allgemeinen die erforderlichen Energiedaten fehlen. Dies hat verschiedene Gründe. Ein Grund ist, dass man in unserem gegenwärtigen Wirtschaftssystem zwar sehr detailliert über Kosten Bescheid weiß, aber immer noch nicht in gleicher Detailliertheit die Energiebeträge kennt, die für das Funktionieren eines Apparates einschließlich dessen Infrastruktur aufzuwenden sind. Weiter kommt erschwerend hinzu, dass manche Energieanteile entsprechend der unterschiedlichen Herstellungsverfahren in Form von Wärme und andere in Form von Strom zur Anwendung kommen. Um alle Anteile durch die jeweils tatsächlich eingesetzte Primärenergie darstellen zu können, hat man es bei verzweigten Infrastrukturen mit einem ganzen Bündel von zugehörigen Wirkungsgraden zu tun. Und schließlich ist festzuhalten, dass die hier interessierenden Energiebeträge über die Zeit keineswegs konstant sind, denn es gilt:

$$\varepsilon = \frac{E}{\sum E_{ein,pr}} = \varepsilon \,(\text{Zivilisation,Umwelt}) \qquad (2.135)$$

mit $E_{ein,pr} = F$ (Zeit; Ressourcen, Technologie, Wirtschaftpolitik, Ökologie, Ethik, Gesetzgebung, ...)

Die Situation ist im Fall des Energie-Erntefaktors offensichtlich ganz anders als bei der Berechnung des Wirkungsgrads, der allein Invarianten in Form von Erhaltungssätzen (physikalische Gesetze, die an jedem Ort zu jeder Zeit immer gültig sind $\rightarrow$ Naturwissenschaften) zugrunde liegen.

Um den Energieeinsatz in Form des Erntefaktors quantifizieren zu können, ist ein Energiekataster für Materialien, Veredelungsverfahren, Aufbereitungsverfahren, Herstellungsverfahren, Bauweisen, Dienstleistungen usw. erforderlich.

So sollte etwa beim Konstruieren einer Komponente jeweils der zugehörige Energiebedarf simultan mitermittelt werden. Durch Einspeicherung in ein Energiekataster in die bei der Komponentenherstellung benutzten CAD-Rechner wäre dies leicht realisierbar. Dann würde neben Stücklisten, Spezifikationen, Gewichten usw. auch der Energiebedarf für die Komponente ausgegeben. Der energetische Vergleich unterschiedlicher Konstruktionen und Fertigungsverfahren wäre so leicht zu bewerkstelligen, um schließlich die Lösung mit dem minimalen Energiebedarf auswählen zu können.

2.2.1 Energie, Kosten, Bauweisen

Da das zuvor geschilderte Vorgehen wegen eines zur Zeit immer noch fehlenden Energiekatasters nicht möglich ist, wollen wir die Energie über bekannte Kosten abschätzen. Dies ist umso einfacher möglich, je komplexer das zu beurteilende System aufgebaut ist, je mehr der zur Herstellung des Apparates und dessen Infrastruktur benötigte Energiebedarf mit dem Durchschnittsenergiebedarf der gesamten Volkswirtschaft übereinstimmt.

Kraftwerke sind derartig komplexe Gebilde, dass für diese eine Umrechnung von Kosten in Energie aus den Eckdaten der Volkswirtschaft zur Ermittlung von Erntefaktoren in der richtigen Größenordnung noch sinnvoll erscheint.

Diese Eckdaten [13, 14, 15] sind das jährlich erwirtschaftete Bruttoinlandprodukt (*BIP*) und der zugehörige Primärenergiebedarf[9] (*PEB*).

In der Wiederaufbauphase nach dem 2. Weltkrieg konnte ein zum *PEB* proportionaler Anstieg des Bruttosozialproduktes (*BSP*)[10] beobachtet werden (Abschn. 6.1, Bild 6.2). Ursache war das allein von der verfügbaren Energie abhängige Wachsen des industriellen Komplexes. Mittlerweile ist eine Entkopplung eingetreten. Wachstum (BIP) ist in Deutschland auch ohne ansteigenden Primärenergiebedarf (PEB) möglich, da energieintensive Produktionsstätten zunehmend außerhalb von Deutschland betrieben werden.

Die folgenden Energie-Erntefaktoren ε von Stromerzeugersystemen wurden mit dem auf der Basis von 2012 ermittelten Umrechnungsfaktor

$$f = \frac{BIP}{PEB} = 0{,}6\,\text{€}/kWh \tag{2.136}$$

abgeschätzt, der sich in Deutschland in unserer Zeit in der Größenordnung von

$$2012: \quad BIP \approx 2500 \cdot 10^9\,\text{€}, \quad PEB \approx 4000 \cdot 10^9\,kWh \quad \rightarrow \quad f = 0{,}6\,\text{€}/kWh$$

$$2017: \quad BIP \approx 3000 \cdot 10^9\,\text{€}, \quad PEB \approx 4000 \cdot 10^9\,kWh \quad \rightarrow \quad f = 0{,}75\,\text{€}/kWh$$

1 €/kWh bewegt. Für eine echte Berechnung stehen in unserem ökonomischen System keine hinreichende Daten (Energiekataster für Materialien, Veredelungsverfahren, Aufbereitungsverfahren, Herstellungsverfahren, Bauweisen, Dienstleistungen, ...) zur Verfügung.

Die mit dieser Kosten/Energie-Umrechnung abgeschätzten Energie-Erntefaktoren für nicht-regenerative Systeme (Abschn. 2.2.2) und regenerative Systeme (Abschn. 2.2.3) sind vorab im Bild 2.57 dargestellt. Diese Werte beziehen sich auf die genannten Stromerzeuger ohne Beachtung weiterer Infrastrukturen, die bei regenerativen Systemen mit va-

---

[9]Da Energie weder verbraucht noch erzeugt werden kann, sollte nicht vom Primärenergieverbrauch (PEV) sondern vom Primärenergiebedarf (PEB) gesprochen werden. Der umgangssprachlich benutzte Begriff Primärenergieverbrauch (PEV) wird deshalb physikalisch richtig durch Primärenergiebedarf (PEB) ersetzt.

[10]Die Umstellung des BSP auf BIP erfolgte im Rahmen der Globalisierung zu Beginn der 90er-Jahre, um auch die ausländische Wertschöpfung die deutschen Infrastrukturen nutzt, berücksichtigen zu können ($\rightarrow$ erweiterte Systemgrenze).

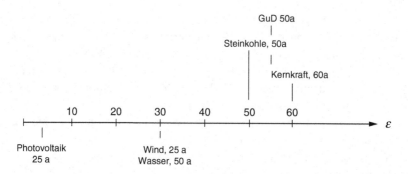

Bild 2.57 Aktuelle Bandbreite des Energie-Erntefaktors für Stromerzeuger

Tab. 2.1 Spezifische
Baukosten auf der Basis
2008, [16]

$K_S = K_{Bau}/P$	€/kW
Kohle	1300
Atom	2700
Wind	1000 → 2000
Wasser	3500
Sonne	5000 → 2000

gabundierendem Naturenergieangebot zum Erreichen einer Grundlastfähigkeit oder bei der Kerntechnik zur Entsorgung erforderlich sind.

Wenn auch bei regenerativen Energiesystemen (Wasser, Wind, Photovoltaik, ...) die Brennstoffbereitstellungsenergie ($k_{Ber} = 0$) entfällt, sind doch nur Systeme sinnvoll, die ohne zu großen Flächenverbrauch auskommen, da sonst die Bauenergien und damit auch die Baukosten über alle vernünftigen Grenzen anwachsen. Diese Überlegung führt zwangsläufig zur Selektion der realistischen Systeme aus der Menge aller denkbaren Systeme.

Der Blick auf die heute realisierten Technologien zeigt, dass deren spezifische Baukosten (Kosten/Leistung) alle in der gleichen Größenordnung liegen (Tab. 2.1).

Die Photovoltaik hat sich seit 2008 zunehmend verbilligt und die Windenergie ist auf dem Weg hin zu immer größeren MW-Windrädern teurer geworden.

Bei dieser Gelegenheit soll auch der Einfluss der Bauweise auf die Kosten diskutiert werden. Will man ein System vergrößern, um eine größere Leistung erzielen zu können, kann man entweder identische Systeme (Module) parallel schalten oder aber das Basissystem in sich selbst vergrößern (Streckungsbauweise).

Im Fall der Modulbauweise erhöht sich bei n Modulen die Gesamtleistung auf

$$P_{ges} = n P \qquad (2.137)$$

und die zugehörigen Gesamtkosten steigen entsprechend

$$K_{ges} = n\,K \tag{2.138}$$

an, wobei P die Leistung und K die Kosten des verwendeten Moduls sind. Zwischen den Kosten und der zugehörigen Leistung besteht ein linearer Zusammenhang ($K \sim P$), so dass die spezifischen Kosten

$$K_S = \frac{K_{ges}}{P_{ges}} = \frac{K}{P} = const \tag{2.139}$$

unabhängig von der Leistung sind.

Ganz anders ist dies bei der Streckungsbauweise. Hier kann es mit zunehmender Baugröße zu einer Kostendegression kommen. Dies ist etwa der Fall, wenn die Leistung einer Anlage proportional zu deren Volumen ($P \sim V \sim L^3$) ansteigt, die Kosten aber nur proportional zu deren Oberfläche ($K \sim O \sim L^2$) ausfallen. Zwischen den Kosten K und der Leistung P gilt dann $K \sim L^2 \sim P^{2/3}$ oder in allgemeiner Darstellung

$$K \sim P^\alpha \tag{2.140}$$

mit $\alpha < 1$. Die Kosten wachsen mit steigender Leistung nur noch degressiv (schwächer als linear) an. Und für die spezifischen Kosten kann bei der Streckungsbaueise schließlich

$$K_S = \frac{K}{P} \sim P^{\alpha-1} \tag{2.141}$$

geschrieben werden. Wir erkennen aus (2.141), dass die spezifischen Kosten bei Streckungsbauweise mit zunehmender Leistung abfallen. In einem solchen Fall ist also der Bau einer Großanlage angebracht, denn eine Aufteilung in mehrere Kleinanlagen würde bei gleicher Gesamtleistung zu weit höheren Kosten führen.

Die diskutierten Zusammenhänge sind nochmals anschaulich in Bild 2.58 dargestellt. Die Modulbauweise ist mit $\alpha = 1$ als Grenzfall im allgemeinen Kostenkalkül ($\alpha > 1$: progressiv, $\alpha < 1$: degressiv) enthalten.

2.2.2 Nicht-regenerative Systeme

Wie zuvor angekündigt, werden die Energie-Erntefaktoren für die wichtigsten Stromerzeugersysteme detaillierter betrachtet. Wir beginnen mit den nicht-regenerativen Systemen. Diese sind die fossil und nuklear betriebenen Kraftwerke.

Für ein solches Kraftwerk mit der elektrischen Leistung P_{el}, das in seiner gesamten Nutzungszeit t_A die elektrische Energie

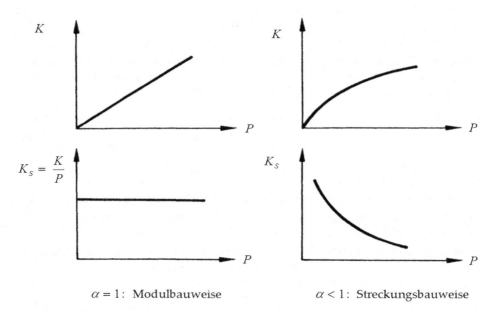

$\alpha = 1:$ Modulbauweise $\alpha < 1:$ Streckungsbauweise

Bild 2.58 Kosten und spezifische Kosten in Abhängigkeit von Leistung und Bauweise

$$E = P_{el}\, t_A \qquad (2.142)$$

erntet und zu dessen Bau, Funktion und Entsorgung über die gesamte Lebenszeit t_A die Primärenergie

$$E_{ein,pr} = E_{Bau} + E_{Betrieb} + E_{Bereitstellung} + E_{Entsorgung} \qquad (2.143)$$

eingesetzt wird, ergibt sich nach (2.135) bei Beachtung der Verfügbarkeit V des Kraftwerks

$$V = \frac{t_A}{t_a} < 1 \qquad (2.144)$$

der Energie-Erntefaktor zu

$$\varepsilon = \frac{P_{el}\, V\, t_a}{E_{Bau} + E_{Betrieb} + E_{Bereitstellung} + E_{Entsorgung}} \qquad (2.145)$$

der sich mit dem volkswirtschaftlichen Umrechnungsfaktor f nach (2.136) auch auf der Basis der aufgelaufenen Kosten

$$\varepsilon \;=\; \frac{P_{el}\, V\, t_a}{\dfrac{1}{f}\left(K_{Bau} + K_{Betrieb} + K_{Bereitstellung} + K_{Entsorgung}\right)} \qquad (2.146)$$

darstellen lässt.

Für ein typisches Kohlekraftwerk (Steinkohle) mit dem Datensatz (Kostenbasis 2008)

$P_{el} = 600\ MW,\ \eta = 0{,}4$ $K_{Bau} = 1300\ \frac{\text{€}}{kW}\ 600 \cdot 10^3\ kW = 780 \cdot 10^6\ \text{€}$

$V = 0{,}7\ ,\ t_a = 25\ a$ $K_{Betrieb} \approx 1300 \cdot 10^6\ \text{€}$

$f = 0{,}6\ \text{€}/kWh$ $K_{Bereitstellung} \approx 3000 \cdot 10^6\ \text{€}$

erhält man einen primärenergetisch bewerteten Erntefaktor von $\varepsilon \approx 10$ ohne Berücksichtigung jeglichen Aufwands für die Entsorgung. Bei einer Verdoppelung der Laufzeit auf 50 Jahre erhöht sich dieser Wert auf $\varepsilon \approx 20$ und durch Reduzierung der Bereitstellungskosten für den Brennstoff mit dem Einsatz billiger Importkohle lassen sich Erntefaktoren weiter steigern, die sich aber je nach Entsorgungsaufwand (Entschwefelung, Entstickung, Sequestrierung, ...) wieder reduzieren.

Bei dieser Gelegenheit wollen wir die bereits unter (2.135) erkannte Komplexität des Erntefaktors herausarbeiten. Wie aus (2.146) unmittelbar abgelesen werden kann, wird einerseits der Erntefaktor proportional mit steigender Verfügbarkeit ($V = 1$: kein Stillstand, keine Revision) und Lebensdauer der Anlage vergrößert und andererseits mit der aufzuwendenden Energie zum Bau, Betrieb, Brennstoffbereitstellung und der Entsorgung verkleinert. Dabei ist der Bau- und Betriebsaufwand von der jeweils verfügbaren Technologie, die Brennstoffbereitstellung zusätzlich von der praktizierten Volkswirtschaft und Wirtschaftspolitik abhängig und schließlich die Entsorgung von ökologisch-ethischen Erkenntnissen und Grundsätzen geprägt. Wird etwa die nach der Verbrennung verbleibende Asche einfach neben dem Kraftwerk abgekippt, keine Abgasbehandlung (Entschwefelung, Entstickung, Sequestrierung, ... [10, 17, 18]) vorgenommen und das Kraftwerk am Ende seiner Lebensdauer einfach sich selbst überlassen, ist der Entsorgungsaufwand gleich Null. Mit zunehmender Dringlichkeit ökologische Probleme gepaart mit einem wachsenden Umweltbewusstsein und einer juristisch gesicherten Umweltverantwortung wird dieser Entsorgungsaufwand zwangsläufig in Zukunft ansteigen. Dagegen kann der Bereitstellungsaufwand für den Brennstoff durch die Verwendung von billiger Importkohle selbst aus den fernsten Ländern der Erde verringert werden.

Aus politischen Gründen wurde dies erst heute realisiert, da die Arbeitslosenquote an Rhein und Ruhr (ehemaliges deutsches Industriegebiet für Stahl und Kohle, Montanunion, ...) beim Ausstieg aus der Steinkohleförderung sonst gesellschaftlich gefährliche Größenordnungen erreicht hätte. Erst nach der begonnenen wirtschaftlichen Umstrukturierung zur Schaffung neuer Arbeitsplätze in dieser Region wurde dies möglich und ganz nebenbei die zuvor als unverzichtbar erklärte Unabhängigkeit der deutschen Energieversorgung (Ölkrisen durch OPEC, Eindämmung energetischer Bedrohungen durch Lieferländer, ...) aufgegeben. Dieses Beispiel zeigt die in der Tat gegebene Komplexität und Zeitabhängigkeit des Problems.

Wir betrachten nun ein typisches Kernkraftwerk mit einem Leichtwasserreaktor. Mit dem zugehörigen Datensatz (Kostenbasis 2008) erhält man ohne Berücksichtigung jeglichen Aufwands für die Entsorgung mit der heute realisierten Laufzeit auf über 60 Jahre (geringere Materialversprödung durch Neutronen als erwartet) Erntefaktoren von $\varepsilon > 60$.

$P_{el} = 1300\ MW, \eta = 0,34 \quad K_{Bau} = 2700\ \frac{€}{kW}\ 1300 \cdot 10^3\ kW = 3,5 \cdot 10^9\ €$

$V = 0,8\ ,\ t_a = 60\ a \quad\quad K_{Betrieb} = 0,7 \cdot 10^9\ €$

$f = 0,6\ €/kWh \quad\quad\quad K_{Bereitstellung} = 1,3 \cdot 10^9\ €$

Selbst Entsorgungsaufwendungen von der Größenordnung der Baukosten lassen die Erntefaktoren von Kernkraftwerken nicht signifikant abstürzen. Auch dann ergeben sich Erntefaktoren $\varepsilon > 30$, die über denen von Kohlekraftwerken ohne jegliche Entsorgungseinrichtungen liegen.

Offensichtlich haben Kohle- und Kernkraftwerke unterschiedliche Kostenstrukturen. Dies wird durch einen Blick auf die beiden Datensätze bestätigt. Bei der Kohle dominieren die Bereitstellungskosten für den Brennstoff und bei der Kernkraft sind dies die Baukosten. Der Erntefaktor von Kohlekraftwerken wird wesentlich durch die Kosten für die Brennstoffbereitstellung und den Betrieb bestimmt. Dagegen wird der Erntefaktor von Kernkraftwerken signifikant allein durch die Kosten zur Errichtung des Kraftwerks festgelegt.

Die Kernenergie schneidet gegenüber der Kohle trotz der etwa doppelt so hohen spezifischen Baukosten (Tab. 2.1) und einem geringeren Wirkungsgrad (keine Überhitzung) bezüglich des Erntefaktors besser ab, weil der auf die Leistung bezogene Kostenaufwand für die Brennstoffbereitstellung trotz der heute verbilligten Kohleimporte immer noch nur 1/5 des Wertes für die Kohle ausmacht (Tab. 2.2).

Hinter diesem Sachverhalt verbirgt sich die Tatsache, dass die Masse an eingesetztem Brennstoff in der Kerntechnik sehr viel kleiner als bei der Fossiltechnik ausfällt. Wir zeigen dies in drastischer Vereinfachung mit Hilfe der beiden Energiegleichungen für die Kohle- und Kerntechnik

$$\begin{array}{ll} \text{Kohle}: & E_{Kohle} = M\,H \\ \text{Atom}: & E_{Atom} = m\,C^2 \end{array} \qquad (2.147)$$

Tab. 2.2 Spezifische Brennstoffbereitstellungskosten in €/kW auf der Basis 2008: verbilligte Importkohle, kerntechnische Bereitstellungskosten unverändert, da diese durch den Uranpreis nicht signifikant beeinflusst werden

$K_{Bereitstellung}/P$	$[€/kW]$
Kohle	5000
Kernenergie	1000

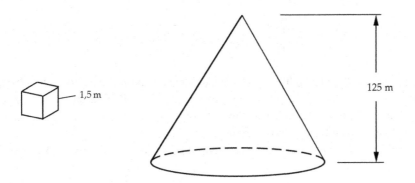

Bild 2.59 Vergleich zwischen den Brennstoffmassen für Kohle- und Kernenergie bei gleicher Energiebereitstellung

die jeweils die eingesetzten Massen M, m mit den zugehörigen durch Umwandlung freigesetzten Energien E_{Kohle}, E_{Atom} verknüpfen. Hieraus erkennen wir sofort, dass gleiche Energiemengen $E_{Kohle} = E_{Atom}$ mit einem sehr ungleichen Massenverhältnis

$$\frac{m}{M} = \frac{H}{C^2} <<< 1 \tag{2.148}$$

zu erreichen sind, da der Heizwert H der Kohle extrem klein gegenüber dem mit der Lichtgeschwindigkeit im Quadrat gebildeten atomaren Heizwert C^2 ist.

In Realität benötigt ein 1300 MW Kernkraftwerk jährlich etwa 1 t Uran 235 bzw. 34 t angereichertes Uran, das in den Hüllrohren der Brennelemente steckt und aus 240 t Natururan gewonnen wird.

Dem steht bei einem Heizwert der Kohle von $H = 8{,}2\ kWh/kg$ eine erforderliche Kohlemasse $M = 2{,}3 \cdot 10^6\, t$ gegenüber. Dieses gigantisch unterschiedliche Massenverhältnis ist in Bild 2.59 veranschaulicht. Die aufgeschüttete Kohlemasse zeigt sich im Fall der Steinkohle als Schüttkegel mit einer Höhe von 125 m. Dem steht ein Würfel an nuklearem Brennstoff mit der Seitenlänge von 1,5 m gegenüber. Das Verhältnis der Heizwerte von $H/C^2 = 3{,}3 \cdot 10^{-10}$ ist real mit einem Massenverhältnis von $m/M = 1{,}5 \cdot 10^{-5}$ verknüpft.

2.2.3 Regenerative Systeme

Anders als bei den nicht-regenerativen Systemen spielt der Bereitstellungsaufwand für den Brennstoff bei regenerativen Systemen keine Rolle. Dieser wird nicht-technisch von der Natur geleistet. Die hieraus zu vermutende Anhebung des Energie-Erntefaktors

$$\varepsilon = \frac{P_{el}\, V\, t_a}{\dfrac{1}{f}\left(K_{Bau} + K_{Betrieb} + K_{Entsorgung}\right)} \tag{2.149}$$

wird aber in der Regel durch einen erhöhten Bauaufwand wieder aufgezehrt. Ursache hierfür ist die niedrige Leistungsdichte des natürlichen Energieangebots, das ganz zwangsläufig zu großen Bauflächen und Bauvolumia führt, so dass die Energie- bzw. Kostenaufwendungen für den Bau entsprechend ansteigen.

Für ein typisches Wasserkraftwerk in Deutschland mit dem Datensatz (Kostenbasis 2008)

$P_{el} = 1\ MW$ $K_{Bau} = 3500\,(€/kW)\ 1 \cdot 10^3\,kW = 3{,}5 \cdot 10^6\,€$

$V = 0{,}4\,,\ t_a = 50\ a$ $K_{Betrieb} \ll K_{Bau}$

$f = 0{,}6\ €/kWh$ $K_{Bereitstellung} = 0$

                  $K_{Entsorgung} \ll K_{Bau}$

ergibt sich ein Erntefaktor von $\varepsilon \approx 30$. Die geringe Verfügbarkeit gegenüber den nicht-regenerativen Systemen wird trotz der höheren spezifischen Baukosten durch die hohe Laufzeit kompensiert. Eine Lebensdauer von 50 Jahren oder mehr ist realistisch, da es sich aufgrund der relativ hohen Leistungsdichten bei Wasserkraftwerken um kompakte Anlagen handelt, die ohne Schwierigkeiten und ohne große Aufwendungen langfristig handhabbar sind.

Bei dieser Gelegenheit wollen wir die in Abschn. 2.1.1.2 erkannte Verbesserung durch Aufweitung der Stromröhre diskutieren, die im Fall der Wasserkraft konstruktiv durch den Parallelbetrieb gleichartiger Wasserturbinen erreicht werden könnte. Ausgehend von einer Einzelturbine mit einem Abflussquerschnitt A, die bei maximaler Leistung $P_0 = P_{max} = \rho A\, U_{max}{}^3 / (3\sqrt{3})$ nach (2.13) mit einer Ausflussgeschwindigkeit $U_0 = U_{max}/\sqrt{3}$ bei einem Massenstrom $\dot{m}_0 = \rho A\, U_0$ und einem Wirkungsgrad $\eta = 2/3$ betrieben wird, kann durch Aufteilen (Bild 2.60) des Massenstroms $\dot{m}_0$ auf n parallel angeordnete Turbinen die Gesamtleistung P erhöht werden. Wir berechnen diese erhöhte Leistung mit Hilfe der Leistungsformel (2.15), die angewendet auf n Turbinen

$$P = \sum_{i=1}^{n} P_i = n\left\{ \frac{\dot{m}_0}{n}\, g\, H - \frac{\dot{m}_0}{2n}\left(\frac{U_0}{n}\right)^2 \right\} \tag{2.150}$$

unter Beachtung von $g\,H = U_{max}{}^2/2 = (3/2)\,\dot{m}_0^2/(\rho A^2)$ und der Bezugsleistung für die Einzelturbine $P_0 = \dot{m}_0^3/(\rho A)^2$ schließlich auf die Darstellung

$$P = P_0\, \frac{1}{2}\left\{ 3 - \frac{1}{n^2} \right\} \tag{2.151}$$

der Leistung in Abhängigkeit von den n parallelen Teilsträngen führt.

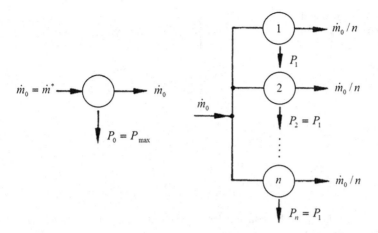

Bild 2.60 Verbesserung der Energieausbeute durch Parallelbetrieb

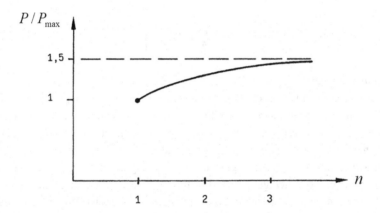

Bild 2.61 Leistungserhöhung in Abhängigkeit von der Anzahl der Turbinen

Aus diesem Ergebnis entnehmen wir, dass die Gesamtleistung der n Turbinen für $n \to \infty$ maximal wird und dabei den 1,5-fachen Wert der Leistung der Einzelturbine (Bild 2.61) erreicht.

Auch beim Parallelausbau steigt der Bauaufwand an. Dabei sollte der Energie-Erntefaktor möglichst nicht abfallen. Um dies kontrollieren zu können, berechnen wir den zugehörigen Erntefaktor ebenfalls in Abhängigkeit von der Anzahl n der Turbinen. Allein bei Berücksichtigung der Bauenergie für die Turbinen gilt dann nach (2.151)

$$\varepsilon = \frac{\left(\sum P_i\right) V t_a}{\sum E_{Bau\,i}} = \varepsilon_0 \frac{1}{2n} \left\{3 - \frac{1}{n^2}\right\} \tag{2.152}$$

Bild 2.62 Abhängigkeit des
Energie-Erntefaktors von der
Anzahl der Turbinen

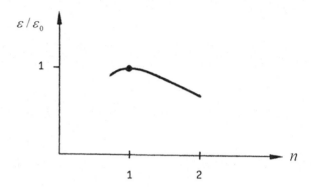

wobei $\varepsilon_0 = P_0\, V\, t_a/E_0$ der Erntefaktor der Einzelturbine mit der Bauenergie E_0 ist und die gesamte Bauenergie sich infolge Modulbauweise zu $n\, E_0$ ergibt. Der so gefundene Zusammenhang $\varepsilon(n)$ besitzt ein Maximum, das wir wieder durch Differenzieren und Nullsetzen finden:

$$\frac{d\,\varepsilon}{d\,n} = \frac{3}{2}\,\varepsilon_0\,\frac{1}{n^2}\left\{\frac{1}{n^2} - 1\right\} = 0 \qquad (2.153)$$

Das Maximum existiert bei n = 1 (Bild 2.62).

Unter der Nebenbedingung, dass die Bauenergie der Gesamtanlage im Wesentlichen durch die Turbinen bestimmt wird, ist ein Parallelausbau nicht sinnvoll. Steckt dagegen die wesentliche Bauenergie etwa in der zu errichtenden Staumauer, ist gegen einen Parallelausbau nichts einzuwenden, wobei entsprechend Bild 2.62 wenige Turbinen genügen.

Wir betrachten nun Windkraftanlagen zur Stromerzeugung, die gegenüber den Wasserkraftanlagen mit einer deutlich geringeren Leistungsdichte operieren müssen, da die Dichte der Luft um den Faktor 1000 kleiner als die Dichte des Wassers ist. Um auf entsprechende Leistungen zu kommen, müssen Windräder entsprechend groß ausfallen. Ein Blick auf die Leistungsformel (2.33) zeigt, dass die Leistung geometrisch mit der vom Rotor überstrichenen Fläche A und somit mit dem Quadrat des Rotordurchmessers D ansteigt:

$$P \sim A \sim D^2 \qquad (2.154)$$

Da die Blattspitzen des Rotors nur Umfangsgeschwindigkeiten U erreichen dürfen, die deutlich unterhalb der Schallgeschwindigkeit a der Luft liegen, ist bei einer Leistungssteigerung zwangsläufig die Drehzahl n des Rotors zu reduzieren:

$$U = D\pi n < a \qquad (2.155)$$

Für die erforderliche Drehzahlerniedrigung des Rotors gilt somit

Bild 2.63 Zulässiger
Drehzahlbereich des Rotors in
Abhängigkeit von der Leistung

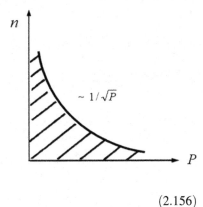

$$n < \frac{a}{\pi} \frac{1}{D} \qquad (2.156)$$

und bei Beachtung des Zusammenhangs zwischen Durchmesser und Leistung $D \sim \sqrt{P}$
nach (2.154) erhält man schließlich den durch die Ungleichung

$$n < \frac{a}{\pi} \frac{1}{\sqrt{P}} \qquad (2.157)$$

gegebenen zulässigen Drehzahlbereich in Abhängigkeit von der Leistung, der anschaulich
in Bild 2.63 schraffiert dargestellt ist.

Eine Drehzahlerniedrigung und Vergrößerung des Rotors zur Leistungssteigerung muss
aber durch eine Frequenzanhebung ausgeglichen werden, da nur eine Stromeinspeisung
mit 50 Hz in das öffentliche Stromnetz möglich ist.

Hinzu kommt, dass die optimale Drehzahl des Rotors noch von der Windgeschwindigkeit
abhängig ist. Dies alles erfordert Anpassungsvorrichtungen (Verstellung der Rotorblätter,
verstellbares Getriebe, getriebeloser Antrieb mit Synchrongenerator, Frequenzumformer,
...), die mit zunehmender Größe der Anlage die baulichen Aufwendungen für den Rotor,
das Maschinengehäuse (Gondel) und den Turm ansteigen lassen. Dem steht die ebenfalls mit
der Anlagengröße anwachsende Energienutzung gegenüber.

Untersucht man den Kosten- bzw. Energieaufwand zum Bau bei sonst ver-
nachlässigbaren Aufwendungen, zeigt sich anhand der Daten für ausgeführte Anlagen
[7, 13], dass der Bauaufwand für sowohl kleinste als auch sehr große Anlagen bezogen
auf die jeweilige Leistung stark ansteigt (Bild 2.64).

Die anfängliche Degression bei Kleinanlagen geht mit zunehmender Baugröße verloren,
da der Aufwand zur sturmsicheren Auslegung immer größer werdender Bauwerke an-
wächst. Der zugehörige Energie-Erntefaktor ergibt sich bei vernachlässigbarem Aufwand
für den Betrieb und die Entsorgung[11] gerade als Kehrwert der in Bild 2.64 dargestellten
Kurve, denn es gilt:

---

[11]Anmerkung: Beim Verschrotten kann ein Teil der Bauenergie weitergenutzt werden → gespeicherte Energie.

Bild 2.64 Qualitativer Verlauf
der spezifischen
Energieaufwendungen und der
spezifischen Kosten zum Bau
von Windkraftanlagen

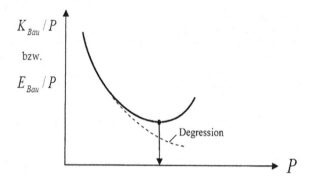

Bild 2.65 Zum Maximum des
Energie-Erntefaktors

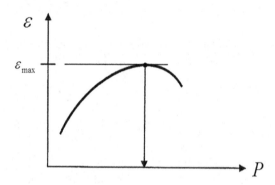

$$\varepsilon = \frac{P\,V\,t_a}{E_{Bau}} \sim \frac{1}{E_{Bau}/P} \qquad (2.158)$$

Somit besitzt der Energie-Erntefaktor ein Maximum (Bild 2.65) genau im Leistungsbereich, der für das Minimum in Bild 2.64 charakteristisch ist.

Für typische Windräder mit dem Datensatz (Kostenbasis 2008) ergibt sich ein Erntefaktor $\varepsilon \approx 30$, der etwa auch für größere Windrädern gilt, da der Vorteil der besseren Verfügbarkeit $V > 0{,}2$ wieder durch die mit der Leistung ansteigenden spezifische Baukosten $K_{Bau} > 1000$ €/kW aufgezehrt wird.

$P_{el} = 1\ MW$ $K_{Bau} = 1000\ \frac{€}{kW}\ 1 \cdot 10^3\ kW = 1 \cdot 10^6\ €$

$V = 0{,}2\,,\ t_a = 25\ a$ $K_{Betrieb} \ll K_{Bau}$

$f = 0{,}6\ €/kWh$ $K_{Bereitstellung} = 0$

$\qquad\qquad\qquad\qquad K_{Entsorgung} \ll K_{Bau}$

Nach der Behandlung der indirekten Solarsysteme (Wasser, Wind) betrachten wir exemplarisch zwei Systeme, die das Angebot der Sonne direkt nutzen. Diese sind das Aufwindkraftwerk und die Photovoltaik.

Wir beginnen mit dem Aufwindkraftwerk. Da dieses System sich den Wind mit Hilfe des Kollektors und des Kamins selbst erzeugen muss (Abschn. 2.1.1.3), wird dessen Erntefaktor gegenüber Windanlagen, die den von der Natur kostenfrei zur Verfügung gestellten Wind ohne zusätzlichen konstruktiven Aufwand (Kollektor, Kamin) nutzen, ungünstiger ausfallen.

Um die folgenden Betrachtungen nicht zu sehr mit Details belasten zu müssen, wollen wir die Kosten für eine vollkommen ideales Aufwindkraft zur Abschätzung zugrunde legen, die mit Sicherheit die realen Kosten unterschreiten. Hierzu unterstellen wir, dass die Bewegungsenergie/Zeit der im Kamin von der Sonneneinstrahlung induzierten Luftströmung vollständig in elektrischen Strom umwandelbar sei. Dann gilt nach (2.40) unter Beachtung von (2.42)

$$P = P_{el} = \dot{Q}\,\eta_{max} = q_S A_K \frac{H}{H^*} = \frac{q_S}{H^*}\,V = P(V) \qquad (2.159)$$

und wir erkennen, dass sich dieselbe Leistung mit unterschiedlichen Kollektorflächen und Kaminhöhen erzeugen lässt, wenn nur das Volumen $V = A_K H$ festgehalten wird (Bild 2.66).

Damit die Auslegung eindeutig wird, müssen zusätzlich Nebenbedingungen gestellt werden. Eine solche Nebenbedingung ist die Forderung nach minimalen Baukosten, die sich aus den **Maschinenkosten**, den **Kollektorkosten** und den **Turmkosten** zusammensetzen:

$$K = K_M + K_K + K_T \qquad (2.160)$$

Dabei sind die Maschinenkosten wegen der bei großen Aufwindkraftwerken in Modulbauweise installieren Windturbinen

$$K_M = m\,P \qquad (2.161)$$

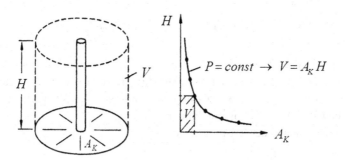

Bild 2.66 Zur Mehrdeutigkeit der Auslegung von Aufwindkraftwerken bei allein vorgegebener Leistung

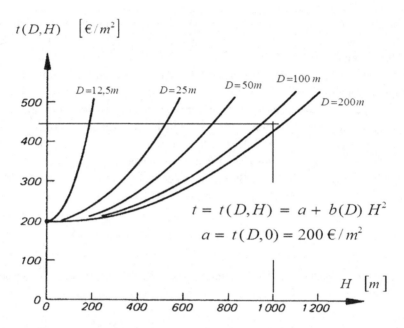

Bild 2.67 Turmkosten/Oberfläche

proportional zur Auslegungsleistung. Die Kollektorkosten

$$K_K = k\,A_K = k\,\frac{V}{H} = k\,\frac{H^*}{q_S}\,P\,\frac{1}{H} \qquad (2.162)$$

sind proportional zur Kollektorfläche und unter Beachtung von (2.159) und vorgegebener Auslegungsleistung umgekehrt proportional zur Kaminhöhe.

Komplizierter sind die Turm- oder Kaminkosten, die nicht nur direkt proportional zur Turmoberfläche $D\pi H$ sind, sondern auch noch vom Durchmesser und der Höhe des Kamins abhängen [4]:

$$K_T = t(D,H)\,D\pi H = \{\,a + b\,(D)\,H^2\,\}\,D\pi H \qquad (2.163)$$

mit $t(D,H)$ nach Bild 2.67

Die noch vorhandene Abhängigkeit vom Durchmesser erfordert eine zweite Nebenbedingung. Diese ist die Vorgabe der Anströmgeschwindigkeit der Windturbinen im Kamin (Bild 2.68), die letztlich den Kamindurchmesser festlegt.

Wir zeigen dies anhand der Leistungsgleichung

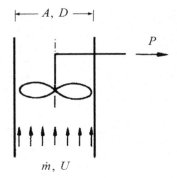

Bild 2.68 Anströmgeschwindigkeit der Windturbinen im Kamin

$$P = \frac{\dot{m}}{2}\, U^2 \tag{2.164}$$

die sich mit dem Massenstrom $\dot{m} = \rho\, U A$ bei Beachtung der Dichte ρ

$$\rho = \rho_0(1 - \Delta T/T_0) \quad \text{mit} \quad \Delta T/T_0 << 1 \tag{2.165}$$

für die schwachen Aufheizspannen in Aufwindkraftwerke unmittelbar in die explizite Bestimmungsgleichung für den Durchmesser

$$D = \sqrt{\frac{8}{\pi\, \rho_0}\, \frac{P}{U^3}} = D(P,U) \tag{2.166}$$

umformen lässt. Mit P und U liegt dann auch der Kamindurchmesser D fest, so dass nun die Gleichung für die Kosten angeschrieben werden kann. Dabei zeigt sich, dass die Baukosten bei vorgegebener Leistung allein eine Funktion der Kaminhöhe H sind:

$$K = mP + \left\{ k\, \frac{H^*}{q_S}\, P \right\} \frac{1}{H} + \left\{ a + b\,(D)\, H^2 \right\} D\pi\, H = K(H) \tag{2.167}$$

Aus den in Bild 2.69 qualitativ dargestellten Kostenanteilen in Abhängigkeit von der Kaminhöhe
erkennen wir, dass ein Minimum für die Gesamtkosten existiert.

Wir berechnen dieses Minimum bei $H = H_{opt}$ durch Ableiten des Kostenfunktion und Suchen der horizontalen Tangenten:

$$\frac{dK}{dH} = 0 \tag{2.168}$$

Aus (2.168) folgt nach Durchmultiplizieren mit H^2 ein Polynom 4. Grades

Bild 2.69 Zum Minimum der
Gesamtkosten

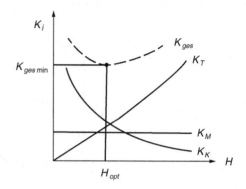

$$H^4 + K_1 H^2 - K_2 = 0 \tag{2.169}$$

mit $K_1 = \frac{a}{3\,b\,(D)}$, $K_2 = \psi P$, $\psi = \frac{k\,H^*}{3\,\pi\,q_S D\,b\,(D)}$, $D = D(P)$

das sich mit $H^2 = Z$ auf ein Polynom 2. Grades zurückführen lässt

$$Z^2 + K_1 Z - K_2 = 0 \tag{2.170}$$

so dass $H = H_{opt}$ in der Doppelwurzelform

$$H_{opt} = H_{opt}(P) = \sqrt{\frac{K_1}{2}\left(-1 + \sqrt{1 + 4\,\frac{K_2(P)}{K_1^2}}\right)} \tag{2.171}$$

angegeben werden kann, die sich insbesondere für große Leistungen P asymptotisch auf

$$H_{opt} = \sqrt[4]{\psi P} \sim P^{1/4} \tag{2.172}$$

reduziert. Die zugehörigen minimalen Baukosten ergeben sich durch Einsetzen von (2.171) in (2.167). Bezieht man diese Kosten wiederum auf die jeweils zugehörige Auslegungs- leistung P, ergeben sich die aussagekräftigeren minimalen spezifischen Kosten

$$K_{S\;min} = \frac{K_{min}}{P} = m + \frac{k\,H^*}{q_S}\,\frac{1}{H_{opt}} + \left\{a + b\,H_{opt}^2\right\}D\pi H_{opt}\,\frac{1}{P} \tag{2.173}$$

die sich asymptotisch für große Leistungen P mit

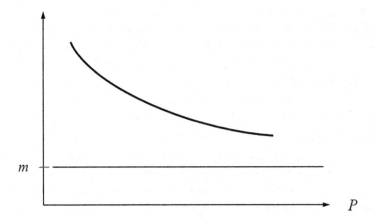

Bild 2.70 Zur Kostendegression von idealen Aufwindkraftwerken

$$K_{S\ \min} = \frac{K_{\min}}{P} = m + \dots \frac{1}{P^{1/4}} + \dots \frac{1}{P^{3/4}} \tag{2.174}$$

beschreiben lassen.

Aus der asymptotischen Darstellung (2.174) erkennen wir, dass Aufwindkraftwerke einer Kostendegression unterliegen (Bild 2.70).

Diese Kostendegression findet ihr natürliches Ende beim Erreichen der spezifischen Maschinenkosten m, die im Grenzfall $P \to \infty$ erreicht werden und etwa den Kosten für konventionelle Windräder (Tab. 2.1) entsprechen. Da das Abklingverhalten mit zunehmender Leistung P der minimalen spezifischen Kosten (2.174) extrem schwach ausfällt, bleibt die Asymptote m praktisch unerreichbar. Diese Asymptotik ist es, die zu Baugrößen von Aufwindkraftwerken zwingt, die alle zivilisatorischen Vorstellungen übersteigen und zugleich das Haupthindernis einer Realisierung sind. Realisierbare und über Jahrzehnte handhabbare und auch standhafte Baugrößen führen auf zu niedrige Energie-Erntefaktoren. Die Ursache hierfür sind die immensen Energie/Kosten-Aufwendungen für den Kollektor und den Kamin zur Erzeugung des künstlichen Windes (Sekundärwindenergie), die im Fall der konventionellen Windkraft gar nicht entstehen.

Hintergrundinformation
Allein wegen des extrem niedrigen Wirkungsgrades (Abschn. 2.1.1.3) auf die Sinnlosigkeit von Aufwindkraftwerken schließen zu wollen, wäre jedoch falsch, denn bei Berücksichtigung der meteorologischen Prozesses zu Erzeugung des natürlichen Windes in der Atmosphäre würden sich gesamtheitlich ähnlich kleine Wirkungsgrade einstellen. Wichtig ist die Art der Nutzung der uns von der Natur ohne technischen Aufwand und damit auch kostenfrei zur Verfügung gestellten Primärenergien. Wir müssen den Wind nicht erst mit großem Aufwand künstlich erzeugen, sondern das natürliche Windenergieangebot möglichst mit geringstem Aufwand nutzen. Hinter dieser Forderung verbirgt sich wieder der Energie-Erntefaktor. Der Erntefaktor des natürlichen Systems zur Erzeugung des Windes ist unendlich groß (ganz ohne Aufwand) und der von Windrädern zum Abschöpfen der

natürlichen Windenergie ist wegen des beschränkten energetischen und materiellen Aufwandes akzeptabel und letztlich allein durch die erreichbare Lebensdauer begrenzt.
Für ein 200 MW Aufwindkraftwerk mit den Abmessungen (Kostenbasis 2008)

Turmhöhe	$H = 1000\ m$
Turmdurchmesser	$D = 130\ m$
Kollektorfläche	$A_K = 38\ km^2$
Kollektordurchmesser	$D_K = 7\ km$

und den Baukosten (Tab. 2.1, [4])

Maschinen	$K_M = m\,P = 1000\ €/kW \cdot 200 \cdot 10^3\,kW = 200 \cdot 10^6\ €$
Kollektor	$K_K = k\,A_K = 10\ €/m^2 \cdot 38\,km^2 = 380 \cdot 10^6\ €$
Turm	$K_T = t(D,H)\,D\,\pi\,H = 450\ €/m^2 \cdot 130m \cdot \pi \cdot 1000\,m = 200 \cdot 10^6\ €$
Gesamtkosten	$K = 780 \cdot 10^6\ €$

kann unter Vernachlässigung der sonstigen Kosten

$$K_{Betrieb} \ll K_{Bau}, K_{Bereitstellung} = 0, K_{Entsorgung} \ll K_{Bau}$$

und einer nutzbaren Erntezeit $t_a = 25\ a$ und Verfügbarkeit $V = 0,3$ mit den sich ergebenden leistungsspezifischen Kosten von $K_S = 3900\ €/kW$ der Wert des Erntefaktors mit $\varepsilon \approx 10$ abgeschätzt werden, der trotz der Kostenreduzierung gegenüber den 1990 genannten Kosten [4] dennoch deutlich unter den Werten der Wasser- und Windkraft liegt. Die Nutzung einer mit zusätzlichem Aufwand erzeugten Sekundärenergie ist der direkten Nutzung der von der Natur ohne zusätzlichen Aufwand abgeschöpften Primärenergie unterlegen.

Wir wollen nun abschließend die Situation der Photovoltaik betrachten und mit der Situation in den 90er-Jahren vergleichen. Für etwa einen Siemens Solarmodul SM 55 [19] aus dieser Zeit konnte mit einer heute bekannten Verfügbarkeit von $V = 0,1$ für die Photovoltaik in Deutschland ein Erntefaktor von $\varepsilon \approx 1$ abgeschätzt werden. Mit der erreichten Reduzierung des hohen Energieaufwandes bei der Bereitstellung des Siliziums, besseren Fertigungstechniken und einer Massenproduktion sind heute in Deutschland bestenfalls Erntefaktoren von $\varepsilon \approx 3$ zu erreichen.

Mit den aktuellen Kosten für die Module (Bild 2.71) und die Gestelle und Umrichter (Bild 2.72) für ein Solarmodul mit einer elektrischen Leistung von 1 kW (Kostenbasis 2012)

$P_{el} = 1\ kW$	$K_{S\ Modul} = 2000\ \frac{€}{kW}\ 1\,kW = 2000\ €$
$V = 0,1,\ t_a = 25\ a$	$K_{S\ Gestelle,...} = 3000\ \frac{€}{kW}\ 1\,kW = 3000\,€$
$f = 0,6\ €/kWh$	$K_{Betrieb} \ll K_{Bau}, K_{Bereitstellung} = 0, K_{Entsorgung} \ll K_{Bau}$

ergibt sich der Energie-Erntefaktor zu

Bild 2.71 Kostenreduktion der
spezifische Kosten typischer
Silizium Module

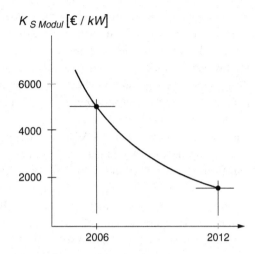

Bild 2.72 Kostenreduktion der
spezifische Kosten für Gestelle,
Umformer, ...

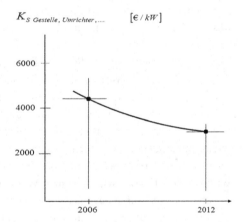

$$\varepsilon = \frac{P_{el} \, V \, t_a}{\dfrac{1}{f} \left(K_{S\,Modul} + K_{S\,Gestelle,\dots} \right)} = \frac{1\,kW \cdot 0{,}1 \cdot 25\,a \cdot 8760\,h/a}{\dfrac{kWh}{0{,}6\,\text{€}} \left(2000 + 3000 \right)\,\text{€}} \approx 3$$

und man erkennt, dass eine weitere nennenswerte Verbesserung des Erntefaktors (Asymptotik der spez. Kosten für Module und Gestelle/Umrichter) für die noch gängige Silizium-Technik nicht mehr möglich ist.

Eine Kostendegression durch den Bau großer Anlagen ist wegen der Modulbauweise ausgeschlossen. Diesem Nachteil steht aber der Vorteil einer dezentralen Nutzung des Solarangebots gegenüber. Eine Solartechnik sollte das dezentrale Energieangebot der Sonne auch dezentral nutzen und nicht erst Energie einsammeln, um diese dann wieder verteilen zu müssen. Photovoltaische Großkraftwerke widersprechen dieser Idee.

Wichtiger als die Steigerung der Ausbeutekoeffizienten ist die Steigerung des Energie-Erntefaktors etwa durch Anhebung der Lebensdauer. Durch Verzicht auf die bisherige Silizium-Photovoltaik und die Einführung der in Abschn. 2.1.1.4 vorgestellten neuen Photovoltaikgeneration auf Basis der Grätzel-Zellen und Nutzung von Nanoeffekten kann die Photovoltaik so effektiv gemacht werden, dass die bisherige Förderung, die nicht zu einer energieautarken Stromerzeugung geführt hat, entfallen kann.

Die Überlegungen und Aussagen zum Energie-Erntefaktor wollen wir mit einem Rückblick auf die Aktivitäten um die Wärmepumpe beenden. Der praktische Einsatz hat gezeigt, dass entgegen den Erwartungen die Wärmepumpen im Allgemeinen keine wirtschaftlich günstigen Heizsysteme sind. Ursache hierfür ist vor allem ein hoher Energie- bzw. Kostenaufwand zur Herstellung der Anlagen. In der Regel konnte mit den eingesetzten Wärmepumpen nicht viel mehr als die zum Bau aufgewendete Energie erwirtschaftet werden, die energetische Amortisationszeit konnte meistens gerade noch erreicht werden. Trotz eines vermeintlich phantastischen Wirkungsgrads (Abschn. 2.1.2.3) war das Ergebnis ernüchternd, da mit Luftwärmepumpen nur ein Erntefaktor um $\varepsilon \approx 1$ erreicht wurde. Für regenerative Systeme ist der Erntefaktor (Abschn. 2.2) und nicht der Wirkungsgrad (Abschn. 2.1) entscheidend. Eine Nichtbeachtung dieser Tatsache führt zwangsläufig zur Fehlbeurteilung.

Bei dieser Gelegenheit wollen wir aber nachdrücklich festhalten, dass die vorgeführte Abqualifizierung der Wärmepumpe nur unter der Voraussetzung von unzureichenden Erntefaktoren bzw. Amortisationszeiten gilt. Die Situation wäre eine ganz andere, wenn in Zukunft die Herstellung einfacher und langlebiger Wärmepumpen mit hohem Erntefaktor gelingen würde. Am aussichtsreichsten sind Wärmepumpen für Niedertemperaturheizungen (Fußboden- und Wandheizungen), die den Wärmeeintrag aus der Umgebung des Erdreichs (Erdwärmesonden) nutzen. Bei keinem anderen Heizsystem hängt die Effizienz von so vielen Details wie bei einer Wärmepumpe ab. Es sind jeweils an die lokalen Umgebungsverhältnisse angepasste Einzelfallentscheidungen erforderlich.

Mit Wärmepumpen kann im Sommer auch gekühlt werden. Dazu muss der Kreisprozess umgekehrt durchlaufen werden, so dass die Wirkung wie in einem Kühlschrank entsteht.

Ganz allgemein sollten in der Vergangenheit verworfene Erfindungen beim Aufkommen neuer nutzbarer Technologien immer wieder neu überdacht und beurteilt werden.

Abschließend sei auf die Verknüpfung des Energie-Erntefaktors mit der energetischen Amortisationszeit t_A hingewiesen, die erreicht wird, wenn die geerntete Energie gerade gleich der insgesamt aufgewendeten Energie zum Bau einschließlich der insgesamt für die zugehörige Infrastruktur aufgewendeten Energie wird. Es gilt dann $\varepsilon = 1$ und damit ergibt sich unmittelbar die Amortisationszeit t_A zu

$$\varepsilon = \frac{E}{E_{ein\,pr}} = \frac{P\,V\,t_a}{E_{ein\,pr}}\ , \quad \varepsilon = 1 \ \rightarrow \ t_A = \frac{E_{ein\,pr}}{P\,V} \qquad (2.175)$$

die sich einer Inaugenscheinnahme einfacher offenbart, ohne dass die sich dahinter verbergenden energetischen Details bekannt sein müssen.

2.3 Global-Wirkungsgrad

Ziel der energetischen Überlegungen ist letztlich die Minimierung des Gesamtenergieeinsatzes. Es muss sowohl die im Brennstoff steckende Energie als auch die erforderliche Energie für die gesamte Infrastruktur zur Realisierung und Handhabung der erforderlichen Apparatur zur Energiewandlung gesamtheitlich betrachtet werden.

Dies führt ganz zwangsläufig zur Definition des Global-Wirkungsgrads:

$$\delta = \frac{E}{E_{zu} + E_{ein}} \tag{2.176}$$

Mit dem Wirkungsgrad $\eta = E/E_{zu}$ und dem Erntefaktor $\varepsilon = E/E_{ein}$ kann der Global-Wirkungsgrad δ als harmonisches Mittel zwischen dem Wirkungsgrad η und dem Erntefaktor ε darstellt werden:

$$\delta = \frac{\eta \cdot \varepsilon}{\eta + \varepsilon} \tag{2.177}$$

Im gesamtenergetischen Zusammenspiel verhalten sich damit der Wirkungsgrad η und der Erntefaktor ε analog wie parallel geschaltete elektrische Widerstände.

Besonders anschaulich und gut deutbar wird das gesamtenergetischen Zusammenspiel, wenn wir den Gesamt-Wirkungsgrad δ als Funktion des Erntefaktors ε darstellen (vgl. Bild 2.73).

Der Global-Wirkungsgrad wird von zwei Asymptoten begrenzt.

Im Fall der 1. Asymptote für kleine Erntefaktoren $\varepsilon \ll 1$ gilt:

Bild 2.73 Global-Wirkungsgrad $\delta\ (\varepsilon, \eta)$

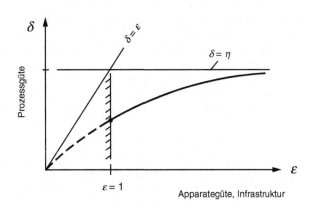

$$\delta = \varepsilon \quad \rightarrow \quad E_{ein} = E_{Bau} + \ldots \quad >> \quad E_{zu} \qquad (2.178)$$

Hier dominiert die zur Realisierung des Apparates einschließlich Infrastruktur eingesetzte Energie E_{ein} gegenüber der zugeführten Brennstoffenergie E_{zu}. Wenn der Erntfaktor $\varepsilon < 1$ kleiner wird, ist das System als Erzeuger unbrauchbar, denn Erzeuger müssen die Bedingung $\varepsilon > 1$ erfüllen.

Im Fall der 2. Asymptote für große Erntefaktoren $\varepsilon >> 1$ wird der Global-Wirkungsgrad gerade identisch mit dem Wirkungsgrad des Energieumwandlungsprozesses. Es dominiert hier die zugeführte Brennstoffenergie E_{zu}:

$$\delta = \eta \quad \rightarrow \quad E_{zu} \quad >> \quad E_{ein} = E_{Bau} + \ldots \qquad (2.179)$$

Mit dem Globalwirkungsgrad kann jedes energetische Problem gesamtheitlich beschrieben werden:

• Wirkungsgrad η $\rightarrow$ notwendig
• Energie-Erntefaktor ε $\rightarrow$ hinreichend
• Globalwirkungsgrad δ $\rightarrow$ gesamtheitlich

Der Fall der 2. Asymptote beschreibt die Situation der heutigen nicht-regenerativen fossilen und nuklearen Großkraftwerke (Tab. 2.3, Bild 2.74), die sich im Bereich $\delta \approx \eta$ bewegen. Die Brennstoffenergie $E_{zu} >> E_{ein}$ ist dominant.

Die beiden Großkraftwerke liegen bereits im Sättigungsbereich des Global-Wirkungsgrads δ. Diese Kraftwerke können nur noch durch Steigerung deren Wirkungsgrade η energetisch verbessert werden, um Brennstoff einsparen zu können. Eine Verbesserung des Erntfaktors hätte gesamtenergetisch keine Auswirkung.

Die Idee der Minimierung des Gesamtenergieeinsatzes ist im Prinzip richtig, aber dennoch im Detail problematisch, insbesondere dann, wenn wir damit das Maß der Umweltbelastung verknüpfen. Es besteht die Gefahr, dass Ungleiches miteinander verglichen wird. Vergleichen wir etwa zwei Kohlekraftwerke ohne jegliche Entsorgungseinrichtungen miteinander, ist der hier definierte Global-Wirkungsgrad sicher ein richtiges Maß für die von diesen Kraftwerken ausgehende Umweltbelastung. Denken wir uns in einem der beiden Kraftwerke Entsorgungsvorrichtungen eingebaut, wird zumindest dessen Energie-Erntefaktor und damit auch der Global-Wirkungsgrad absinken, ohne dass dabei die Umweltbelastung zunehmen muss. Immerhin erkennen wir hier nebenbei, dass zusätzliche Entsorgungseinrichtungen natürlich durch die Herstellung und den Betrieb auch umweltbelastend wirken und nur dann echte Entsorgungseinrichtungen sind, wenn deren positive Effekte überwiegen. Wir erkennen auch, dass allein der Anbau von Zusatzentsorgungseinrichtungen nicht der optimale Weg ist. Besser wäre es, etwa durch Änderung des Energieumwandlungsprozesses, direkt umweltrelevante Verbesserungen zu erreichen. Genau dies wurde mit der Einführung nuklearen

Tab. 2.3 Globalwirkungsgrad $\delta = \delta(\eta, \varepsilon)$ für fossiles und nukleares Kraftwerk	Kraftwerk	δ
	600 MW Kohle: $\eta = 0{,}45$, $\varepsilon = 17$	0,44
	1300 MW Atom: $\eta = 0{,}34$, $\varepsilon = 60$	0,34

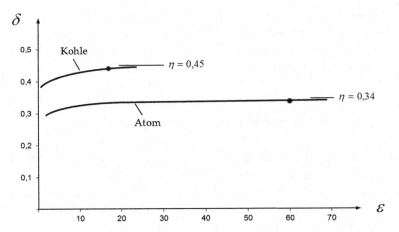

Bild 2.74 Gesamtenergetische Darstellung eines 600 MW Kohlekraftwerks und eines 1300 MW Kernkraftwerks

Wärmequellen versucht, die jedoch neue andere signifikante Probleme mit sich brachten, die zukünftig zu beseitigen sind.

Im Fall regenerativer Systeme ist die Situation anders und eine Bewertung anhand des Wirkungsgrads falsch, da dieser eine nur untergeordnete Rolle spielt. Das regenerative Energieangebot steht kostenfrei zur Verfügung und dessen vernünftige Nutzung hat bei richtiger Anwendung auch nur geringe Umweltbelastungen zur Folge. Ökonomisch und ökologisch belastend ist allein die erforderliche Infrastruktur der regenerativen Systeme zur Nutzung der Energien der Umwelt. Deshalb kommt bei solchen Anlagen nicht dem Wirkungsgrad, sondern dem Energie-Erntefaktor die größte Bedeutung zu.

Diese Überlegungen finden ihre Betätigung, wenn wir den Global-Wirkungs-grad kostenorientiert (2.146) für Erneuerbare Energien anschreiben:

$$\delta = \frac{P_{el}\, V\, t_a}{\frac{1}{f}\left(K_{zu} + K_{Bau} + K_{Betrieb} + K_{Bereitstellung} + K_{Entsorgung}\right)} \tag{2.180}$$

Mit den verschwindenden Kosten für den Brennstoff und dessen Bereitstellung ergibt sich zwangsläufig die Gleichheit des Global-Wirkungsgrads mit dem Energie-Erntefaktor:

$$K_{zu} = 0$$
$$K_{Bereitstellung} = 0 \qquad \rightarrow \delta = \frac{P_{el}\, V\, t_a}{(K_{Bau})/f} = \frac{P_{el}\, V\, t_a}{E_{Bau}} = \varepsilon \tag{2.181}$$
$$K_{Entsorgung} \approx 0$$
$$K_{Betrieb} \ll K_{Bau}$$

In der bildlichen Darstellung (Bild 2.73) bedeutet dies, dass die Projektion des Global-Wirkungsgrads auf die vertikal dargestellte Prozessgüte für konventionelle Großkraftwerke und die Projektion auf die horizontal dargestellte Apparate- und Infrastrukturgüte für regenerative Systeme maßgebend ist.

2.4   Exergie und Entropie

Im Ingenieurwesen wird seit einiger Zeit anstelle mit der Entropie mit den Begriffen Exergie und Anergie gearbeitet, da diese für Techniker besser interpretierbar sind. Anstelle der bisher entropischen Beschreibungen wollen wir deshalb einen kurzen Exkurs zu Exergie und Anergie unternehmen, auch wenn diese Größen keine Zustandsgrößen im physikalischen Sinn sind.

Der Energieinhalt E_0 eines Energiespeichers (Bild 2.75) wird aufgeteilt in einen nutzbaren Anteil (Ex) und in einen nicht nutzbaren Anteil (An).

$$E_0 = Ex + An \tag{2.182}$$

Der Zusammenhang mit dem Wirkungsgrad η wird wie gehabt als Verhältnis zwischen Nutzen und Aufwand

$$\eta = \frac{Nutzen}{Aufwand} = \frac{Ex}{E_0} = \frac{Ex}{Ex + An} = \frac{1}{1 + An/Ex} \tag{2.183}$$

definiert. Die Grenzfälle $\eta = 0$ und $\eta = 1$ werden für $Ex = 0$ und $An = 0$ angenommen. Die Exergie ist dabei der Anteil an Energie, der von einer Energieform in eine andere Energieform umwandelbar ist.

Wie wir bereits in Abschn. 1.2 gelernt haben, sind manche Energieumwandlungen vollständig, andere dagegen prinzipiell nur unvollständig möglich. Dies kann mit der Exergie/Anergie-Vorstellung anschaulich beschrieben werden.

Mechanische und elektromagnetische Energie kann man vollständig in Wärme umwandeln. Wärmeenergie lässt sich dagegen nur teilweise in mechanische und elektromagnetische Energie zurückverwandeln. Dieses Verhalten wird im Bild 2.76 dargestellt.

Erfolgt die Umwandlung vollständig, ist der symbolische Energiespeicher in Bild 2.77 vollständig mit Exergie gefüllt, bei unvollständiger Umwandlung dagegen nur teilgefüllt.

Bild 2.75 Energiespeicher mit nutzbarem und nicht nutzbarem Energieanteil

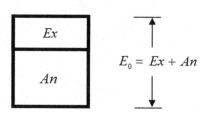

Bild 2.76 Qualitative Darstellung der Ex/An-Verhältnisse möglicher Energienutzungen mit und ohne Änderung der Energieform

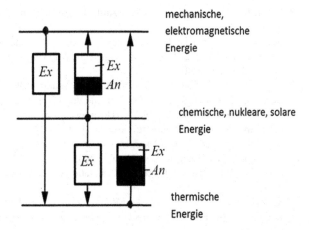

Bei voller Füllung des symbolischen Behälters in Bild 2.76 mit Exergie sind die generell immer auftretenden Entwertungen vernachlässigbar.

Im Fall der Wasser- und Windkraft ist der symbolische Behälter voll mit Exergie gefüllt. Deshalb mussten wir uns bei diesen Anwendungen nicht um Entwertungen kümmern.

Anders ist dies im Fall der Thermodynamik. Hier sind die Entwertungen so gigantisch, dass unter Vernachlässigung dieser Effekte vollkommen irreale Aussagen entstünden.

Hintergrundinformation

Diese Betrachtungen lassen sich auf alle Bereiche unseres Lebens übertragen. So entsteht etwa bei der Produktion eines Autos, das einen höheren Grad an organisierter Materie als seine Umgebung aufweist, zwangsläufig am Nutzungsende Abfall, der die Umwelt belastet. Offensichtlich existiert eine Analogie zwischen der Abfall- und der Energiewirtschaft.

Auch Geld unterliegt einer Entwertung, die schon Karl Marx bewusst war [20].

Ergänzende und weiterführende Literatur

1. Kehrberg, Jan O. C.: Die Entwicklung des Elektrizitätsrechts in Deutschland/Der Weg zum Energiewirtschaftsgesetz von 1935. Verlag Peter Lang 1996
2. Becker, E.: Technische Strömungslehre. 7. Aufl. Stuttgart: Teubner 1993
3. Betz, A.: Wind-Energie. Göttingen: Vandenhoeck & Ruprecht 1926 (unveränderter Nachdruck. Freiburg: Ökobuch Verlag 1982)
4. Unger, J.: Aufwindkraftwerke contra Photovoltaik. BWK Bd. 43, Nr. 718, Juli/August 1991
5. Einstein, A.: Über einen die Erzeugung und Verwandlung des Lichtes betreffenden heuristischen Gesichtspunkt. Annalen der Physik 17, S. 132–148, 1905
6. Bett, A.W. / Dimroth, F. / Löckenhoff, R. / Oliva, E., Schubert, J.: Solar Cells under monochromatic Illumination. 33rd IEEE Photovoltaic Specialist Conference, San Diego, 2008
7. Unger, J. / Hurtado, A.: Energie, Ökologie und Unvernunft. Springer 2013

8. Baehr, H. D.: Thermodynamik. 12. Aufl. Berlin, Heidelberg, New York, London, Paris, Tokyo: Springer 2006

9. Becker, E.: Technische Thermodynamik. Stuttgart: Teubner 1997

10. Kugeler, K. Phlippen, P. – W.: Energietechnik Berlin, Heidelberg, New York, London, Paris, Tokyo: Springer 1990

11. Unger, J.: Konvektionsströmungen. Stuttgart: Teubner 1988

12. Kosack, P.: Forschungsprojekt „Beispielhafte Vergleichsmessung zwischen Infrarotstrahlungsheizung und Gasheizung im Altbaubereich". TU Kaiserslautern, Oktober 2009

13. Heinloth, K.: Energie. Stuttgart: Teubner 1983

14. Voss, A.: Bilanzierung der Energie- und Stoffströme, IER Uni Stuttgart, August 2002

15. Heinloth, K.: Die Energiefrage. Vieweg 2003

16. Risto, T.: Comparison of Electricity Generation Costs. Universtiy of Technolgy Lappeeranta, EN A-56, 2008

17. Seifritz, W.: Der Treibhauseffekt. München, Wien: Carl Hanser 1991

18. Juhl, T.: Wirtschaftlichkeitsberechnung von Sequestrierungstechnologien. HDA/E.ON, FB Wirtschaft, Juli 2008

19. Hassmann, K. Keller, W. Stahl, D.: Perspektiven der Photovoltaik. BWK Bd. 43, Nr. 3, März 1991

20. Unger, J. Hurtado, A.: Natur – Geld – Menschlichkeit. Shaker Verlag 2017

21. Unger, J.: Vom Baumsterben zum Klimatismus. Shaker Verlag 2019

Umweltrelevante Beurteilungskriterien

3

Zusammenfassung

Die von den Aktivitäten der Menschen ausgehenden Umweltbeeinflussungen sind äu-ßerst komplex. Auf diese anthropogenen Emissionen (Ursachen) reagiert das komplexe vernetzte System Umwelt mannigfaltig zurück (Rückwirkungen). Es sollten nur Emissionen freigesetzt werden, die der Mensch schon in seiner Vergangenheit ertragen hat, die sein Immunsystem geprägt haben. Die umweltrelevanten Beurteilungskriterien lassen sich prinzipiell nicht allgemein quantifizieren.

Das Dilemma der Nicht-Quantifizierbarkeit kann durch Selbstorganisationsprozesse beherrschbar gemacht werden, die aus Naturbeobachtungen (Systemeigenschaften) abgeleitet werden. Dazu wird das Naturverhalten (Chaos, natürliches Gleichgewicht, Totzeit- und Pufferprobleme, etc.) betrachtet und auf unsere menschlichen Probleme des Überlebens (inhärente Sicherheit, Dosisbelastung, Schwellenwert) übertragen.

Die Erkenntnis aus diesen Betrachtungen ist die Abkehr von den heute noch üblichen aktiven Sicherheiten hin zu naturgesetzlichen (inhärenten) Sicherheiten, da es eine 100 % sichere aktive Sicherheit nicht gibt.

In diesem Zusammenhang wird auch auf die unhaltbare Sicherheitsphilosophie von Rasmussen (USA) hingewiesen, die von Siemens (Druckwasserreaktoren), AEG (Siedewasserreaktoren) sowie der Gesellschaft für Reaktorsicherheit (GRS) und der Politik der 60er-Jahre wenig reflektiert übernommen wurde.

3.1 Leistungsdichte, Gefahrenpotenzial

Die Leistungsdichten der in Abs. 2 exemplarisch untersuchten Energiesysteme zur Bereitstellung von Strom sind sehr unterschiedlich. Zur Eingrenzung aller Systeme betrachten wir die beiden Extremfälle: das 1300 MW Kernkraftwerk und das 200 MW Aufwindkraftwerk (Bild 3.1). Wir berechnen die Leistungsdichten

© Springer Fachmedien Wiesbaden GmbH, ein Teil von Springer Nature 2020
J. Unger et al., *Alternative Energietechnik*,
https://doi.org/10.1007/978-3-658-27465-8_3

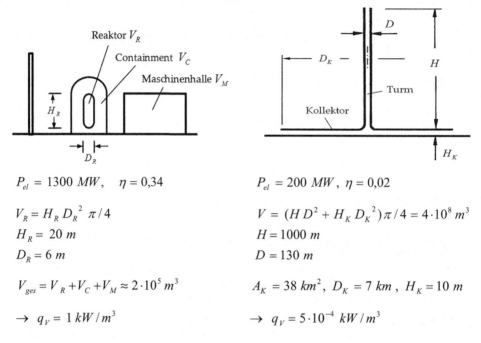

$P_{el} = 1300\ MW,\quad \eta = 0{,}34$ $\qquad$ $P_{el} = 200\ MW,\ \eta = 0{,}02$

$V_R = H_R\, D_R{}^2\ \pi\,/\,4$ $\qquad$ $V = (H\,D^2 + H_K\, D_K{}^2)\,\pi\,/\,4 = 4\cdot10^8\ m^3$

$H_R = 20\ m$ $\qquad$ $H = 1000\ m$

$D_R = 6\ m$ $\qquad$ $D = 130\ m$

$V_{ges} = V_R + V_C + V_M \approx 2\cdot10^5\ m^3$ $\qquad$ $A_K = 38\ km^2,\ D_K = 7\ km,\ H_K = 10\ m$

$\rightarrow\ q_V = 1\ kW\,/\,m^3$ $\qquad$ $\rightarrow\ q_V = 5\cdot10^{-4}\ kW\,/\,m^3$

Bild 3.1 Leistungsdichten q_V für Kernkraftwerk und Aufwindkraftwerk

$$q_V = \frac{P}{V} \tag{3.1}$$

dieser beiden Anlagen unter Beachtung der zugehörigen elektrischen Leistungen P_{el} und Volumina V als Maß für die einem System aktiv innewohnende Energie/Zeit.

Bezogen auf das Reaktorvolumen besitzen typische Leichtwasserreaktoren gegenüber Aufwindkraftwerken eine um den Faktor 10^6 höhere Leistungsdichte.

Zwischen der Leistungsdichte q_V und den Gefahrenpotenzialen GP_i derartiger Anlagen besteht sicherlich eine Korrelation

$$GP_i = GP_i\left(q_V, \ldots\right) \tag{3.2}$$

so dass wir zunächst ganz pauschal, allein aufgrund der Leistungsdichte, dem Kernkraftwerk bereits ein gegenüber dem Aufwindkraftwerk erhöhtes Gefährdungspotenzial zuordnen können.

Anhand des Kriteriums Leistungsdichte kann eine grobe Klassifizierung aller Stromerzeugersysteme hinsichtlich dieser Basis-Gefahrenpotenziale vorgenommen werden, die qualitativ in Bild 3.2 gestrichelt dargestellt sind. Das Gefahrenpotenzial GP_i ist aber nicht allein abhängig von der Leistungsdichte, mit der nur die einem System innewohnende Energie pro Zeiteinheit und Volumen ausgedrückt wird, die bei einem Integritätsversagen frei wird und dabei unmittelbare Schäden im Direktbereich einer Anlage verursachen kann.

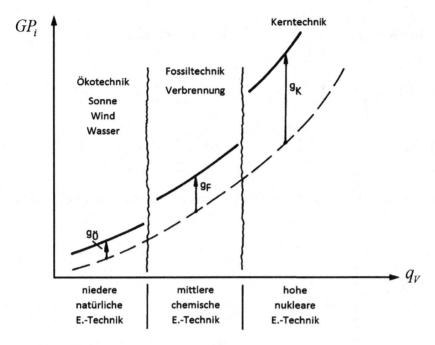

Bild 3.2   Korrelation $GP_i = GP_i(q_V, \ldots)$ zur Klassifizierung unterschiedlicher Energietechniken

Dieses rein technische Basispotenzial muss noch gewichtet werden, um umweltrelevante Eigenarten der jeweiligen Energietechniken berücksichtigen zu können. Diese Gewichtung führt schließlich auf die signifikante Stufung der Gefahrenpotenziale GP_i der einzelnen Energietechniken (Bild 3.2). Im Fall der Kerntechnik ergibt sich eine solche Gewichtung g_K etwa aus der Freisetzung eines Teils des radioaktiven Reaktorinventars und dessen konvektive Verteilung in der Erdatmosphäre nach einem schweren Reaktorunfall. Entsprechend ist bei Fossiltechniken eine Gewichtung g_F zur Berücksichtigung der negativen Effekte durch die Verbrennungsgase vorzunehmen. Bei der Ökotechnik wird etwa im Fall der Wasserkraft mit $g_{\ddot{O}}$ die Bruchgefahr eines Staudammbruchs berücksichtigt.

Im Fall der Photovoltaik haben wir es mit flächenhaften Systemen zu tun. Zur Beschreibung der Leistungsdichte ist hier die auf die Fläche bezogene Leistung

$$q_A = \frac{P}{A} \tag{3.3}$$

angebracht, mit der sich auch Windparks gut beschreiben lassen.

Für ein handelsübliches Solarmodul mit einer Fläche von $1\ m^2$ ergibt sich mit einer Peakleistung von $120\ W$ bei einer idealen Bestrahlung mit $q_{S,\ id} = 1\ kW/m^2$ ein Wert $q_A \approx 10^{-1}\ kW/m^2$. Rechnet man zum Vergleich die auf das Volumen bezogenen Leistungsdichten q_V für das 1300 MW Kernkraftwerk und das 200 MW Aufwindkraftwerk auf die von diesen Systemen beanspruchten Bebauungsflächen um, ergibt sich die in Bild 3.3 dargestellte Situation aus der wir den Einfluss der Leistungsdichte q_A sowohl auf das

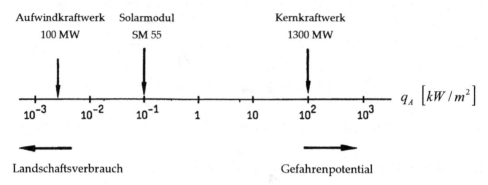

Bild 3.3 Leistungsdichte q_A als Maß für das Gefährdungspotenzial und den Landschaftsverbrauch

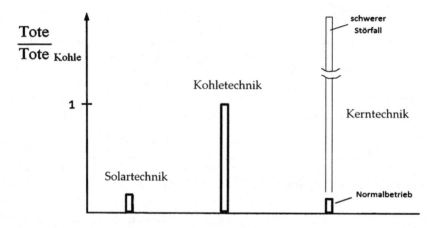

Bild 3.4 Unfalltote unterschiedlicher Energietechniken, bezogen auf Unfalltote der Kohletechnik

Gefahrenpotenzial als auch auf den Landschaftsverbrauch erkennen. Das Gefahrenpotenzial und der Landschaftsverbrauch verhalten sich zueinander reziprok.

3.2   Gefahrenpotenzial, Todeszahlen

Die in Abschn. 3.1 qualitativ diskutierten Gefahrenpotenziale GP_i verschiedener Energietechniken beinhalten unterschiedliche Sachverhalte.

Den unterschiedlichen Gefahrenpotenzialen können Todeszahlen zugeordnet werden. Dabei tritt unmittelbar das Problem der *Soforttoten* und *Langzeittoten* auf. Wir beschränken uns hier einfachheitshalber auf durch *Unfalltote* quantifizierte Gefahrenpotenziale, die für je eine typische Energietechnik aus den drei Klassifikationsgruppen (Öko-, Fossil- und Kerntechnik) nach Bild 3.2 – bezogen auf die Kohletechnik – in Bild 3.4 dargestellt sind.

Der Vergleich zeigt, dass unter Normalbetrieb die Kohletechnik die gefährlichste ist. Ursache hierfür ist vor allem der unfallträchtige Bergbau zur Bereitstellung der Kohle. Bei der Unfallbetrachtung mit direkter Todesfolge sind die durch die Verbrennungsabgase verursachten Langzeiteffekte und auch die Folgen einer Klimaveränderung nicht enthalten.

Im Fall der Kerntechnik ist der dramatische Anstieg an Toten im Fall eines schweren Störfalls mit massiver radioaktiver Freisetzung die alles dominierende Situation. Es existiert ein unakzeptables „Scherenverhalten" zwischen Normalbetrieb und schwerem Störfall, das nachhaltig Triebfeder für neue Sicherheitsphilosophien war und ist.

3.3   Todeszahlen, Eintrittswahrscheinlichkeiten, Risiko

Der Zusammenhang zwischen den Todeszahlen und den zugehörigen Eintrittswahrscheinlichkeiten ist die Sicherheitsphilosophie der alten Kerntechnik. Dahinter verbergen sich im Wesentlichen zwei Aspekte Das eine ist die Kapitulation vor der gängigen Technik, die Akzeptanz eines unvermeidlichen Technikversagens. Das andere ist der Versuch, dieses akzeptierte Technikversagen dennoch mit Hilfe von Wahrscheinlichkeitsbetrachtungen irreal zu machen. Dahinter steckt der Gedanke, dass menschliches Leben stets mit Risiken verbunden ist. Insbesondere die natürlichen vom Menschen nicht beeinflussbaren Naturkatastrophen müssen einfach hingenommen werden. Wählt man nun eine solche natürliche Referenzkatastrophe mit der ihr eigenen Eintrittswahrscheinlichkeit aus und vergleicht diese mit einem schweren Reaktorunfall, ist dieser nach der Sicherheitsphilosophie der alten Kerntechnik zu akzeptieren, wenn dessen Eintrittswahrscheinlichkeit kleiner als die der Referenzkatastrophe ist. Diese von Rasmussen [1] geprägte Vorstellung liegt auch der von der GRS (Gesellschaft für Anlagen- und Reaktorsicherheit) auf die deutschen Verhältnisse umgestalteten Studie [2] zugrunde. Bild 3.5 zeigt neben den häufigen Naturkatastrophen den seltenen Absturz eines großen Meteors, der von Rasmussen als Referenzkatastrophe ausgewählt wurde.

Das hier akzeptierte Restrisiko ist das eigentliche Risiko schlechthin und deshalb für Systeme mit unakzeptablem „Scherenverhalten" abzulehnen. Kleinste Ursachen haben eben oft größte Wirkungen. Auch mit der für die Kerntechnik am weitesten vorangetriebenen aktiven Sicherheitstechnik sind selbst bekannte Störfallabläufe nicht vollständig beherrschbar. Um dies verständlich machen zu können, betrachten wir im Folgenden die Fehlerbaum-Methode zur Quantifizierung von Eintrittswahrscheinlichkeiten für ein Technikversagen von Systemen mit aktiven Sicherheitseinrichtungen.

3.3.1   Nicht-inhärent sichere Systeme

Exemplarisch wird die in Bild 3.6 dargestellte aktive Sicherheitseinrichtung zur Überwachung eines Heizkessels betrachtet, die sowohl redundant als auch diversitär ausgeführt ist. Steigt der Druck p etwa unzulässig an, muss die Brennstoffzufuhr zum Brenner des

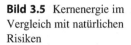

Bild 3.5 Kernenergie im
Vergleich mit natürlichen
Risiken

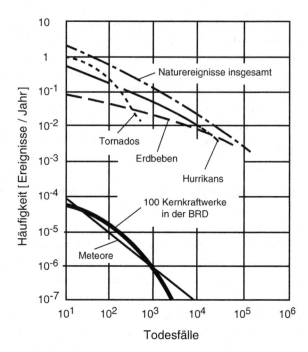

Heizkessels unterbrochen werden. Dazu wird der Druck p gemessen und bei Überschreitung des zulässigen Grenzwerts mit Hilfe von Umformern in ein Öffnen des elektrischen Schalters $R\,1$ umgesetzt. Somit wird der Magnet M stromlos und das Ventil V durch die im Ventil eingebaute Druckfeder geschlossen, die Brennstoffzufuhr zum Kessel unterbrochen. Versagt dieser Mechanismus, soll die dazu parallel geschaltete identische Einrichtung dessen Abschaltfunktion übernehmen. Solche parallel geschalteten Systeme, die nach demselben physikalischen Prinzip arbeiten, besitzen die Eigenschaft der Redundanz, die sicherlich notwendig, aber nicht hinreichend ist, da beim Auftreten eines neuen unerwarteten Fehlers die Drucküberwachung trotz Redundanz keinen Schutz bietet. Steigt etwa infolge einer Leckage der Druck p gar nicht an, bleibt der Brenner dennoch bis zum totalen Kühlmittelverlust in Betrieb, der schließlich zum Durchbrennen des Kessels führt.

Um auch diesen Störfall aktiv beherrschen zu können, bedarf es eines zusätzlichen diversitären Abschaltsystems, das nach einem anderen physikalischen Prinzip funktioniert. In unserem Beispiel ist dies ein temperaturabhängiges System, das bei Überschreitung einer Grenztemperatur den Schalter $R\,3$ öffnet und damit die Brennstoffzufuhr unterbricht.

Trotz einer sich immer weiter verfeinernden Entwicklung aktiver Sicherheitseinrichtungen, bleibt der störfallfreie Betrieb mit einer aktiven Technik unerreichbar. Wenn die aktive Sicherheitstechnik wirklich sicher wäre, könnte auf redundante Einrichtungen verzichtet werden. Jede zusätzlich eingebaute diversitäre Einrichtung zeigt, dass das System selbst mit funktionierenden redundanten Einrichtungen nicht beherrscht wird. Die absolute Sicherheit ist mit aktiven Systemen prinzipiell nicht erreichbar.

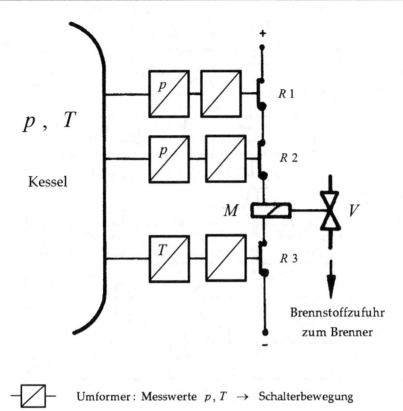

Umformer: Messwerte p, T → Schalterbewegung

Bild 3.6 Redundante und diversitäre Sicherheitseinrichtung zur automatisierten Überwachung eines Druckkessels

Deshalb beschreiten Techniker den Weg mit den Eintrittswahrscheinlichkeiten, der bei hohen Gefährdungspotenzialen aber nicht tolerierbar ist. Eintrittswahrscheinlichkeiten lassen sich bei vorausgesetzter Kenntnis des Störfallablaufs anschaulich mit Hilfe eines Fehlerbaums beschaffen [3]. Ein solcher Fehlerbaum ist in Bild 3.7 für das in Bild 3.6 skizzierte System dargestellt.

Mit den bekannten Eintrittswahrscheinlichkeiten für das Versagen der verwendeten Umformer – im Beispiel einfachheitshalber alle mit einem Wert 10^{-4} – kann über die technisch realisierten Verknüpfungen (Bild 3.7: Schutzeinrichtungen parallel und Umformer in Reihe geschaltet) die Eintrittswahrscheinlichkeit für das Versagen der gesamten Sicherheitseinrichtung zu $8 \cdot 10^{-12}$ errechnet werden.

Hierbei sind die zugehörigen UND/ODER-Verknüpfungen und Rechenregeln der Booleschen-Algebra nach Bild 3.8 zu beachten, die zusammen mit der Fehlerbaumdarstellung (Bild 3.7) keiner detaillierteren Erklärung bedürfen. Es ist unmittelbar einleuchtend, dass durch Reihenschaltung (ODER-Verknüpfung) die Eintrittswahrscheinlichkeit für ein Versagen erhöht und durch Parallelschaltung (UND-Verknüpfung) erniedrigt wird.

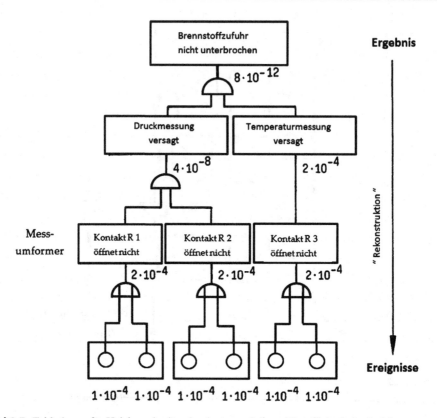

Bild 3.7 Fehlerbaum für Heizkessel mit redundanter und diversitärer Sicherheitseinrichtung

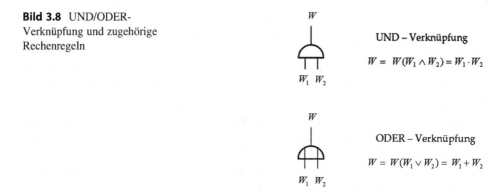

Bild 3.8 UND/ODER-Verknüpfung und zugehörige Rechenregeln

UND – Verknüpfung

$$W = W(W_1 \wedge W_2) = W_1 \cdot W_2$$

ODER – Verknüpfung

$$W = W(W_1 \vee W_2) = W_1 + W_2$$

Die als bekannt vorausgesetzten Eintrittswahrscheinlichkeiten W für das Versagen der Umformer als Maß für die Ereignisse, die zu einem unerwünschten Ergebnis E_i führen, werden experimentell ermittelt:

$$W(E_i) = \lim_{n \to \infty} \frac{g}{n} \approx \frac{g}{n} \tag{3.4}$$

$$\text{mit } \frac{g}{n} = \frac{\textit{Zahl der Versuche mit unerwünschtem Ergebnis } E_i}{\textit{Zahl der Versuche}}$$

Durch Auszählen erhält man die benötigten Eintrittswahrscheinlichkeiten $0 \leq W \leq 1$ für das Versagen einzelner Komponenten. Die Grenzfälle $W = 1$ und $W = 0$ beschreiben vollständiges Versagen und vollständiges Funktionieren.

Die mit dieser experimentellen Methodik beschafften Wahrscheinlichkeiten werden in Störfalldarstellungen benutzt, um Aussagen über zu erwartende Störfallereignisse/Jahr machen zu können. Eine Aussage über den Zeitpunkt des Technikversagens ist damit nicht verbunden.

Die aufgezeigte Fehlerbaum-Methode ist ein geeignetes Mittel, um den Sicherheitsstandard von aktiven Techniksystemen verbessern zu können. Da für die Handhabung aber Kenntnisse über den Störfallablauf selbst bekannt sein müssen, ist dies nur ein notwendiges, aber kein hinreichendes Verfahren. Es ermöglicht nur den Rückschluss von einem unerwünschten Ergebnis auf die verursachenden Ereignisse (Bild 3.7). Der Blick auf zukünftige noch nicht erlebte Ereignisse bleibt versperrt. Das Erkennen der kritischen Pfade (Risikokombinationen) ist a priori nicht möglich. Das ganze Verfahren ist für die objektive Beurteilung des sicheren Verhaltens von Systemen ungeeignet.

3.3.2 Inhärent sichere Systeme

Wie bereits ausgeführt, ist das mit aktiven Sicherheitseinrichtungen nicht vermeidbare Restrisiko bei Systemen mit sehr großem Gefahrenpotenzial das eigentliche Risiko. Ohne das Gefahrenpotenzial an dieser Stelle näher spezifizieren zu müssen, wollen wir dieses Risiko anschaulich darstellen. Dazu tragen wir das Gefahrenpotenzial GP über der Eintrittswahrscheinlichkeit W eines extremen Unfalls auf (Bild 3.9) und definieren so das zu ertragende Risiko R als die aufgespannte Fläche $GP \cdot W$:

Bild 3.9 Risikodarstellung in Abhängigkeit vom Gefahrenpotenzial und der zugehörigen Eintrittswahrscheinlichkeit

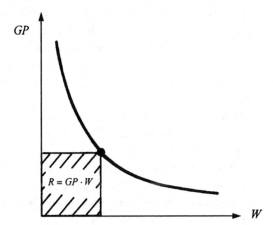

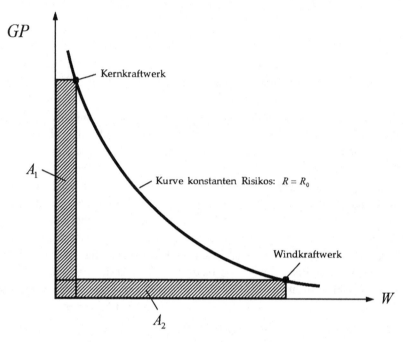

Bild 3.10 Unzulässiger Risikovergleich zwischen schwerem Windrad- und Reaktorunfall

$$R = GP \cdot W \tag{3.5}$$

Das Risiko bleibt unverändert ($R = R_0$: const), wenn sich die Eintrittswahrscheinlichkeit bei steigendem Gefahrenpotenzial entsprechend

$$W = R_0 \cdot \frac{1}{GP} \tag{3.6}$$

verkleinert. Da mit aktiven Sicherheitseinrichtungen $W = 0$ unerreichbar bleibt, gehört zu einer solchen Technik immer ein Restrisiko. Bei Systemen mit geringem Gefahrenpotenzial (Auto, Windrad, . . .) wird dies von unserer Gesellschaft offensichtlich akzeptiert. Anders ist dagegen die Situation bei Systemen mit sehr hohen Gefährdungspotenzialen (Kernenergie, Chemie, . . .). Ursache hierfür sind letztlich die unterschiedlichen Qualitäten der Gefahrenpotenziale, die gar keinen direkten Vergleich zulassen. Es ist deshalb eine Risikodarstellung wie in Bild 3.10 unzulässig. Trotz etwa Flächengleichheit ($A_1 = A_2 \rightarrow$ konstantes Risiko) ist das Risiko eines schweren Windradunfalls nicht mit dem Risiko eines schweren Reaktorunfalls vergleichbar.

Daran ändert sich auch nichts, wenn wir die Skala des Gefahrenpotenzials durch abzählbare Tote ersetzen (Abschn. 3.2), denn das Problem ist nicht quantitativer, sondern qualitativer Natur. Zu der rein somatischen (körperlichen) Wirkung kommt etwa im Fall der Kerntechnik zusätzlich eine genetische Wirkung hinzu, die dem Problem eine ganz andere Qualität zuordnet. Dieses Dilemma kann mit keiner noch so fortschrittlichen aktiven Sicherheitstechnik überwunden werden. Hier hilft nur eine neue Idee weiter. Diese

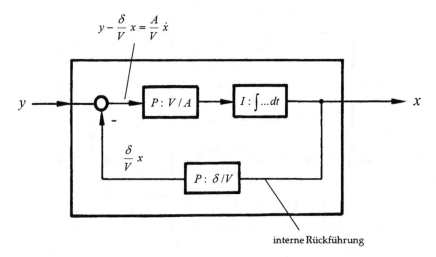

Bild 3.11 Signalflussbild zur Differenzialgleichung $A\,\dot{x} + \delta x = V\,y$

ist das Konzept der inhärent sicheren Systeme, das aktive Sicherheitseinrichtungen für den Ernstfall überflüssig macht, die eben doch versagen. Nur mit dieser neuen Sicherheitsphilosophie haben Techniken mit sehr großen Gefährdungspotenzialen eine Chance auf gesellschaftliche Akzeptanz. Wir erläutern die „Inhärente Sicherheit", die eine Systemeigenschaft ist, am Beispiel der Kernenergie.

Steigt etwa bei einem Störfall die Reaktortemperatur über den zulässigen Wert an, muss sich der Reaktor allein aufgrund physikalischer Eigenschaften von selbst abschalten (Selbstständige Beendigung der Kettenreaktion, [4]). Auch der Abfluss der dann noch produzierten Nachzerfallswärme, der im Folgenden beispielhaft betrachtet wird, muss allein aufgrund physikalischer Eigenschaften selbstständig erfolgen, so dass die Spaltproduktbarrieren erhalten bleiben und es nicht zu einem Kernschmelzunfall kommen kann.

Um nun diese inhärente Eigenschaft auch explizit darstellen zu können, betrachten wir ein Modellsystem, das der Gleichung[1]

$$A\,\dot{x} + \delta x = V\,y \quad \rightarrow \quad y - \frac{\delta}{V}x = \frac{A}{V}x \tag{3.7}$$

gehorcht, die auch anschaulich durch das Signalflussbild (Bild 3.11) dargestellt werden kann [5]:

Wir erkennen aus diesem Signalflussbild sofort, dass für den Fall $\delta = 1$ eine innere Rückführung existiert, so dass auf das System einwirkende Störungen bekämpft werden können. Im Fall $\delta = 0$ verliert das System diese Eigenschaft. Bei unverändert einwirkender Störung wächst dann die Wirkung unbeschränkt an.

---

[1]$\delta = 1 \rightarrow PT_1 - System, \quad \delta = 0 \rightarrow I - System.$

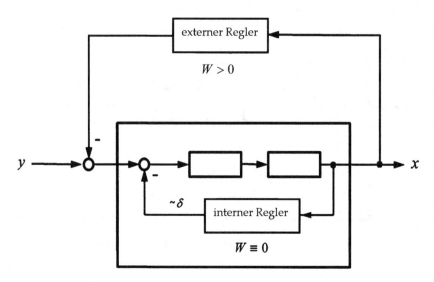

Bild 3.12 Symbiose-System

Wenn in einem Symbiose-System nach Bild 3.12 eine inhärent sichere Rückwirkung (interner Regler) eingebaut ist, kann das System auch bei Ausfall der aktiven Rückführung (externer Regler) nicht versagen.

Am Beispiel des Symbiose-Systems kann der wesentliche Unterschied zwischen inhärent sicheren und nicht-inhärent sicheren Techniksystemen deutlich gemacht werden. Das Symbiose-System verhält sich insgesamt inhärent sicher. Versagt der externe aktive Regler durch einen technischen Defekt, kommt es dennoch nicht zum Versagen des Gesamtsystems.

Der externe Regler als aktive Einrichtung mit einer Ausfallwahrscheinlichkeit $W > 0$ kann jederzeit ausfallen. Der interne inhärent sichere Regler mit einer diesem System innewohnenden absoluten Sicherheit (Systemeigenschaft) kann dagegen nie ausfallen, da die Ausfallwahrscheinlichkeit $W \equiv 0$ stets eine nicht zerstörbare innere Rückführung ($\delta \equiv 1$) garantiert, die das Gesamtsystem stabilisiert.

Systeme mit hohem Gefährdungspotenzial sollten deshalb immer Systeme mit nicht zerstörbarer innerer Rückführung, Systeme mit Selbstregelungseigenschaft sein. In der regelungstechnischen Klassifikation [5] sind dies alle Systeme mit Ausgleich (PT1, . . .). Verboten sind dagegen im Rahmen dieser Sicherheitsphilosophie alle Systeme ohne Ausgleich (I, . . .), die ohne künstliche Stabilisierung nicht beherrschbar sind.

In der Risikodarstellung nach Bild 3.13 bedeutet dies, dass das betriebliche Risiko eines inhärent sicheren Kernkraftwerks verschwindet, kein betriebliches Restrisiko vorhanden ist. Das Gefahrenpotenzial bleibt dagegen unverändert bestehen. Nur mit inhärent sicheren Kernkraftwerken kann das Gefahrenpotenzial beherrscht werden.

Durch eine inhärent sichere Bauweise kann ein absoluter Schutz gegen betriebliche Störfälle erreicht werden.

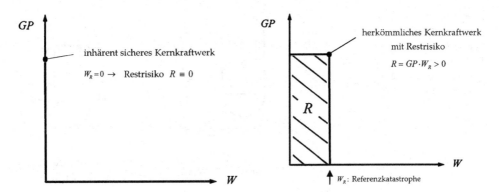

Bild 3.13 Inhärent sicheres und nicht-inhärent sicheres Kernkraftwerk bei gleichem Nuklearinventar (Gefährdungspotenzial)

▶ **Tipp**
Radioaktive Freisetzungen infolge Sabotage und Kriegseinwirkungen lassen sich natürlich nach wie vor nicht ausschließen. Kerntechnik erfordert eben Frieden, der nur durch eine weltweite gesellschaftliche Stabilität zu erreichen ist.

3.4 Systemeigenschaften

Die inhärente Sicherheit eines Systems ist durch eine diesem System selbst innewohnende Selbstregelung zu verwirklichen. Nur mit dieser Systemeigenschaft lässt sich bei großen Gefährdungspotenzialen eine akzeptable Sicherheitsphilosophie aufbauen. Systemeigenschaften besitzen offensichtlich eine hervorragende Bedeutung. Deshalb werden im Folgenden die Selbstregelung und andere für das ökologische Verhalten wichtige Systemeigenschaften detaillierter betrachtet.

3.4.1 Selbstregelung

Ergänzend zu den Sicherheitsüberlegungen in Abschn. 3.3.2 wollen wir anhand von zwei einfachen Beispielen die Selbstregelungseigenschaft von Systemen klar herausarbeiten. In Anlehnung an die zuvor beschriebene erforderliche Abfuhr der Nachzerfallswärme bei einem Reaktorunfall, betrachten wir zur Simulation einen Behälter mit *nicht* abschaltbarer Beheizung. Bei herkömmlichen Reaktoren wird die Nachzerfallswärme über einen aktiven Kühlmittelkreislauf (Bild 3.14) mit Wärmetauscher und Pumpe an die Umgebung abgeführt.

Bild 3.14 Aktives und
inhärentes System zur Abfuhr
von *nicht* abschaltbarer
Beheizung (Nachzerfallswärme
von Nuklearreaktoren)

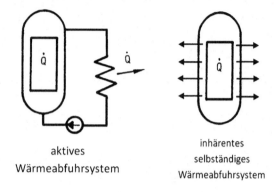

aktives
Wärmeabfuhrsystem

inhärentes
selbständiges
Wärmeabfuhrsystem

Bild 3.15 System mit inhärent
sicherer Wärmeabfuhr

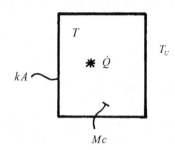

Durch Ausfall dieses aktiven Systems, der nicht ausgeschlossen werden kann (Versagenswahrscheinlichkeit $W > 0$), kommt es unweigerlich zu einem Kernschmelzunfall. Auch eine Aufrüstung der aktiven Systeme durch etwa große zusätzliche Kühlmittelspeicher hilft hier nicht, da letztlich irgendwann und irgendwo im System eine Versperrung gelöst werden muss, die einer Versagenswahrscheinlichkeit $W > 0$ unterliegt. Angemessen an das hohe Gefährdungspotenzial muss uneingeschränkt $W \equiv 0$ gelten. Dies ist nur mit einem inhärenten System zu erreichen, das etwa die Nachzerfallswärme allein aufgrund der physikalischen Eigenschaften Wärmeleitung, Wärmestrahlung und Wärmekonvektion abführt, deren Wirkungen nie ausfallen können. Um unnütze, komplizierte Rechnungen zu vermeiden, betrachten wir stellvertretend für das geschilderte inhärent sichere Wärmeabfuhrsystem ein vereinfachtes System (Bild 3.15) mit konstanter Wärmequelle, das nur die Systemeigenschaften Konvektion und Leitung nutzt.

Unterstellen wir, dass sich das System zum Startzeitpunkt $t = 0$ mit seiner Umgebung im thermischen Gleichgewicht $T(0) = T_U$ befunden hat, wird dessen Temperatur T für $t > 0$ so lange ansteigen, bis schließlich die im Inneren produzierte Wärmeleistung $\dot{Q}$ gerade der durch die Brandung abfließenden Leistung $\dot{Q}_{ab}$ entspricht.

Diese abfließende Wärmeleitung $\dot{Q}_{ab}$ ist unter den genannten Voraussetzungen proportional zur sich so einstellenden Temperaturdifferenz $\Delta T = T - T_U$ und wird vom kA- Wert der Berandung beschränkt, durch den die Wärmeabfureigenschaft (Konvektion, Leitung) und die wärmetauschende Oberfläche beschrieben werden. Im sich für $t > 0$ einstellenden thermischen Gleichgewicht kann die Heizleistung

$$\dot{Q} = Q_{ab} = kA\,(T - T_U) \tag{3.8}$$

bei der sich einstellenden nach oben beschränkten Grenztemperatur

$$T = T_G = T_U + \frac{\dot{Q}}{kA} \tag{3.9}$$

abgeführt werden. Will man zusätzlich den zeitlichen Verlauf des Aufheizvorgangs wissen, ist die Speichergleichung

$$Mc\,\dot{T} = \dot{Q} - \dot{Q}_{ab} \tag{3.10}$$

zu lösen. Mit dem Wärmeabflussgesetz (3.8) lautet diese explizit

$$Mc\,(\Delta\dot{T}) + kA\,(\Delta T) = \dot{Q} = \text{const} \tag{3.11}$$

und liefert mit dem algebraisierenden Ansatz $\Delta T \sim e^{\lambda t}$ und dem bereits aus der thermischen Gleichgewichtsüberlegung gefundenen Partikularintegral $\Delta T_\infty = T_G - T_U = \dot{Q}/(kA)$ der inhomogenen Dgl. (3.10) bei Beachtung der Anfangsbedingung $\Delta T(0) = 0$ die einfache Lösung

$$T(t) = T_U + \frac{\dot{Q}}{kA}\left(1 - e^{-(kA/Mc)\,t}\right) \tag{3.12}$$

die für $t \to \infty$ asymptotisch die Grenztemperatur T_G erreicht und deren Anstieg, charakterisiert durch die Anstiegszeit $t^* = Mc/(kA)$, zusätzlich von der Wärmekapazität Mc des betrachteten Systems abhängt (Bild 3.16).

Mit den Eigenschaften dieses Systems ist es möglich, den Temperaturanstieg nach oben zu begrenzen. Mit Hilfe dieser Systemeigenschaft kann in einem inhärent sicheren Kernreaktor mit Nachzerfallswärmeleistung eine Kernschmelze verhindert werden.

3.4.2 Chaotisches Verhalten

Selbst einfachste Systeme beinhalten in sich chaotisches Verhalten. Dieses mögliche irreguläre Verhalten deterministischer Systeme lässt Aussagen der Sicherheitsanalyse (Abschn. 3.3.1) noch fragwürdiger erscheinen.

Wir studieren hier exemplarisch ein geometrisch eindimensionales System, das für Wärmeabfuhrprobleme relevant ist (Bild 3.17).

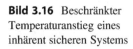

Bild 3.16 Beschränkter
Temperaturanstieg eines
inhärent sicheren Systems

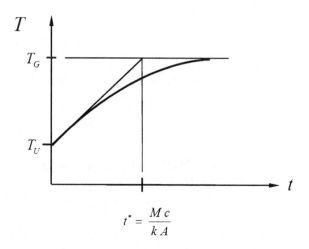

$$t^* = \frac{M\,c}{k\,A}$$

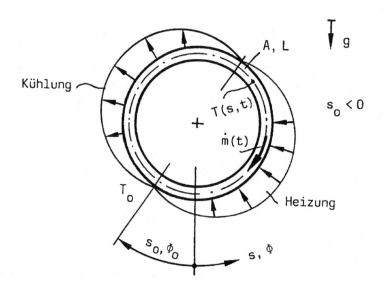

Bild 3.17 Modellkreislauf für Wärmeabfuhrprobleme

Das geschlossene, kreisförmige Rohrleitungssystem vom Querschnitt A und der Länge
L ist mit einem Fluid gefüllt. Die aufgeprägte betragsmäßig gleich große Heiz- und
Kühlleistung ist sinusförmig verteilt. Diese speziellen Voraussetzungen sind keineswegs
Beschränkungen der Allgemeinheit, sie erleichtern nur die mathematische Handhabung
ganz erheblich.

Wie bereits in Abschn. 2.1.2.4 behauptet, kann sich ein stationärer Umlauf wie etwa in
einem Siedewasserreaktor bei Pumpenausfall nur einstellen, wenn die wirksame Wärmesenke oberhalb der wirksamen Wärmequelle zu liegen kommt. Wir zeigen dies indirekt

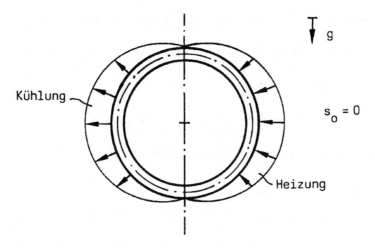

Bild 3.18 Symmetrische Anordnung von Heizung und Kühlung

durch Betrachtung des Grenzfalls, bei dem Beheizung und Kühlung zum Schwerefeld der Erde punktsymmetrisch angeordnet sind (Bild 3.18)

Unterstellen wir, dass sich bei dieser symmetrischen Anordnung ein stationärer Massenstrom $\dot{m}$ zum Transport der Wärmeleistung einstellt, ist a priori einsichtig, dass sich dann in dem kreisförmigen Rohrleitungssystem eine entsprechend symmetrische Temperaturverteilung ergeben muss.

Wenn dies so ist, sind die Temperaturen in allen Ebenen senkrecht zum Schwerfeld jeweils gleich groß. Damit existieren aber keine das Fluid antreibende Dichteunterschiede. Es kann sich kein stationärer Massenstrom einstellen. Ist zudem die aufgeprägte Leistung so groß, dass diese nicht durch Wärmeleitung transportiert werden kann, ist der Wärmetransport nur noch instationär zu bewerkstelligen. Wie im Folgenden gezeigt wird, ist dies nur chaotisch möglich.

In allen Fällen, in denen die Wärmequelle im Schwerefeld über der Wärmesenke liegt, kann sich wegen der dann stabilen Schichtung kein stationärer Massenstrom einstellen. Eine geordnete Strömung ist nur möglich, wenn die Wärmesenke oberhalb der Wärmequelle angeordnet ist, wie zuvor behauptet wurde.

Um explizite Aussagen über das Verhalten und die Eigenschaften des geschilderten Systems machen zu können, schreiben wir die instationären Erhaltungsgleichungen für den Impuls, die Energie und die Masse, sowie die Zustandsgleichung für das verwendete Fluid an:[2]

---

[2]Die Gleichungen (3.13) bis (3.15) sind die um den instationären Term erweiterten Erhaltungsgleichungen (s. Abschn. 2.1.2.4). Details können in [6] nachgelesen werden. Die partiellen Ableitungen sind in Indexschreibweise dargestellt.

$$(\text{Impuls}): \quad \rho\,(u_t + u\,u_s) \; = \; -p_s - g\rho\,\sin\,(2\pi s/L) \; - \; K_\delta \dot{m}^\delta \tag{3.13}$$

$$(\text{Energie}): \quad \rho\,c A\,(T_t + u T_s) \; = \; q\,(s) \tag{3.14}$$

$$(\text{Masse}): \quad \rho_t + \;(\rho\,u_s) \; = 0 \tag{3.15}$$

$$\text{Zustandsgl.}: \quad \rho = \rho_0\,[\,1 - \beta_0\,(T - T_0)\,] \tag{3.16}$$

Unter Beachtung der notwendigen Bedingung für Stationarität

$$\int_0^L q\,(s)\,ds = 0 \tag{3.17}$$

der Schließbedingung für den Druck

$$p(0,t) = p(L,t) \quad \rightarrow \quad \int_o^L p_s\,ds = 0 \tag{3.18}$$

der Berücksichtigung sowohl laminarer ($\delta = 1$) als auch turbulenter ($\delta = 2$) Strömungen und der vereinfachenden Beschränkung auf kleine Aufheizspannen $\beta_0 \Delta T << 1$ ergibt sich nach etwas Rechnung und Entdimensionierung[3] die Reduktion des Problems auf zwei miteinander gekoppelte partielle Differenzialgleichungen:

$$\dot{m}_t + \; \alpha\,\dot{m}^\delta \; = \; \alpha \int_0^1 T\,\sin\,2\pi s\,ds \tag{3.19}$$

$$T_t + \; \dot{m}\,T_s \; = \; \sin\,2\pi\,(s - s_0) \tag{3.20}$$

Dabei ist die aus der Bewegungsgleichung (3.13) durch Integrieren längs des Kreislaufs vom Querschnitt A und der Länge L entstandene Gleichung (3.19) eine Integro-Differenzialgleichung. Die in (3.20) umgeformte Energiegleichung (3.14) ist selbst im einfachen Fall der laminaren Strömung ($\gamma = 1$) aufgrund des Koppelterms $\dot{m}\,T_S$ nichtlinear.

Die Gleichung (3.15) zur Massenerhaltung ist entfallen, da diese sich unter der Voraussetzung $\beta_0\,\Delta T << 1$ selbst erfüllt und lediglich die Information liefert, dass die Geschwindigkeit u bzw. der Massenstrom $\dot{m}$ allein Zeitfunktionen sein können. Die Zustandsglei-

---

[3] $s := s/L,\; t := t/\tau,\; \dot{m} := \dot{m}/(M/\tau),\; T := (T - T_0)/(q_0 L/(cM/\tau)),\; q := q\,(s)/q_0$,

$q\,(s) := q_0\,\sin 2\pi(s - s_0)/L,\; \tau := M/(g\,\rho_0\,\beta_0\,q_0\,L/cK_\delta)^{1/(1+\delta)},\; M := \rho_0 AL \quad .$

$\alpha := K_\delta A M (c\,K_\delta/g\,\rho_0\,\beta_0\,L)^{(2-\delta)/(1+\delta)}$

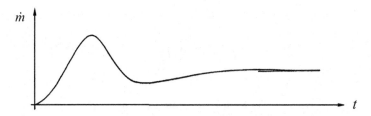

Bild 3.19 Stationäre Lösung $\dot{m}(t; \delta = 1, \alpha = 4{,}35, s_0 = -0{,}1)$

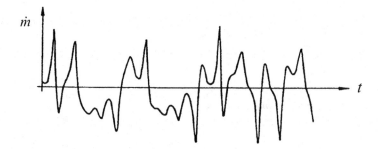

Bild 3.20 Chaotische Lösung $\dot{m}(t; \delta = 1, \alpha = 1{,}78, s_0 = 0)$

chung (3.16) wurde benötigt, um den Dichteterm der Impulsgleichung (3.13) in den entsprechenden Temperaturterm umschreiben zu können.

Das so erhaltene Gleichungssystem (3.19, 3.20) kann numerisch etwa mit einem Differenzenverfahren gelöst werden, so dass der Massenstrom $\dot{m}(t; \delta, \alpha, s_0)$ in Abhängigkeit von der Zeit und den jeweils fest vorgegebenen Parametern δ (Strömungsform), α (globaler Systemparameter zur Beschreibung der Verluste), s_0 (Orientierung des Systems im Schwerefeld) explizit angegeben werden kann.

Die numerische Rechnung liefert wie die Experimente die in den Bild 3.19 und 3.20 dargestellten Ergebnisse.

Um auch die Ursachen für das unterschiedliche Verhalten (stationär, chaotisch) und insbesondere das chaotische Verhalten verstehen zu können, muss man tiefer in die Struktur des Problems eindringen.

Dies gelingt mit einer Reduktion des Problems (3.19, 3.20) auf ein System gewöhnlicher Differenzialgleichungen. Außerdem ersetzen wir zur schreibtechnischen Vereinfachung die Ortskoordinate s durch den Winkel ϕ (Bild 3.17).

Mit dem $2\pi-$ periodischen Fourieransatz für die Temperatur

$$T(\phi,t) = C_0(t) + \sum_{n=1}^{\infty}(S_n(t)\sin n\phi + C_n(t)\cos n\phi) \qquad (3.21)$$

kann das mit dem Winkel ϕ geschriebene gekoppelte Gleichungssystem

$$\dot m_t \ + \ \alpha \, \dot m^\delta \ = \ \alpha \int_0^{2\pi} T\,(\phi,t) \ \sin \phi \, d\phi \tag{3.22}$$

$$T_t \ + \ \dot m \, T_\phi \ = \ \sin\,(\phi - \phi_0) \tag{3.23}$$

unter Ausnutzung der Orthogonalitätsrelationen

$$\int_0^{2\pi} \sin n\phi \ \cos m\phi \ d\phi \ = 0 \tag{3.24}$$

$$\int_0^{2\pi} \sin n\phi \ \sin m\phi \ d\phi \ = \begin{cases} 0 \\ \pi \end{cases} \quad \text{für} \quad \begin{cases} n \neq m \\ n = m \neq 0 \end{cases} \tag{3.25}$$

$$\int_0^{2\pi} \sin n\phi \ c \, d\phi \ = 0 \tag{3.26}$$

in die folgende Darstellung überführt werden:

$$\dot m_t \ + \ \alpha \, \dot m^\delta \ = \ \alpha \, \pi \, S_1 \tag{3.27}$$

$$\frac{d\,C_0}{d\,t} \ = \ 0 \ \rightarrow \ C_0 = \ const \tag{3.28}$$

$$\frac{d\,S_1}{d\,t} \ - \ \dot m \, C_1 \ = \ \cos \, \phi_0 \tag{3.29}$$

$$\frac{d\,C_1}{d\,t} \ - \ \dot m \, S_1 \ = \ - \, \sin \, \phi_0 \tag{3.30}$$

Brechen wir die Fourierdarstellung (3.21) bei $n = 1$ ab, erhalten wir gerade ein System, das die vollständige Berechnung der Zeitfunktionen $\dot m\,(t), S_1\,(t)$ und $C_1\,(t)$ erlaubt. Umdefiniert mit $\dot m := x, \ \pi\,S_1 := y, \pi\,C_1 := z$ ergibt sich so ein System gewöhnlicher, nichtlinearer Differenzialgleichungen

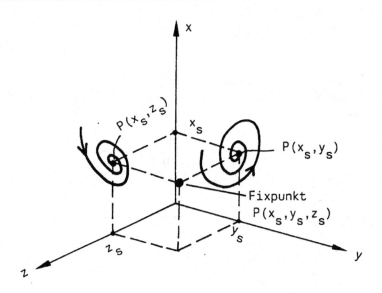

Bild 3.21 Asymptotisch stationäres Verhalten

$$\dot{x} = \alpha \left(y - x^\delta \right)$$

$$\dot{y} = \pi \cos \phi_0 + xz \qquad (3.31)$$

$$\dot{z} = -\pi \sin \phi_0 - xy$$

das im Wesentlichen den Lorenz-Gleichungen [7] entspricht. Das durch Abbrechen der Fourierdarstellung gewonnene System beinhaltet bereits das hier interessierende chaotische Verhalten. Wir können dieses so gewonnene Teilsystem zum Studium des chaotischen Verhaltens nutzen, das sich hierzu wegen seiner Einfachheit besonders eignet.

Um die Situation möglichst anschaulich zu machen, betrachten wir zunächst einen nicht-chaotischen Fall, eine stabile stationäre Lösung x_s, y_s, z_s, die sich aus (3.31) für $\dot{x} = \dot{y} = \dot{z} = 0$ leicht ausrechnen lässt. Diese Lösung ist im dreidimensionalen Raum (x, y, z) ein Fixpunkt $P(x_s, y_s, z_s)$, der aus einem Startpunkt $P(x_0, y_0, z_0)$ heraus asymptotisch erreicht wird. Einfachheitshalber zeichnen wir nicht die dabei durchlaufene dreidimensionale Kurve (Trajektorie) selbst, sondern deren Projektionen in die (x, y)- und (x, z)- Ebene auf (Bild 3.21). Ist die Lösung tatsächlich stationär, wird die Situation eindeutig durch den Fixpunkt $P(x_s, y_s, z_s)$ beherrscht.

Die mit der Zeit durchlaufenen Projektionen der Trajektorie enden in den zugehörigen Projektionen $P(x_s, y_s)$, $P(x_s, z_s)$ dieses Fixpunktes. Die Projektionen der numerischen Auswertung sind in Bild 3.22 ausgedruckt, das auch das Einschwingen des Massenstroms $\dot{m} = x$ in die stationäre Lösung zeigt.

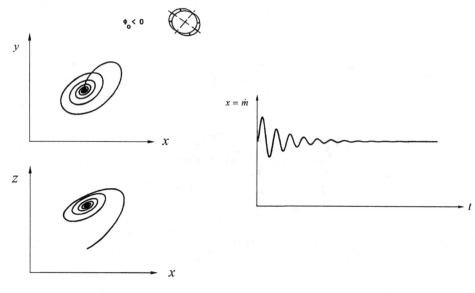

Bild 3.22 Stationäre Lösung

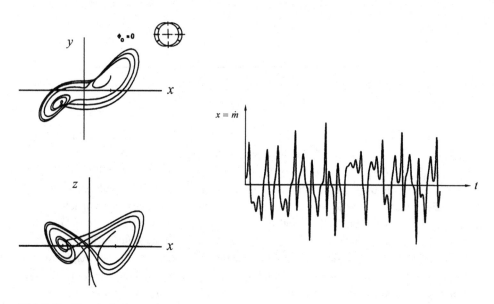

Bild 3.23 Chaotische Lösung

Wird dagegen das System in eine Anordnung zum Schwerefeld gebracht, bei der keine stabile stationäre Lösung möglich ist, ergeben sich typischerweise die in Bild 3.23 dargestellten Trajektorie-Projektionen. Die Strömung wird chaotisch.

Die Trajektorie umkreist einen Teilbereich des Raums, um dann plötzlich in einen anderen Bereich zu springen, diesen zu umkreisen und das Wechselspiel fortzusetzen.

Dazu sind offensichtlich mindestens zwei instabile stationäre Zustände erforderlich, die aufgrund der Nichtlinearität der Lorenz-Gleichungen stets existieren. Diese instationäre Lösung ist außerdem dadurch gekennzeichnet, dass sie sich zu keinem Zeitpunkt reproduziert und selbst geringste Abweichungen vom Startzustand starken Einfluss haben. Diese Erkenntnis ist von außerordentlicher Bedeutung. Die hier zugrunde liegenden Lorenz-Gleichungen [7] sind die Basisgleichungen für sich selbst überlassene thermische Systeme. So können wir weder für einen havarierter Reaktor mit verschobenem Wärmeinventar noch für unsere Atmosphäre (Wetter, Klima) prinzipiell zuverlässigen Aussagen machen.

3.4.3   Totzeit- und Pufferverhalten

Die Erfahrung zeigt, dass nicht nur urplötzliche Ereignisse, sondern auch Vorgänge für den Menschen verhängnisvoll werden können, die erst nach sehr langer Zeit drastische Veränderungen zeigen. Zur Erläuterung betrachten wir die in Bild 3.24 skizzierte Trinkwasserförderanlage, die das Wasser aus einem gedacht endlichen Grundwasserspeicher vom Volumen V_0 entnimmt.

Der Füllstand des hypothetischen Speichers hängt von dem natürlichen Zufluss $\dot{V}_{zu}$ und dem geförderten Volumenstrom $\dot{V}_{ab}$ ab und kann mit Hilfe der Speichergleichung

$$\frac{dV}{dt} = \dot{V}_{zu} - \dot{V}_{ab} \tag{3.32}$$

beschrieben werden. Ohne jegliche Rechnung sieht man sofort ein, dass im Fall $\dot{V}_{zu} > \dot{V}_{ab}$ mit $dV/dt > 0$ kein Förderproblem entstehen kann. Der Volumenstrom $\dot{V}_{ab}$ kann über beliebige Zeiträume gefördert werden, da dem Speicher mehr Flüssigkeit zufließt als überhaupt entnommen wird.

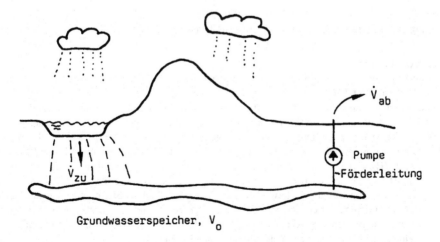

Bild 3.24 Trinkwasserversorgung aus endlichem Grundwasserspeicher

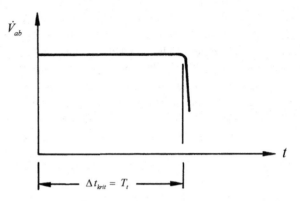

Bild 3.25 Totzeitverhalten für $\dot{V}_{ab} > \dot{V}_{zu}$

Ganz anders ist die Situation im Fall $\dot{V}_{ab} > \dot{V}_{zu}$ mit $dV/dt < 0$. Die bis zur Entleerung des Speichers zum Zeitpunkt $t = \Delta t_{krit} = T_t$ ganz problemlose Förderung des Volumenstroms $\dot{V}_{ab}$ bricht plötzlich zusammen (Bild 3.25).

Wir berechnen diese kritische Zeitspanne $\Delta t_{krit} = T_t$ unter der Voraussetzung, dass der Speicher vom Volumen V_0 zum Förderbeginn $t = 0$ vollständig mit Wasser gefüllt war zu

$$\Delta t_{krit} = T_t = \frac{V_0}{\dot{V}_{ab} - \dot{V}_{zu}} \tag{3.33}$$

und bezeichnen diese auch als Totzeit T_t, weil innerhalb des Zeitintervalls $0 < t < T_t$ der beobachtete Förderstrom unverändert bleibt. Ist nun diese Totzeit größer oder in der Größenordnung der menschlichen Lebenszeit t_L

$$T_t \geq O(t_L) \tag{3.34}$$

ist es leicht verständlich, dass Menschen überrascht sind, wenn sie nach Ablauf der Totzeit plötzlich eine drastische Veränderung einer Sache feststellen, die doch im gesamten Zeitraum ihres Erinnerungsvermögens bestens funktioniert hat.

Hintergrundinformation

Ein ähnliches Problem führt uns zu einem Teilaspekt des sogenannten Waldsterbens in den 80er-Jahren [4], der in Bild 3.26 skizziert ist.

Ausgelöst durch die Umweltpolitik der 70er-Jahre, die das Luftverschmutzungsproblem durch eine großräumigere Verteilung der Belastung mit Hilfe von hohen Schornsteinen zu lösen gedachte, wurden die Wälder der Mittelgebirge durch sauren Regen geschädigt. Das beim Verbrennen fossiler Brennstoffe freigesetzte Schwefeldioxid (SO_2) verbindet sich in der Atmosphäre mit Wasser (H_2O) zu Schwefelsäure (H_2SO_4) bzw. schwefliger Säure (H_2SO_3), die durch Abregnen in den Boden eindringen und so den pH-Wert absenken kann. Die Zeitspanne, die vergeht, bis eine gravierende Absenkung des pH-Werts eintritt, hängt von der Pufferwirkung des Bodens ab. Sind die Stoffe im Boden aufgezehrt, die durch Neutralisierung der eingetragenen H^+-Ionen der Versäuerung des Bodens entgegenwirken, kommt es zu einem gravierenden Abfall des pH-Wertes, der aus dem biologischen Fenster herausführt, das für Keimung und Wachstum des Waldes erforderlich ist (Bild 3.27).

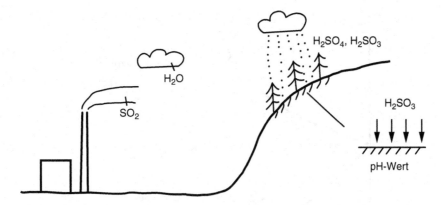

Bild 3.26 Versäuerung des Bodens durch sauren Regen

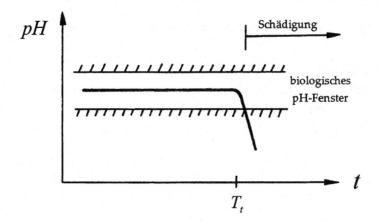

Bild 3.27 Totzeit infolge Pufferwirkung

Bei großem Puffer und damit großer Totzeit kann trotz sauren Regens selbst über Jahrzehnte keine wesentliche Änderung des pH-Werts gemessen werden. Messtechnisch ist die Gefahr, die das System Wald bereits erfasst hat, nicht festzustellen. Deshalb sind solche Probleme empirisch nicht beherrschbar.

3.4.4 Gleichgewichtsverhalten natürlicher Systeme

Das Verhalten natürlicher Systeme unterscheidet sich von dem technischer Systeme wesentlich. Der durch die Technik geprägte Mensch unterliegt besonders stark der Versuchung, seine Technikerfahrungen auch auf ökologische Zusammenhänge zu projizieren. Viele Falscheinschätzungen und Fehlhandlungen sind nur so zu verstehen. Um dem vorzubeugen, wollen wir im Folgenden einfachste ökologische Systeme bekannten Tech-

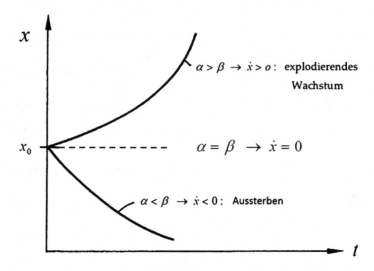

Bild 3.28 Lösungsverhalten der einfachen Wachstumsgleichung

niksystemen gegenüberstellen. Bereits in Abschn. 1.7 wurde die Beschreibung der zeitlichen Entwicklung der Anzahl x der die Erde bevölkernden Menschen mit Hilfe der einfachen Wachstumsgleichung

$$\dot{x} + (\beta - \alpha)\, x = 0 \tag{3.35}$$

dargestellt, die aus der grundlegenden auch für Techniksysteme gültigen Speichergleichung

$$\dot{x} \;=\; g - d \tag{3.36}$$

durch die naheliegenden Annahmen über die Geburten- und Sterberate

$$g = \alpha x, \;\; d = \beta x \tag{3.37}$$

gewonnen wurde. Diese einfache Wachstumsgleichung lässt als Lösungen nur ein exponentielles Wachstum ($\alpha > \beta$) oder Aussterben ($\beta > \alpha$) zu (Bild 3.28).

Der Gleichgewichtsfall $\dot{x} = 0$ ist instabil und könnte nur durch dirigistische Eingriffe erreicht werden, die $\beta = \alpha$ über alle Zeiten garantieren.

Das Populationssystem ist homogen und damit autokatalytisch [5]. Ein Gleichgewicht wie bei gut beherrschbaren Techniksystemen ist wegen der Homogenität aufgrund der Proportionalitäten $g \sim x$, $d \sim x$ nicht möglich.

Es existiert kein Eingangssignal ($y \equiv 0$) wie bei technischen Systemen (Bild 3.11). Das System kann nur mit Anfangswerten von $x(0) > 0$ gestartet werden (Adam/Eva-Prinzip).

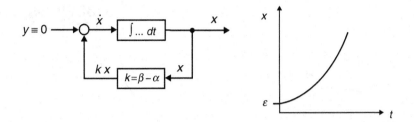

Bild 3.29 Autokatalytisches System

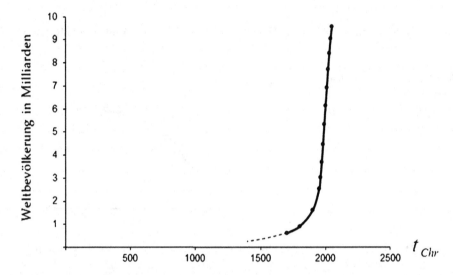

Bild 3.30 Real anwachsende Weltbevölkerung

Nach dem Start führen kleinste Anfangswerte $x(0) = \varepsilon$ zu einem ungehemmten exponentiellen Wachstum. Solche autokatalytischen Systeme (Bild 3.29) erschaffen das Wachstum aus sich selbst heraus. Dazu rauben sie die erforderlichen Ressourcen aus der Umwelt.

Pro Tag wächst derzeit die Weltbevölkerung um etwa 230.000 Menschen an (Bild 3.30) [8].

Die Vermehrung der Menschen ist vergleichbar mit der Vermehrung von Bakterien auf einer Petrischale. Das nach dem Animpfen einsetzende expo-nentielle Wachstum der Bakterien wird erst mit Erreichen des Randes gestoppt, wenn die über den Nährboden zur Verfügung gestellte Nahrung für das Anwachsen der Population restlos aufgebraucht ist (Bild 3.31).

Im Fall technischer Systeme mit Selbstregelungseigenschaft ist $\alpha(x) \sim 1/x$ bzw. $\alpha(x)x = g_0$ ebenso wie $\beta = \beta_0$ konstant, so dass

$$\dot{x} + \beta_0 x = g_0 \tag{3.38}$$

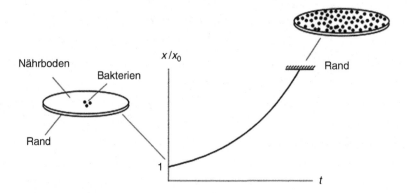

Bild 3.31 Wachstum von Bakterien auf eine Petrischale analog zum Wachstum der Menschen

Bild 3.32 Lösungsverhalten
der erweiterten
Wachstumsgleichung

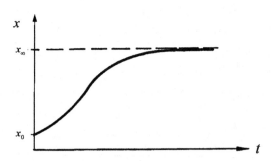

gilt. Derartige Techniksysteme (PT_1) besitzen eine konstante Geburtenrate g_0 (Zufluss ins System). Der Startzustand ist bei $x(0) = 0$ möglich. Durch die aufgehobene Proportionalität $g \sim x$ wird die diese Systeme beschreibende Differenzialgleichung inhomogen und besitzt stets eine stabile stationäre Gleichgewichtslösung

$$x = x_\infty = g_o/\beta_0 \tag{3.39}$$

die asymptotisch mit $\dot{x}(t \to \infty) = 0$ erreicht wird. Verschwindet mit $\beta_0 = 0$ zusätzlich die Sterberate, geht die Selbstregelungseigenschaft des Systems verloren ($PT_1 \to I$). Die stationäre Gleichgewichtslösung $\dot{x}(t \to \infty) = 0$ wird unmöglich.

Für natürliche Systeme, die einer Anfangsdynamik mit exponentiellem Wachstum unterliegen, kann eine stationäre Lösung $\dot{x}(t \to \infty) = 0$, wenn überhaupt, nur mit einer zusätzlichen Nichtlinearität erreicht werden. Wir erinnern uns an die bereits in Abschn. 1.7 behandelte logistische Gleichung

$$\dot{x} + (\beta - \alpha)x + \gamma x^2 = 0 \tag{3.40}$$

mit der nochmals in Bild 3.32 dargestellten Lösung

die das Wachstum der Population $x(t)$ einer einzigen Art beschreibt, deren Mitglieder miteinander um die begrenzte Menge an Nahrung und Lebensraum konkurrieren. Diese Gleichung ist mit Erfolg auf Wachstumsprobleme verschiedenster Art angewandt worden [7, 9]. Dennoch wird hier die Komplexität natürlicher Systeme nicht deutlich. Denn in Realität können die Koeffizienten α, β, γ invariant sein. Jedes ökologische Gleichgewicht kann deshalb nur ein vorläufiges sein. Hinzu kommen Einflüsse anderer Populationen, da diese im Allgemeinen nicht voneinander isoliert leben.

Stellvertretend betrachten wir einfachheitshalber das Räuber-Beute-Modell, das durch die Volterraschen Gleichungen [7, 9] beschrieben wird. Dabei geht es um das folgende theoretische Phänomen: In einer als invariant angenommenen Umwelt leben zwei Populationen x_1 und x_2. Die Räuberpopulation x_2 ernährt sich von der Beutepopulation x_1, die ihrerseits die benötigte Nahrung aus der ungestörten Umwelt entnimmt. Da das Nahrungsangebot für die Beutetiere also ideal ist, würden sich diese ohne Räuber in ihrer Lebenszeit ungehindert (exponentiell) entsprechend der einfachen Wachstumsgleichung (3.35) ohne signifikanten Sterbeterm

$$\dot{x}_1 - \alpha x_1 = 0 \tag{3.41}$$

vermehren. Die Beutetiere erleiden aber signifikante Verluste, da sie von den Räubern gefressen werden. Die Verlustrate ist sowohl zur Anzahl der Beutetiere als auch der Räuber proportional, so dass für die Population der Beutetiere insgesamt

$$\dot{x}_1 - \alpha x_1 + \beta x_1 x_2 = 0 \tag{3.42}$$

geschrieben werden kann. Dagegen haben die Räuber keine Feinde. Ohne die Wechselwirkung mit der Beutepopulation würden die Räuber nur Verluste durch Tod infolge Nahrungsmangel proportional zu ihrer Anzahl selbst erleiden, so dass deren Population entsprechend der einfachen Wachstumsgleichung (3.35) ohne Geburtsterm

$$\dot{x}_2 + \gamma x_2 = 0 \tag{3.43}$$

abnehmen müsste. Der sich aus der Wechselwirkung ergebende Zuwachs ist proportional zur Anzahl der Räuber selbst und der Nahrung, die wiederum proportional zur Anzahl der Beutetiere ist. Insgesamt lässt sich somit die Räuberpopulation durch

$$\dot{x}_2 + \gamma x_2 - \delta x_1 x_2 = 0 \tag{3.44}$$

beschreiben. Die so motivierten Volterraschen Gleichungen

$$\begin{aligned}
\dot{x}_1 &= \alpha x_1 - \beta x_1 x_2 \\
\dot{x}_2 &= -\gamma x_2 + \delta x_1 x_2
\end{aligned} \tag{3.45}$$

sind aufgrund der Wechselwirkung der beiden betrachteten Populationen x_1, x_2 miteinander gekoppelte gewöhnliche Differenzialgleichungen mit einem nichtlinearen Koppelterm. Der Zusammenhang $x_2(x_1)$ zwischen den Populationen lässt sich durch Elimination der Zeit aus (3.45)

$$\frac{dx_1}{dx_2} = \frac{x_1\,(\alpha - \beta x_2)}{x_2\,(\delta x_1 - \gamma)} \tag{3.46}$$

nach Trennung der Veränderlichen

$$\frac{\delta x_1 - \gamma}{x_1}\,dx_1 = \frac{\alpha - \beta x_2}{x_2}\,dx_2 \tag{3.47}$$

und Integration in der impliziten Form

$$\delta x_1 - \gamma\,\ln x_1 = \alpha\,\ln x_2 - \beta x_2 + C \tag{3.48}$$

finden, die auch in die Produktdarstellung

$$x_2^{\alpha}\,e^{-\beta x_2} \;\cdot\; x_1^{\gamma}\,e^{-\delta x_1} = f(x_2)\cdot g(x_1) = C^{*} \tag{3.49}$$

überführt werden kann. Wie die Kurvendiskussion zeigt, stellt sich der Zusammenhang der Population $x_2\,(x_1)$ als geschlossene Kurve dar, die qualitativ in Bild 3.33 dargestellt ist.

Die Populationen sind periodisch. Die zeitlichen Verläufe $x_1(t)$, $x_2(t)$ sind aus Bild 3.34 zu entnehmen. Werden die Räuber in diesem simplen Modell zu zahlreich, fressen sie immer mehr Beutetiere. Damit verschlechtere sich die Nahrungsgrundlage der Räuber, so dass deren Population ebenso wie die der Beutetiere reduziert würde. Nun könnten sich die Beutetiere wieder unbehinderter vermehren. Da aber damit gekoppelt auch wieder das Nahrungsangebot für die Räuber anstiege, würde sich deren Anzahl ebenfalls wieder erhöhen. Es würde sich so ein periodisches Wechselspiel zwischen der Räuber- und Beutepopulation einstellen. Der Gleichgewichtspunkt von (3.45), der sich aus

Bild 3.33 Zusammenhang der Populationen $x_2\,(x_1)$ des Räuber-Beute-Modells

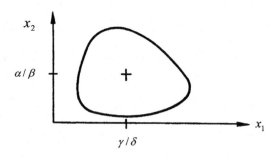

Bild 3.34 Populationen $x_2(t)$,
$x_1(t)$ des Räuber-Beute-Modells

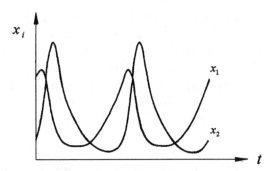

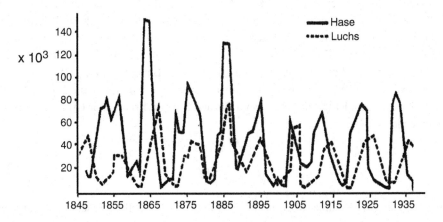

Bild 3.35 Bestandsschwankungen von Schneehase und kanadischem Luchs

$$\dot{x}_1 = \dot{x}_2 = 0 \text{ zu } x_{1,0} = \gamma/\delta, x_{2,0} = \alpha/\beta \qquad (3.50)$$

berechnet, wird nie durchlaufen (Bild 3.33).

Das „Ökologische Gleichgewicht" ist ein beständiges Hin und Her weit ab von einem vermeintlichen Gleichgewicht, das sich im Allgemeinen der unmittelbaren Beobachtung entzieht.

Aus einer Momentbeobachtung kann selbst bei drastischem Absinken einer Population im Allgemeinen nicht auf deren Existenzgefährdung geschlossen werden. Um Überlebenskriterien ableiten zu können, muss eine untere zulässige Populationsgrenze (Biotopbedingung) definiert werden, die letztlich einem kritischen Parametersatz $(\alpha, \beta, \gamma, \delta, C^*)_{krit}$ entspricht.

Eine Bestandsaufnahme, die in die Zeit der Besiedelung Nordamerikas zurückreicht, zeigt Bild 3.35, das durch Auszählen der bei einer kanadischen Fellverwertungsgesellschaft eingelieferten Felle erlegter Schneehasen und Luchse entstand. Wie das Bild zeigt, sind Schneehasen die bevorzugte Nahrungsgrundlage kanadischer Luchse.

Im Allgemeinen treten mehr als zwei Populationen in Wechselwirkung. Etwa im Regenwald, dem erfolgreichsten Ökosystem der Erde, sind unzählige Populationen jeglicher Art aktiv.

Alles was abstirbt, fließt dem System unmittelbar wieder zu, damit es auch weiterhin nachhaltig seinen Bestand erhalten kann. Allein die Einstrahlung durch die Sonne, der Regen aus der Atmosphäre und das perfekte Stoffrecycling sind hierfür hinreichend.

3.4.5   Technische Systeme regenerativer Natur

Beim Umbau der jetzigen Energiewirtschaft auf eine nachhaltig regenerative Energiewirtschaft spielen Systemeigenschaften von Populationen eine entscheidende Rolle. Um diese aufzeigen zu können, wird ein Kollektiv bestehend aus n Teilsystemen betrachtet. Jedes identische Teilsystem (Element) ist charakterisiert durch die mittlere Leistung P, die Lebenserntezeit T und die zur Realisierung erforderliche Bauenergie E_{Bau} (Bild 3.36).

Die Realisierung eines solchen Kollektivs ist nur sinnvoll, wenn mehr geerntet als investiert wird. Dies ist nur der Fall, wenn für den Energie-Erntefaktor (Abschn. 2.2) der betrachtenden Elemente

$$\varepsilon \; = \; \frac{E}{E_{Bau}} \; = \; \frac{P\,T}{E_{Bau}} \; > \; 1 \tag{3.51}$$

gilt, der wegen der Modulbauweise auch der Erntefaktor des Kollektivs selbst ist. Nur dann ist das betrachtete System energieautark. Für $\varepsilon = 1$ ist ein solches System gerade selbsterhaltend und für $\varepsilon < 1$ kann es sich weder regenerieren noch vermehren, es ist zum Absterben verurteilt.

Zunächst werden einfachheitshalber Populationen ohne jeglichen Konsum betrachtet. Die gesamte geerntete Energie wird ausschließlich zum Bau neuer Teilsysteme des Kollektivs verwendet. Immer dann, wenn sich die geerntete Energie $E = P\,T$ zur Bauenergie E_{Bau} kumuliert hat, wird ein neues Element zugebaut. Gleichzeitig wird das Absterben aller Elemente berücksichtigt, die das Ende der Lebenserntezeit T erreicht haben. Diese einfache Energie- und Zeitsteuerung, die prinzipiell auch zur Beschreibung menschlicher Populationen geeignet ist, führt auf die in den Bild 3.37, 3.38, 3.39 dargestellten Populationen [10, 11].

Bild 3.36 Regeneratives
Teilsystem (Element) errichtet
mit der Bauenergie E_{Bau}

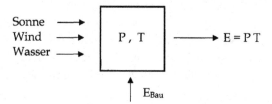

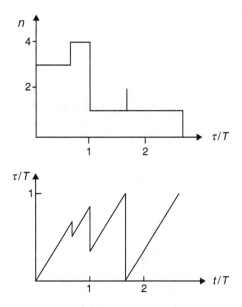

Bild 3.37 Population n mit $n_0 = 3$ Startelementen für einen Erntefaktor $\varepsilon = 1/2$ und die zugehörige Altersstruktur t/τ

Die anfänglich beobachtete Vermehrung einer Population im Zeitfenster $0 \leq t \leq T$ lässt keinen Schluss auf die in Zukunft zu erwartende Vermehrung zu. Dies zeigt das folgende Beispiel (Bild 3.40). Obwohl mit $\varepsilon = 1/2$ bereits der Tod der Population besiegelt ist, kommt es im Lebensfenster der Erstinstallation $0 \leq t \leq T$ zunächst zu einer Vermehrung. Dieser kumulative Effekt verstärkt sich mit der Anzahl n_0 der Startelemente.

Die vermeintliche Vermehrung über eine Lebenszeit von mehreren Jahrzehnten kann zu einer gravierenden Fehleinschätzung der erwünschten Nachhaltigkeit führen. Obwohl über eine ganze menschliche Lebensspanne ein Wachsen beobachtet werden kann, ist letztlich das Absterben des Kollektivs schon zum Startzeitpunkt besiegelt (Bild 3.41).

In diesem Zusammenhang sei auch angemerkt, dass bei der Installation des maximal möglichen Kollektivs in einem gegenüber der Lebenszeit der Elemente sehr kurzen Zeitraum (Kollektiv besitzt nahezu die Lebenszeit der Elemente) nach Ablauf der Lebenszeit die Nachhaltigkeit nur durch eine entsprechend intensive Ersatzinstallation zu gewährleisten ist.

Starke Wachstumsphasen verursachen in der Zukunft Probleme, da nach einer langen Stagnation in der Bauphase plötzlich wieder ein intensiver Neubau zu bewerkstelligen ist. Dieser erforderliche Neubau ist in einem regenerativen System nur möglich, wenn kollektiv hinreichend viel Restenergie zur Verfügung steht. Selbst für Systeme mit hinreichend großen Erntefaktoren ist unter Nichtbeachtung der Restenergie ein Absterben nicht zu verhindern. Dies ist insbesondere der Fall, wenn zu viel Energie konsumiert wurde. Der Energiekonsum muss entsprechend der Ungleichung

$$E_K \leq E - E_{Bau} \tag{3.52}$$

beschränkt bleiben.

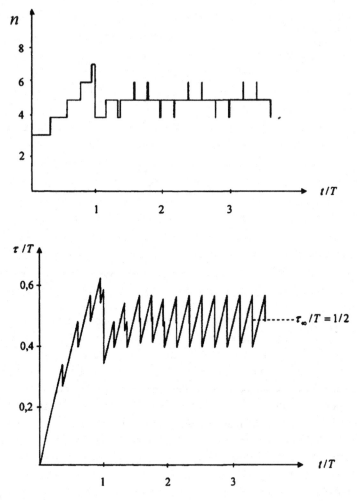

Bild 3.38 Population n mit $n_0 = 3$ Startelementen für einen Erntefaktor $\varepsilon = 1$ und die zugehörige Altersstruktur t/τ

Unter Beachtung des Konsums kann für den Erntefaktor

$$\varepsilon_K = \frac{E - E_K}{E_{Bau}} = \varepsilon \, (1 - \delta_K) \tag{3.53}$$

$$\delta_K = E_K/E \qquad : \text{Konsumkoeffizient}$$

$$\varepsilon = PT/E_{Bau} = kT \qquad : \text{Erntefaktor ohne Konsum}$$

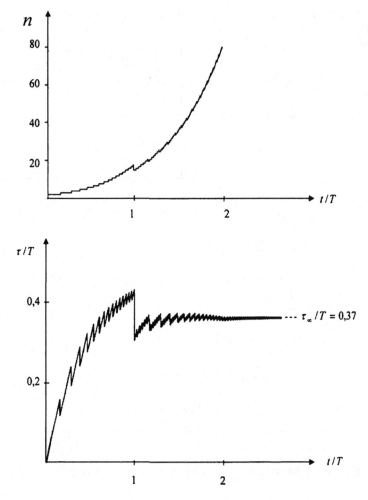

Bild 3.39 Population n mit $n_0 = 3$ Startelementen für einen Erntefaktor $\varepsilon = 2$ und die zugehörige Altersstruktur t/τ

$$k = P/E_{Bau} \qquad : \text{Technologiekoeffizient}$$

$$\text{mit} \quad 0 \leq \delta_K \leq 1 \quad \begin{cases} \delta_K = 0 : \text{ohne Konsum} \\ \delta_K = 1 : \text{totaler Konsum} \end{cases}$$

geschrieben werden.

Die angestellten Überlegungen zeigen, dass der Erntefaktor die entscheidende Beurteilungsgröße zur Sicherung der Nachhaltigkeit regenerativer Systeme ist. Allein im irrelevanten Fall $T = \infty$ oder $E_{Bau} = 0$ mit $\varepsilon = \infty$ entfällt der Einfluss des Erntefaktors.

Bild 3.40 Anfängliche
Vermehrung einer sterbenden
Population mit $\varepsilon = 1/2$ und
$n_0 = 10$

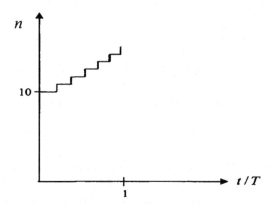

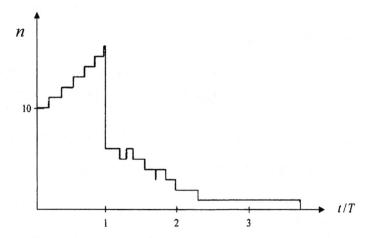

Bild 3.41 Absterben der Population mit $\varepsilon = 1/2$ und $n_0 = 10$ trotz anfänglicher Vermehrung

Hintergrundinformation

In den Populationsbildern (3.37, 3.38, 3.39) sind auch die Altersstrukturen der Populationen dargestellt. Das asymptotisch durchschnittliche Alter τ_∞ eines Kollektivs ist vom Erntefaktor abhängig. Für $\varepsilon < 1$ wird kein asymptotisches Verhalten erreicht, da die Population abstirbt. Für $\varepsilon > 1$ verjüngt sich das Kollektiv mit zunehmender Größe des Erntefaktors bei gleichzeitig zunehmender Vermehrung.

Wegen der Endlichkeit der Welt muss letztlich jedes regenerative Kollektiv beschränkt bleiben. Beim Erreichen der maximalen Kollektivgröße verschwindet zugleich das Wachstum. Zur Sicherung der Nachhaltigkeit ist dann gerade das sich selbsterhaltende Verhalten einzustellen. Dies ist der Fall, wenn der Konsum beschrieben mit dem Konsumkoeffizienten den Maximalwert

$$\delta_K = \delta_{K,\max} = 1 - \frac{1}{kT} \quad \text{mit} \quad 1 < kT < \infty \tag{3.54}$$

nicht überschreitet, der durch den Technologiekoeffizienten k und die Lebensdauer T der Elemente geprägt wird. Das mittlere Lebensalter dieses Kollektivs ist $\tau = T/2$.

3.4.6 Organisation und Selbstorganisation

Wir sprechen von einer Organisation, wenn etwa innerhalb einer Firma A sichergestellt ist, dass alle Mitarbeiter auf die von ihren Chefs vorgegebenen Anweisungen in wohl definierter Weise reagieren und durch dieses Zusammenwirken schließlich ein Produkt entsteht (Bild 3.42).

Die Informationen der Chefs, die diese in Anweisungen für die Mitarbeiter umsetzen, stammen letztlich nicht aus der Firma selbst, sondern aus der ökonomischen Umgebung, die wir allgemein als Markt bezeichnen. Dies ist leicht einzusehen, denn willkürliche, nicht den Marktmechanismen gehorchende Entscheidungen der Firmenführer (nicht verkaufbare Produkte) würden unweigerlich zum Bankrott der Firma führen. Die Firma als innere Organisation ist in diesem Sinne ohne Führer. Wesentliche Entscheidungen werden nicht durch die internen Führer, sondern durch das übergeordnete System Markt gefällt. Der Markt als externe übergeordnete Organisation bewirkt für seine untergeordneten Strukturen somit eine Selbstorganisation. Diese Idee steckt hinter dem CIM-Konzept,[4] mit dem das Ziel der bestmöglichen Marktanpassung für solche Unterstrukturen (Firmen) erreicht werden soll. Dies ist nur möglich, wenn sich die Organisationstruktur innerhalb einer Firma ständig an die sie betreffende Marktsituation anpasst. Festgefahrene Führungshierarchien stehen dem im Wege und müssen durch ein flexibleres System ersetzt werden, das allein den Markteinflüssen folgt. Zur Erreichung dieses Optimierungsziels denken wir uns die einzelnen Unterstrukturen einer betreffenden Firma als ein vernetztes Computersystem. Durch Kontrolle aller Ein- und Ausgangsdaten einer jeden Unterstruktur (Abteilung) kann deren Produkteffizienz ermittelt werden.

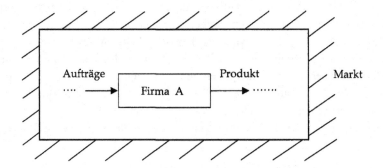

Bild 3.42 Interne (Firma) und externe übergeordnete Organisation (Markt)

---

[4]Concept of Computer Integrated Manufactory $\rightarrow$ verallgemeinerte Netzplantechnik.

Dabei ist eine möglichst ausgewogene Effizienz aller Unterstrukturen durch Umorganisation anzustreben. Insbesondere Abteilungen mit gar nicht vorhandener Produkteffizienz sind zu eliminieren. Wie in einem mechanischen Fachwerk sind Nullstäbe zu ermitteln und zu beseitigen.

In dieser Vorstellung ist eine Firma ein lebendiger Organismus, der sich in seiner Umwelt ständig durch Selbstorganisation neu anpasst. Diese Selbstorganisation wird durch die Eigenschaften der Marktgesetze bewirkt. Übergeordnete Systemeigenschaften sind also auch hier die eigentlichen Entscheidungsträger, genauso wie bei den zuvor studierten technischen und ökologischen Systemen, deren Verhalten durch die Eigenschaften der sie beherrschenden Naturgesetze organisiert wird. In diesem Zusammenhang spielt auch das chaotische Verhalten eine besondere Rolle, denn dieses ist ein Innovationsmechanismus für die Entstehung neuer Strukturen, die eine immer optimalere Selbstorganisation erlauben.

Dieser ganze Prozess kann nur durch einen nie versiegenden Energie- und Stoffstrom aufrechterhalten werden. Der dabei ganz zwangsläufig entstehende Abfall kann energetisch nur durch Abfluss ins Weltall entsorgt (Energie kann weder erzeugt noch vernichtet werden) und stofflich wegen der Endlichkeit der Erde (irdische Masse ist konstant) immer wieder durch Recyclierung beherrscht werden. Der in Abschn. 1.5, Bild 1.15 skizzierte solar angetriebene volkswirtschaftliche Prozess mit Stoffrecycling ist somit keine Utopie, sondern Idealprozess, an dem die Realität zu messen ist.

3.5   Schwellenverhalten und Grenzwerte

Ein volkswirtschaftlicher Prozess ohne Rückwirkungen ist nicht denkbar. Da Rückwirkungen nicht beliebig ertragbar sind, müssen diese beschränkt werden. Diese Beschränkung muss nicht zwangsläufig ein Verbot jeglichen Wirtschaftens („Null-Lösung") zur Folge haben. Voraussetzung ist, dass ein Schwellenverhalten existiert. Dann gibt es auch einen Grenzwert, eine ohne Folgen ertragbare nichtverschwindende Belastung.

Zur Erläuterung betrachten wir ein Dosis/Wirkungs-Modell, das ein solches Schwellenverhalten beschreibt. Dabei denken wir etwa an das Wachsen eines Tumors in einem Individuum, der erst nach einer Latenzzeit T_t (Totzeit) zu wachsen beginnt, die umso größer ist, je kleiner die aufgeprägte Dosisbelastung D ausfällt. Das zur Beschreibung dieser Situation erforderliche Modell muss also ein System mit Wachstum und Totzeit sein. Zur Demonstration des Schwelleneffekts genügt das primitivste System (IT_t) mit diesen Eigenschaften, das durch die Gleichung

$$\dot{W}(t) = \alpha D(t - T_t) \tag{3.55}$$

beschrieben wird [5]. Da nur beschränkte Belastungen ertragen werden können, sind nur konstante Dosisbelastungen $D = D_0$ von Interesse. Eine solche Dosisbelastung D_0 denken

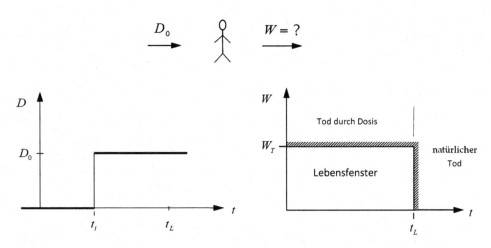

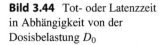

Bild 3.43 Modell-System mit Schwellenverhalten

Bild 3.44 Tot- oder Latenzzeit
in Abhängigkeit von der
Dosisbelastung D_0

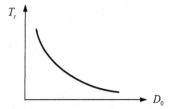

wir uns zu einer beliebigen Zeit $0 < t_i < t_L$ aufgeprägt (Bild 3.43), wobei t_L die natürliche Lebenszeit des betrachteten Individuums ist.

Die Tot- oder Latenzzeit folgt dem Gesetz

$$T_t = A/D_0 \qquad (3.56)$$

das anschaulich in Bild 3.44 dargestellt ist. Der Tod des betrachteten Individuums kann sowohl bei erhöhten Dosisleistungen beim Erreichen der tödlichen Wirkung $W = W_T$ als auch natürlich beim Überschreiten der Lebenszeit $t = t_L$ eintreten.

Unter den so gegebenen Bedingungen lässt sich der zeitliche Verlauf der Wirkung infolge einer zur Zeit t_i aufgeprägten Belastung D_0 leicht mit Hilfe der Dgl. (3.55) berechnen. Die sich in Abhängigkeit der Dosisbelastung D_0 einstellenden Wirkungen

$$W(t) = \alpha D_0 \cdot (t - (t_t + T_t)) \qquad (3.57)$$

sind in Bild 3.45 dargestellt.

Das betrachtete Individuum stirbt infolge einer Dosis D_0, wenn der Rand des Lebensfensters bei $t = t_L$ oder $W = W_T$ erreicht wird.

Bild 3.45 Wirkung $W(t)$
infolge einer zur Zeit t_i
aufgeprägten Dosisbelastung

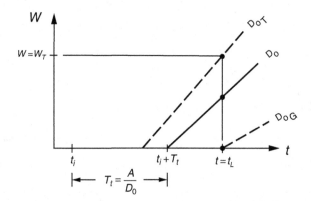

Ist die Belastung so, dass eine Wirkung W bei Erreichen der Lebenszeit t_L gerade noch nicht vorhanden ist, kann diese Belastung $D_0 > 0$ ohne Folgen ertragen werden. Dieser Grenzfall legt die zulässige Dosisbelastung (Grenzwert) D_{0G} fest und kann aus (3.57) unmittelbar zu

$$W(t_L) = 0 = \alpha\, D_{0G} \left\{ t_L - \left(t_i + \frac{A}{D_{0G}} \right) \right\} \quad \rightarrow \quad D_{0G} = \frac{A}{t_L - t_i} \qquad (3.58)$$

berechnet werden. Alle Belastungen $D_0 < D_{0G}$ haben keine Folgen.

Ein anderer Grenzfall liegt vor, wenn das Individuum so stark belastet wird, dass es gerade bei Erreichen seiner natürlichen Lebenserwartung der tödlichen Wirkung $W = W_T$ erliegt. Die zugehörige Dosisbelastung D_{0T} folgt aus (3.57) zu:

$$W(t_L) = W_T = \alpha\, D_{0T} \left\{ t_L - \left(t_i + \frac{A}{D_{0T}} \right) \right\} \quad \rightarrow \quad D_{0T} = \frac{W_T + A\alpha}{\alpha\,(t_L - t_i)} \qquad (3.59)$$

Wird die Dosis D_{0T} überschritten, kommt es zu Verkürzungen der Lebenszeit.

Letztlich interessiert nur die in Bild 3.46 dargestellte Wirkungs-Dosis-Beziehung $W = W(D_0)$, die man aus (3.57) für $t = t_L$ erhält.

Es existiert eine Schwelle, die beim Grenzwert D_{0G} beginnt. Der Übergangsbereich $D_{0G} < D_0 < D_{0T}$, der sich hier wegen der Einfachheit des Modells linear in D_0 zeigt, sollte gemieden werden. Belastungen $0 < D_0 < D_{0G}$ sind dagegen unbedenklich, denn trotz Belastung zeigt sich keine Wirkung.

Hintergrundinformation

Den Wirkungsbereichen $D_{0G} < D_0 < D_{0T}$ und $D_0 > D_{0T}$ sind gesellschaftlichen Institutionen zugeordnet. Im Bereich $D_{0G} < D_0 < D_{0T}$ sind es die Berufsgenossenschaften (Träger der gesetzlichen Unfallversicherungen) und im Bereich mit tödlicher Wirkung $D_0 > D_{0T}$ die Staatsanwaltschaft als Behörde für die Strafverfolgung. Wirkungen im Bereich $D_{0G} < D_0 < D_{0T}$ werden im öffentlichen Leben durch Gerichtsverhandlungen zur Anerkennung von Berufskrankheiten und finanziellen

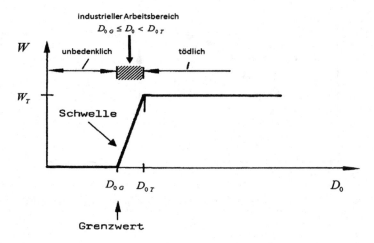

Bild 3.46 Wirkung W in Abhängigkeit von der aufgeprägten Dosis D_0

Entschädigungen wahrgenommen. Im Regelfall wird durch die arbeitsrechtlichen Prozesse ein Vorgang zur Verbesserung der Arbeitsbedingungen hin zu reduzierten Belastungen $D_0 \leq D_{0G}$ ausgelöst.

Unsicherheiten zeigen sich letztlich in der sehr unterschiedlichen Handhabung von Grenzwerten, die zudem – wie auch in unserem Modell – noch von der Lebenserwartung abhängig sind. Noch unüberschaubarer wird die Sache, wenn die Grenzwertfestlegung in das Konfliktfeld zwischen dem Erforderlichen und dem Machbaren gerät. Dann befindet man sich meist schon im Ansteigen der Schwelle. Nur so sind verwaltungstechnisch unterschiedliche Belastungen für verschiedene Personengruppen erklärbar. So ist für das Personal von Kernkraftwerken gegenüber der Restbevölkerung eine höhere Strahlungsbelastung zugelassen. Die in Kauf genommenen Wirkungen werden auf eine kleine Randgruppe begrenzt, die aber nicht von der Restbevölkerung isoliert bleibt. Gerade die Kerntechnik mit ihren genetisch möglichen Folgen zeigt, dass hier Wirkungen einer neuen Qualität zu den somatischen (körperlichen) Wirkungen der bisherigen Technik hinzukommen. Diese sind nur beherrschbar, wenn die radio-aktiven Belastungen unterhalb der Schwellen bleiben, die bereits unsere Vorfahren ertragen haben. Die Existenz dieser Schwellen ergibt sich aus der Tatsache, dass wir in einer natürlich radioaktiven Umwelt überlebt haben[45].

Hintergrundinformation
Die sich in Zeitmaßstäben der Evolution im Zusammenspiel mit der Umwelt eingestellten ertragbaren Grenzwerte müssen generell beachtet werden. Neuartige Belastungen, die unserem Immunsystem unbekannt sind, sollten vermieden werden. Insbesondere die auf den Menschen bezogenen Grenzwerte lassen sich sicher nur am Menschen selbst ermitteln. Stellvertretende Tierversuche sind äußerst problematisch, da die Modellgesetze für die Übertragbarkeit vom Tier auf den Menschen unbekannt sind. Hinzu kommen noch statistische und messtechnische Probleme.

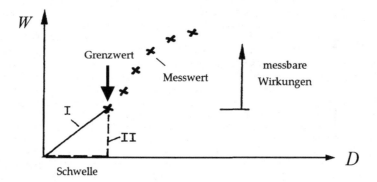

Bild 3.47 Linearitäts- und Schwellenkonzept zur Extrapolation der Messwerte im Bereich schwacher Belastungen

Gerade im Bereich kleiner Dosisbelastungen sind die zugehörigen Wirkungen messtechnisch nicht erfassbar (Bild 3.47). Dies führte je nach Art der vorgenommenen Extrapolation der Messwerte zum Linearitätskonzept (I) bzw. zum Schwellenkonzept (II).

Im Fall I wird die kleinste noch messbare Wirkung mit einer Geraden zum Nullpunkt extrapoliert, und im Fall II wird diese zum Grenzwert erklärt.

Hintergrundinformation

Dieses rein pragmatische Vorgehen führte in der Öffentlichkeit zu heftigsten Kontroversen, da das Linearitätskonzept eine nicht vorhandene Schwelle suggeriert und somit auch Wirkungen bei kleinsten Dosisbelastungen denkbar erscheinen. Schwellen existieren aber für alle Belastungen, die auch schon unsere Vorfahren ertragen haben. Nur beim Emittieren vollkommen neuer Dinge besteht die Gefahr, dass es zu Wirkungen bei kleinsten Belastungen kommt. Dies ist dann der Fall, wenn unser Immunsystem für diese Stoffe noch keine Schwelle ausgebildet hat.

Bisher war nur die Rede von auf Menschen bezogenen Grenzwerten. Die Einhaltung dieser Grenzwerte ist zwar notwendig, aber keineswegs hinreichend. Dies ist mit dem weltweiten Einsatz von Fluorkohlenwasserstoffen (FCKW) als Treibgas, Kälte- oder Lösungsmittel Anfang der 70er-Jahre besonders deutlich geworden.

Die FCKW waren billig und sehr beständig, unbrennbar, geruchlos und ungiftig für den Menschen. Die geringe Toxizität wurde im Labor (Teilsystem des Gesamtsystems) reproduzierbar nachgewiesen [12]. Die realen Dosisbelastungen D_0 für den Menschen liegen weit unterhalb einer irreal hohen Grenzdosis D_{0G} (Bild 3.48).

Trotz der idealen toxischen Befunde hinsichtlich der direkten Einwirkung des FCKW auf den Menschen (Labor) entfaltete dies im Gesamtsystem (Erde) extrem gefährliche Rückwirkungen für alles organische Leben auf der Erde. Freigesetzte Leckagen von FCKW steigen ähnlich wie Wasserstoff und andere Gase bis in die Höhenatmosphäre auf und reagieren dort unter dem Einfluss der hochenergetischen ultravioletten Sonnenstrahlen (UV). Dabei werden im Fall des FCKW Chlor- und Fluor-Radikale freigesetzt, welche die Ozonschicht

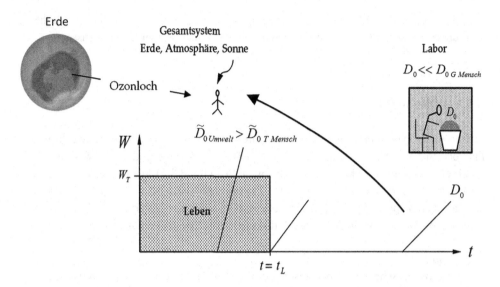

Bild 3.48 Labor und Gesamtsystem

schädigen (Bild 3.48), so dass deren Mechanismus gegen die harte UV-Strahlung zum Schutz des organischen Lebens geschwächt wird, der sich mit der Entwicklung der Erdatmosphäre herausgebildet hat, der biologisches Lebens auf der Erde überhaupt erst ermöglichte.

Diese mit der Schädigung der Ozonschicht entfachten Rückwirkungen führen dazu, dass sich die Dosisbelastungen $D_{0\ Umwelt}$ infolge der veränderten Strahlungs- verhältnisse aufsteilen ($D_{0\ Umwelt} \gg D_{0\ Labor} = D_0$) und in verkürzter Latenzzeit $\left(\overline{T}_{t\ Umwelt} \ll T_{t\ Labor}\right)$ zur Wirkung kommen (Bild 3.48).

Für Menschen in den am stärksten betroffenen Gebieten um die Antarktis (Neuseeland, Australien, . . .) bestand die Gefahr, dass diese vor dem Erreichen des mittleren Lebensal- ters sterben konnten ($W = W_T$ bei $t < t_L$).

Die beobachteten Wirkungen waren Hautkrebs, schwere Augenerkrankungen und Schädigungen des Immunsystems. Bei Pflanzen wurde die Photosynthese gestört (Ern- terückgänge) und in den Meeren kam es zur Reduzierung der Kleinstlebewesen (Phyto- plankton), die am Anfang der Nahrungsketten stehen.

Die Freisetzung von Stoffen mit ozonschichtzerstörender Wirkung (Fluorkohlen- wasserstoff, Wasserstoff [13], . . .) sollten zukünftig vermieden werden. Dazu müssen die Schutzmechanismen der Erde sowohl erkannt als auch beobachtet werden. Auch aus diesem Grund ist die Raumfahrt und die damit mögliche Erdbeobachtung voranzutreiben.

Unser Immunsystem bietet nur Schutz vor Dingen, die unserer Vorfahren schon ertra- gen haben. Dazu gehören neben den erdnahen auch die erdfernen Belastungen, die hinreichend nur in einer gesamtheitlichen Betrachtung erfasst werden können. Die Schwie- rigkeiten beim Erkennen von ozonschutzzerstörenden Stoffen ergeben sich aus der Tatsa- che, dass erst massive Freisetzungen zu messbaren Wirkungen führen. Nach dem Erkennen derartiger negativer Wirkungen sind dann große Verweilzeiten zu ertragen, bis sich diese Wirkungen im Gesamtsystem durch geeignete Maßnahmen wieder abbauen lassen.

3.5.1 Ökobilanz

Immer, wenn man in eine „Sackgasse" gelaufen ist, hilft nur ein Paradigmenwechsel. Im Fall der Sicherheitsphilosophie für extrem hohe Gefährdungspotenziale war dies der Wechsel von aktiven nicht sicheren Systemen (Abschn. 3.3.1) hin zu inhärent sicheren Systemen (Abschn. 3.3.2). Im Fall der Grenzwertproblematik ist dies die Rückbesinnung auf das Minimalprinzip (Kap. 5), die Lebensphilosophie der Naturvölker, die in vollem Einklang mit dem zuvor in Abschn. 3.5 diskutierten Schwellenverhalten steht.

> ▶ **Tipp**
> Wenn wir schon die ökologisch ertragbaren Grenzwerte nicht zuverlässig determinieren können, sollten wir die Belastungen so klein wie möglich halten.

Durch geeignete steuerliche Rahmenbedingungen (Strafe: Verursacherprinzip, Entstrafung: Umweltschutzmaßnahme, Kap. 5) sollte hier ein echter Konkurrenzkampf zur Senkung der Umweltbelastungen entfesselt werden. Dies kann ökonomisch nur funktionieren, wenn der Kaufmann dabei einen Gewinn erzielen kann. Minimieren in diesem Sinne (ökonomisch-ökologisches Wirtschaften → Kap. 5) muss belohnt werden.

Bei diesem Wettkampf sind unbedingt alle entstehenden Teilbelastungen aus Produktion, Bereitstellung und Entsorgung im Rahmen einer Ökobilanz zu berücksichtigen.

Zur Erläuterung der Ökobilanz diskutieren wir beispielhaft die Einführung des Autokatalysators.

Ohne eingebaute Katalysatoren würde der Grenzwert D_G bei $n > N_1$ Autos überschritten. Durch den Einbau der Katalysatoren wird die Dosisbelastung pro Auto reduziert, so dass bei gleicher Anzahl N_1 der Autos die Gesamtdosisbelastung D unterhalb des Grenzwertes $D < D_G$ liegt.

Durch eine Vermehrung auf $n = N_2$ Kat-Autos wird der Grenzwert D_G wieder erreicht und schließlich bei einer weiteren Steigerung auf $n > N_2$ trotz der eingebauten Katalysatoren überschritten (Bild 3.49).

Dies zeigt, dass bei unbeschränktem Wachstum jede Umweltmaßnahme versagen muss, da technisch nie eine vollkommene Reduzierung der Umweltbelastungen erreicht werden kann. In den hochentwickelten Industriestaaten ist eine Stabilisierung der Bevölkerung zu beobachten, so dass prinzipiell in den Industrieländern mit schwindendem Bevölkerungswachstum das ökologische Ziel $D \leq D_G$ erreicht werden kann.

Bei einer Gesamtdosisbelastung D ist die Produktion, Bereitstellung und Entsorgung der Katalysatoren zu berücksichtigen.

Bild 3.49 Überschreitung des Grenzwertes D_G trotz Einbau von Katalysatoren bei Nichtbeachtung des Wachstums

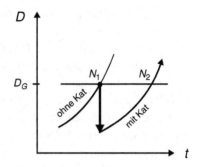

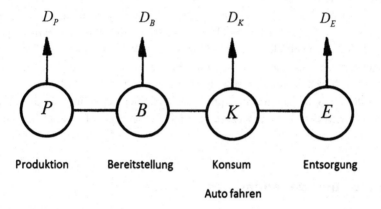

Produktion   Bereitstellung   Konsum   Entsorgung

Auto fahren

Bild 3.50 Ökobilanz für Katalysator

Die hierbei entstehenden zusätzlichen Umweltbelastungen sind in die Ökobilanz für den Katalysator aufzunehmen, die in Bild 3.50 schematisch dargestellt sind.

Aus einer solchen Ökobilanz kann dann die tatsächliche ökologische Anforderung an die Katalysatoren

$$D_P + D_B + D_K + D_E \leq D_G \tag{3.60}$$

entnommen werden.

Beim Erreichen der maximalen Anzahl an Fahrzeugen ($N \rightarrow N_{max}$) in einer zahlenmäßig beschränkten Gesellschaft, muss der produzierte Katalysator insgesamt die Bedingung

$$D_K \leq D_G - (D_P + D_B + D_E) \tag{3.61}$$

erfüllen. Die Grenzdosis D_G ist unter Beachtung der **P**roduktion, der **B**ereitstellung und der **E**ntsorgung entsprechend (3.61) zu reduzieren.

3.5.2   Verwaltungs- und Genehmigungsvorschriften

In der Vergangenheit wurden Produktionen allein mit dem Ziel einer möglichst guten Vermarktung der Produkte erdacht. Dabei entstehende ökologische Sofort- und Langzeitbelastungen wurden gar nicht oder erst unter dem Druck entstandener akuter Bedrohungen beachtet. Insbesondere spektakuläre Störfälle und immer größer werdende Gefahrenpotenziale haben dazu geführt, dass Produktionen einer Genehmigung bedürfen. Solche Genehmigungsverfahren sind jedoch nur durchführbar, wenn es dafür Vorschriften gibt.

Hierzu müssen Grenzwerte vorliegen, die meistens unbekannt sind. Um das Wirtschaften nicht zu gefährden, werden verwaltungstechnische Grenzwerte zwischen den Betreibern von Produktionsanlagen und den Genehmigungsbehörden bzw. deren übergeordneten Behörden ausgehandelt, die somit nur Pseudo-Grenzwerte sein können. Diese ganze Vorgehensweise, die sich so historisch entwickelt hat, ist stark subjektiv geprägt und dilettantisch. Ein Umweltschutz im Nachhinein, der dem volkswirtschaftlichen Prozess alter Prägung immer hinterherhinkt, kann nur Flickwerk sein. Dieses Dilemma kann man nur durch neue Verhaltensweisen beseitigen, die mit verbindlichen Rahmenbedingungen unter Nutzung des Selbstorganisationsprozesses und einer Belohnung der Sieger im Wettkampf nach dem Minimalprinzip zu gestalten sind. Schon bei der Planung einer Produktion muss das Minimalprinzip (Kap. 5) greifen.

Ergänzende und weiterführende Literatur

1. N. N.: Reactor Safety Study; An Assessment of Accident Risks in U.S. Commercial Nuclear Power Plants.WASH-1400 (NURER 75/014), October 1975
2. N. N.: Zur friedlichen Nutzung der Kernenergie. 2. Aufl. Bonn: BMFT1978
3. Schrüfer, E.: Zuverlässigkeit von Mess- und Automatisierungsein- richtungen. München, Wien: Carl Hanser 1984
4. Unger, J. / Hurtado, A.: Energie, Ökologie und Unvernunft. Springer 2013
5. Unger, J: Einführung in die Regelungstechnik. 3. Aufl. Wiesbaden: Teubner 2004
6. Unger, J.: Konvektionsströmungen. Stuttgart: Teubner 1988
7. Haken, H.: Synergetik. Berlin, Heidelberg, New York, Tokyo: Springer 1990
8. N.N.: UN-DESA, Population Division 2015
9. Braun, M.: Differentialgleichungen und ihre Anwendungen. 2. Aufl. Berlin, Heidelberg, New York: Springer 1991
10. Unger, J. / Simon, D.: Populationen regenerativer Systeme. Inst. f. Mechanik, TUD, April 2002
11. Unger, J.: Eine Betrachtung über Industriepopulationen. Querschnitt Nr. 14, FHD, August 2000
12. N.N.: Frigen-Handbuch, Sicherheitskältemittel. Farbwerke Höchst, 1962
13. Yung, Y. L.: Potential Environmental Impact of a Hydrogen Economy on the Stratosphere. Science 2003, 300, 1740–1742

Ethik

4

Zusammenfassung

Die Diskussion der umweltrelevanten Beurteilungskriterien hat gezeigt, dass die Probleme allein quantitativ nicht zu meistern sind. Die aufgezeigten Auswege sind deshalb qualitativer Natur (naturgesetzliche Eigenschaften: inhärent sichere Systeme, Selbstorganisation, Minimalprinzip).

Neben den klassischen Abhängigkeiten der Produktion von Arbeit und Kapital, muss es auch eine Abhängigkeit von Technik und Ökologie geben:

$$P = P\left(A,K,T,\ddot{O}\right)$$

$$\text{mit Nebenbedingung } N\left(T,\ddot{O}\right) \quad \rightarrow \quad T_{zul} \subset T$$

Dabei wird durch die Nebenbedingung die Technik von der Ökologie so beschränkt, dass die Technik unser Leben weder bedroht noch einschränkt. Neue oder erweiterte Produktionen sind somit an den umweltrelevanten Fortschritt der Technik geknüpft. Wachstum ist nur noch zulässig, wenn die Technik hinreichend umweltrelevante Fortschritte macht [1, 2, 3].

Zur Veranschaulichung stellen wir die Situation in dem 4-Ebenen-Modell nach Bild 4.1 dar.

Die Kosten-Ebene ist die Domäne der Kaufleute, die für den richtigen Einsatz von Arbeit und Kapital zuständig sind. In der Technik-Ebene sorgen die Ingenieure für den erforderlichen Masse- und Energiefluss. Die Ökologen registrieren in der Umwelt-Ebene die von den beiden oberen Ebenen verursachten Schädigungen, die schließlich in der Ethik-Ebene Rahmenbedingungen induzieren, die selbstorganisierend das Gesamtsystem

© Springer Fachmedien Wiesbaden GmbH, ein Teil von Springer Nature 2020
J. Unger et al., *Alternative Energietechnik*,
https://doi.org/10.1007/978-3-658-27465-8_4

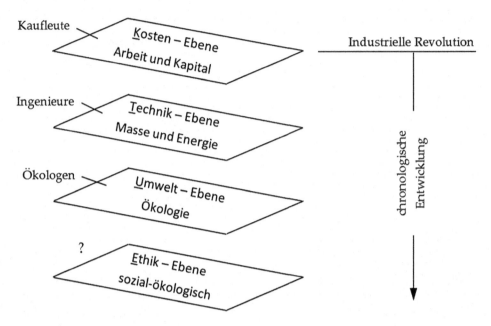

Bild 4.1 K, T, U, E – Ebenen

auf Überlebenskurs halten. Umweltpositives Verhalten wird mit dem bewährten Kosten-instrumentarium Minimalprinzip belohnt und umweltgefährdendes Verhalten entsprechend bestraft.

Die mit der industriellen Revolution begonnene chronologische Entwicklung der K, T, U, E – Ebenen muss durch Vorgabe der ökologischen Inhalte (Rahmenbedingungen) in der Ethik-Ebene vorangebracht werden.

Insgesamt kann man sich das Ebenen-System auch als Regelkreis (Bild 4.2) vorstellen, der richtig programmiert (Rahmenbedingungen) derart selbstoptimierend arbeitet, dass einerseits durch menschliches Wirtschaften die Erreichung eines hohen Lebensstandards möglich ist, andererseits aber durch eine sinnvolle Beschränkung dieser Aktivitäten in Abhängigkeit vom umweltrelevanten Fortschritt das Leben dennoch weder bedroht noch sonderlich eingeengt wird.

Dabei wird die Fortschrittsgeschwindigkeit hin zu einer sozial-ökologischen Marktwirtschaft technologisch nur durch den jeweiligen Stand von Naturwissenschaft und Technik begrenzt, die derzeit im Rahmen des EEG mit dessen planwirtschaftlichen Instrumentarium jedoch gebremst wird.

Bild 4.2 Regelkreis einer
sozial-ökologischen
Marktwirtschaft

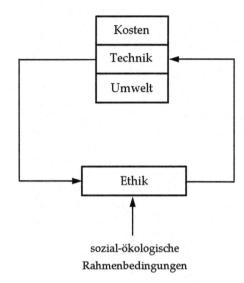

Ergänzende und weiterführende Literatur

1. Streffer, C./Witt, A./Gethmann, C. F./Heinloth, K./Rumpff, K.: Ethische Probleme einer langfristigen globalen Energie- versorgung. Berlin/New York: Walter de Gruyter 2005
2. Schulze, G.: Ungewissheit, Risiko, Moral: Wie wir mit Dilemmas umgehen. 45. Kraftwerkstechnisches Kolloquium im Oktober 2013, Dresden
3. Joerges, B.: Ein früher Fall von Technology Assessment oder die ver- lorene Expertise. Frankfurt: Suhrkamp 1996

Ökonomisch-ökologisches Wirtschaften

5

Zusammenfassung

Der zur Befriedigung unserer Bedürfnisse erforderliche volkswirtschaftliche Prozess kann dauerhaft nur bei Beachtung der globalen ökonomisch-ökologischen Zusammenhänge betrieben werden. Die Zivilisation muss verträglich in die natürlichen Mechanismen eingebettet sein. Je besser alle anthropogenen Aktivitäten dem solar angetriebenen volkswirtschaftlichen Idealprozess (Bild 1.15, Abschn. 1.5) entsprechen, umso geringer sind die Rückwirkungen, die unter drastischer Abweichung vom Idealprozess zur ernsthaften Bedrohung der Zivilisation selbst anwachsen können. Die zulässigen Aktivitäten sind begrenzt durch das sich im Laufe der Evolution herausgebildete Schwellenverhalten, das letztlich menschliches Handeln legitimiert.

Im Rahmen der „Alternativen Technik" wurde sowohl ein energetisch durch ständig steigenden Energieeinsatz rückwirkungsfrei gehaltenes Wirtschaftssystem als auch eine genetische Anpassung des Menschen an die durch die Technik veränderte Umwelt ausgeschlossen (Kap. 1). Dies begrenzt das primitive (quantitative) Wachstum. Wachstum ist nur qualitativ, angepasst an den umweltrelevanten Fortschritt der Technik zugelassen. Da die globalen Schwellenwerte im Allgemeinen unbekannt sind, ist nach dem Minimalprinzip zu wirtschaften, das durch Selbstorganisation unter Vorgabe der richtigen Rahmenbedingungen und durch Belohnung des synergetisch lebensfördernden Verhaltens realisiert wird.

Dies ist das humane Optimierungsziel (Abschn. 1.7), welches das derzeitige darwinistische Wirtschaften ablösen muss. Mit dieser Vorgehensweise wird auch die prinzipiell nicht mögliche umweltrelevante Beurteilung („Nicht-Quanti-fizierbarkeit") durch Abbildung auf eine einzige Vergleichsgröße (Umweltindex) umgangen, die doch nur eine Pseudobewertung sein könnte, da die ganz unterschiedlichen Qualitäten sich letztlich nur subjektiv bewerten lassen.

© Springer Fachmedien Wiesbaden GmbH, ein Teil von Springer Nature 2020
J. Unger et al., *Alternative Energietechnik*,
https://doi.org/10.1007/978-3-658-27465-8_5

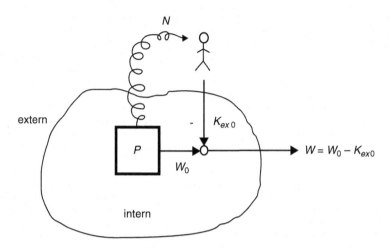

Bild 5.1 Externe Kosten K_{ex0} durch das Nebenprodukt N der Produktion P

Außerdem wird bei einem Wirtschaften nach dem Minimalprinzip mit Belohnung ($D \rightarrow D_G$) das Dilemma der externen Kosten (Kosten für Erkrankungen der Atemwege durch die Fossiltechnik, Gebäudeschäden, ...) entschärft.

Um die Selbstorganisation in Verknüpfung mit dem Minimalprinzip konkret zeigen zu können, betrachten wir den in Bild 5.1 dargestellten internen Produktionsprozess P mit dem schädlichen Nebenprodukt N, das auf die externe Umgebung einwirkt. Die entstehenden externen Kosten K_{ex0} sind per Gesetz nach dem Verursacherprinzip (Internalisierung der externen Kosten) vom produzierenden Unternehmen zu bezahlen. Damit kommt es zu einer Minderung der Wertschöpfung des Unternehmens.

Anstelle der Wertschöpfung W_0 ohne Berücksichtigung der externen Kosten wird bei Durchsetzung des Verursacherprinzips nur noch die um die externen Kosten verminderte Wertschöpfung

$$W = W_0 - K_{ex0} < W_0 \qquad (5.1)$$

erreicht. Die zu zahlenden externen Kosten $K_{ex\,0}$ müssen bei unverändertem Produktionsprozess als Strafe etwa in Form einer ökologischen Steuer hingenommen werden. Diese Strafe ist aber nicht unabwendbar. Etwa durch Reduzierung des schädlichen Nebenprodukts mit Hilfe einer Verbesserung des Produktionsprozesses oder der Einführung geeigneter Umweltschutzmaßnahmen kann die zu ertragende Strafe vom Unternehmen selbst gesteuert werden, denn die Reduzierung des Nebenprodukts ($N \rightarrow N_{red}$) hat auch eine Reduzierung der externen Kosten ($K_{ex\,0} \rightarrow K_{ex} < K_{ex0}$) zur Folge (Bild 5.2). Da für die Prozessverbesserung bzw. für die Umweltschutzmaßnahme unvermeidlich zusätzliche technologische Kosten K_T entstehen, ist ein wirtschaftlicher Anreiz für eine ökologische Verbesserung jedoch nur gegeben, wenn für die reduzierten externen Kosten K_{ex} vermehrt

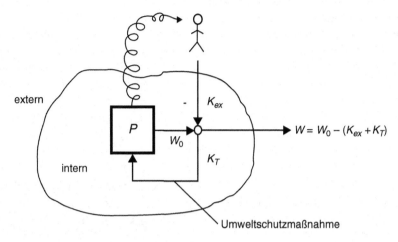

Bild 5.2 Reduzierte externe Kosten K_{ex} durch technologisch reduziertes Nebenprodukt N_{red} des Produktionsprozesses P

um die technologischen Kosten K_T kleiner als externen Kosten $K_{ex\,0}$ ohne Umweltmaßnahme ausfallen:

$$K_{ex} + K_T < K_{ex0} \tag{5.2}$$

Nur wenn es den Ingenieuren des Unternehmens gelingt, die Ungleichung (5.2) zu erfüllen, setzt der gewünschte Selbstorganisationsprozess ein, da dann und nur dann mit

$$\Delta K = K_{ex0} - (K_{ex} + K_T) > 0 \tag{5.3}$$

sich für den zuständigen Kaufmann und damit auch für das Unternehmen die technologische Maßnahme hin zu geringeren externen Belastungen schließlich als gewinnbringend erweist.

Wir zeigen diesen anzustrebenden Selbstorganisationsprozess nun im Detail. Zur Darstellung der externen Kosten wird von einem Modell für das Nebenprodukt N ausgegangen, das sowohl einen verbesserten Produktionsprozess (aktive Maßnahme) als auch Verbesserungen durch technische Rückhaltverfahren (passive Maßnahme: Filter, ...) beschreibt, wobei eine mögliche natürliche Selbstreinigung durch das die Produktionsstätte umschließende Ökosystem berücksichtigt wird. Es wird eine sich einstellende homogene Verschmutzungskonzentration V unterstellt, die mit Hilfe der einfachen Bilanz- oder Speichergleichung

$$\dot{V} = \frac{dV}{dt} = \dot{V}_P - \dot{V}_T - \dot{V}_n \tag{5.4}$$

berechnet werden kann (Bild 5.3).

Bild 5.3 Bilanzierung der
Verschmutzungskonzentration
V, hervorgerufen durch das
Nebenprodukt N des
Produktionsprozesses P

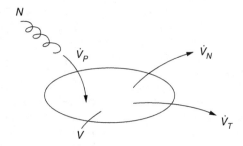

Mit der beim Produktionsprozess freigesetzten Verschmutzungsrate $\dot{V}_P$ proportional zur Produktion P, der limitierten natürlichen Entsorgungsrate $\dot{V}_N \leq \dot{V}_{N\,max}$ und der technischen Rückhalterate $\dot{V}_T$ proportional zur Verschmutzungskonzentration V selbst, gilt

$$\dot{V} + r_T V = pP - \dot{V}_N \qquad (5.5)$$

wobei durch den Parameter $p = \dot{V}_P/P$ die Güte des Produktionsprozesses und durch den Parameter $r_T = \dot{V}_T/V$ die Güte des technischen Rückhalteprozesses beschrieben wird. Die sich stationär ($\dot{V} = 0$) einstellende Verschmutzungskonzentration ergibt sich dann zu

$$V = V_\infty = \frac{1}{r_T}\left(pP - \dot{V}_N\right) \qquad (5.6)$$

und ist bei vorgegebener Produktion P und natürlicher Entsorgungsrate $\dot{V}_N$ nur abhängig vom Produktionsparameter p und dem Rückhalteparameter r_T.

Ganz nebenbei erkennen wir, dass ohne zusätzlichen Rückhalteprozess ($r_T = 0$) und einer starken Produktion, die nicht durch die Selbstentsorgung des Ökosystems in ihren Folgen begrenzt wird, die Verschmutzungskonzentration mit der Zeit t ansteigt, die externe Umgebung immer stärker belastet wird.

$$\dot{V} = pP - \dot{V}_{N\,max} \quad \rightarrow \quad V = \left(pP - \dot{V}_{N\,max}\right) t \qquad (5.7)$$

Ohne zusätzliche technische Reinigung oder Rückhaltung ist nur eine beschränkte Produktion $P < \dot{V}_{N\,max}/p$ zulässig, so dass die natürliche Selbstentsorgung hinreichend ist.

Mit technischer ($r_T > 0$) und maximaler natürlicher ($\dot{V}_{N\,max}$) Rückhaltung kann die beschränkte Verschmutzungskonzentration $V = \left(pP - \dot{V}_{N\,max}\right)/r_T$ erreicht werden (Bild 5.4).

Die Wirkung W der sich so einstellenden homogenen Verschmutzung $0 < V = V_\infty < \infty$ bei starker Produktion $P > \dot{V}_{N\,max}/p$ auf die in der Umgebung des Produktionsstandorts lebenden Menschen beschreiben wir exemplarisch mit dem Wirkungs-Dosis-Modell (Abschn. 3.5), das davon ausgeht, dass die Menschen nur in einer beschränkt verschmutz-

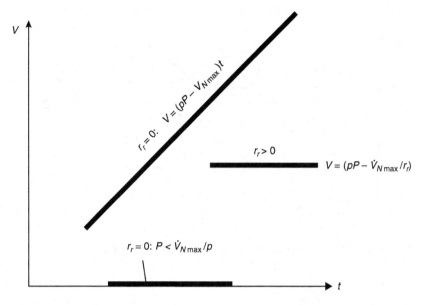

Bild 5.4 Sich einstellende Verschmutzungskonzentration V mit und ohne technische Reinigung oder Rückhaltung

ten Umwelt dauerhaft überleben können. Sie erkranken, wenn die Dosisbelastung oder Verschmutzungskonzentration $D_0 = V_\infty \left(r_T, p, \dot{V}_N, P \right)$ den Grenzwert $D_{0\,G}$ überschreitet, wobei die Krankheit nach einer Latenz- oder Totzeit T_t ausbricht, die sich umgekehrt proportional zur belastenden Dosis verhält.

Das bereits in Abschn. 3.5 vorgestellte Modell wird mathematisch durch die Basisgleichung

$$\frac{dW}{dt} = \dot{W}(t) = \alpha D_0 \left(t - T_t \right) \tag{5.8}$$

beschrieben. Die Lösungen $W(t)$ von (5.8) vereinfachen sich, wenn wir zusätzlich unterstellen, dass die betroffenen Individuen über die gesamte Lebenszeit der beschränkten Dosisbelastungen D_0 ausgesetzt sind. Es ergeben sich dann die Wirkungen

$$W(t) = \alpha D_0 \left(t - \frac{A}{D_0} \right) \tag{5.9}$$

die sich nur durch die aufgeprägten Dosiswerte D_0 unterscheiden, die in Bild 5.5 dargestellt sind.

Ist die Latenz- oder Totzeit gerade so groß wie die natürliche Lebenserwartung ($T_t = t_L$), wird die zugehörige Dosis D_0 gerade ohne jegliche Wirkung ($W = 0$) ertragen. Diese ausgezeichnete Dosis ist die Grenzdosis $D_{0\,G}$, die sich unmittelbar mit $W(t = t_L) = 0 = \alpha D_0 \left(t_L - A/D_0 \right)$ aus (5.9) zu

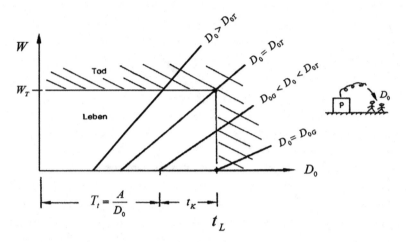

Bild 5.5 Wirkungen $W(t)$ infolge unterschiedlicher Dosisbelastungen D_0

$$D_{0G} = A/t_0 \qquad\qquad (5.10)$$

ergibt. Bei allen Belastungen $D_0 < D_{0\,G}$ treten keinerlei Erkrankungen auf.

Ein weiterer Grenzfall liegt vor, wenn zur Zeit $t = t_L$ gerade die tödliche Wirkung $(W = W_T)$ erreicht wird. Die hierzu gehörige Dosis $D_{0\,T}$ folgt aus W $(t = t_L) = W_T = \alpha D_0 (t_L - A/D_0)$ zu:

$$D_{0T} = \frac{W_T + \alpha A}{\alpha t_L} \qquad\qquad (5.11)$$

Für Dosiswerte $D_0 > D_{0\,T}$ werden die Wirkungen schließlich so stark, dass es zu Verkürzungen der Lebenszeit kommt.

Die letztlich interessierende Wirkungs-Dosis-Beziehung, die das typische Schwellenverhalten zeigt, das bei den folgenden Überlegungen und Aussagen vorausgesetzt wird, ist in Bild 5.6 skizziert. Der Bereich der Erkrankungen mit Belastungen $D_{0\,G} < D_0 < D_{0\,T}$ wird nach dem Überschreiten der Schwelle mit $D_0 > D_{0\,G}$ erreicht.

Über die Erkrankungszeit t_K der betroffenen Individuen kann schließlich auf die externen Kosten K_{ex} in Abhängigkeit von der Dosisbelastung D_0 geschlossen werden. Diese ergibt sich nach Bild 5.5 für die hier interessierenden Dosisbelastungen $D_{0\,G} < D_0 < D_{0\,T}$ zu

$$t_K = t_L - T_t = t_L - \frac{A}{D_0} \qquad\qquad (5.12)$$

so dass für die mit der Produktion P aufgeprägten Belastungen D_0 die Krankheitskosten

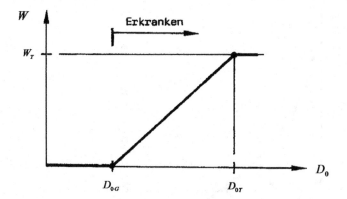

Bild 5.6 Wirkungs-Dosis-Beziehung mit Schwellenverhalten

Bild 5.7 Externe Kosten K_{ex} in Abhängigkeit von den durch die Produktion P entstandenen Dosisbelastungen $0 \leq D_0 \leq D_{0\,T}$

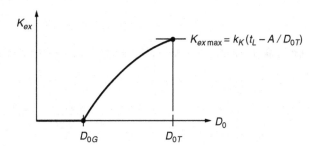

$$K_{ex} = k_K\, t_K = k_K(t_L - A/D_0) = K_{ex}(D_0) \qquad (5.13)$$

entstehen, die in Bild 5.7 dargestellt sind. Zur einfachen Beschreibung werden hier die proportional zur Erkrankungszeit t_K entstehenden Kosten K_{ex} mit einem zeitlich gemittelten Kostenfaktor (k_K = Kosten/Zeit) für das betroffene Kollektiv erkrankter Menschen beschrieben.

Das typische Schwellenverhalten der Wirkungs-Dosis-Beziehung prägt auch das Verhalten der externen Kosten, die somit ein Schwellenverhalten zeigen. Für Dosisbelastungen $0 \leq D_0 \leq D_{0\,G}$ verschwinden die externen Kosten, da unterhalb des Grenzwertes $D_{0\,G} = A/t_L$ keine Erkrankungen auftreten.

Nun sind noch die Kosten für die technologischen Maßnahmen zur Reduzierung der Dosisbelastung anzugeben. Ausgehend von der Produktion ohne Schutzmaßnahme mit der Dosisbelastung D_0^* im Erkrankungsbereich $D_{0\,G} < D_0 < D_{0\,T}$, können die technologischen Kosten K_T zur Dosisreduzierung auf Werte $D_0 < D_0^*$ global etwa durch

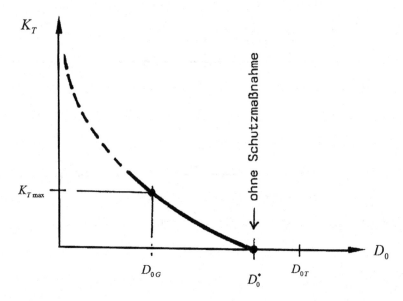

Bild 5.8 Technologische Kosten K_T in Abhängigkeit von der jeweils erreichten Dosisbelastung D_0

$$K_T = K_{T\,\text{max}} \frac{D_{0\,G}}{1 - D_{0\,G}/D_0^*} \left(\frac{1}{D_0} - \frac{1}{D_0^*} \right) \tag{5.14}$$

beschrieben werden. Die Darstellung dieser Kosten K_T in Abhängigkeit der jeweils realisierten Dosisbelastung D_0 in Bild 5.8 zeigt, dass diese Kosten nach (5.14) bei unterbliebener Schutzmaßnahme gerade verschwinden, bei Dosisreduzierung monoton ansteigen und schließlich für $D_0 \rightarrow 0$ (Nullbelastung) über alle Grenzen anwachsen.

Eine Nullbelastung ist nie realisierbar. Diese ist aber auch nicht erforderlich, da aufgrund des vorhandenen Schwellenverhaltens alle technologischen Anstrengungen für Belastungen $D_0 < D_{0\,G}$ unsinnig sind, da unterhalb des Grenzwertes $D_{0\,G}$ keine Erkrankungen auftreten. Die vom produzierenden Unternehmen aufzubringenden technologischen Kosten sind somit beschränkt und erreichen ihren größten Wert $K_T = K_{T\,\text{max}}$, wenn die Dosisreduzierung bis hin zum Grenzwert $D_{0\,G}$ realisiert wird.

Schließlich kann additiv für die Gesamtkosten

$$K_{ex} + K_T = k_K \left(t_L - \frac{A}{D_0} \right) + K_{T\,\text{max}} \frac{D_{0\,G}}{1 - D_{o\,G}/D_0^*} \left(\frac{1}{D_0} - \frac{1}{D_0^*} \right) \tag{5.15}$$

geschrieben und der Schlüssel zum Verständnis des Selbstorganisationsprozesses gefunden werden. Der Selbstorganisationsprozess setzt ein, wenn die eingangs formulierte Ungleichung (5.3) erfüllt und damit der wirtschaftliche Anreiz $\Delta K > 0$ gegeben ist. Konkret ist

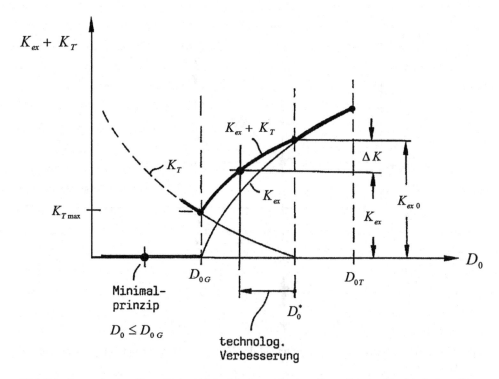

Bild 5.9 Gesamtkosten $K_{ex} + K_T$ in Abhängigkeit von der jeweils realisierten Dosisbelastung D_0

dies der Fall, wenn die Gesamtkosten $K_{ex} + K_T$ bei der Reduzierung der Dosisbelastung D_0 monoton fallen (Bild 5.9), die Steigung der Gesamtkostenkurve positiv ist.

Im Detail kann aus der Ableitung

$$\frac{d(K_{ex} + K_T)}{dD_0} \geq 0 \quad \rightarrow K_{T\,max} \leq k_K A \, \frac{1 - D_0{}_G/D_0^*}{D_{oG}} \tag{5.16}$$

konkret die zu erfüllenden ökonomische Ungleichung (5.16) gewonnen werden, die zu erfüllen ist, wenn der Selbstorganisationsprozess in Gang gesetzt werden soll. Die Erfüllung dieser Ungleichung (5.16) ist Aufgabe der Ingenieure des produzierenden Betriebs. Der Betrieb produziert nach dem Minimalprinzip, wenn keine Erkrankungen auftreten ($K_{ex} = 0$), die Belastungen im Bereich $D_0 \leq D_0{}_G$ liegen (Bild 5.9). Bei Vorgabe des Verursacherprinzips als Rahmenbedingung läuft der Selbstorganisationsprozess mit $\Delta K \rightarrow \Delta K_{max}$ ganz selbstständig von D_0^* nach $D_0{}_G$. (Bild 5.10)

Der maximale wirtschaftliche Anreiz ΔK_{max} führt zur ökologischen Verbesserung bis hin zum Grenzwert D_{oG}. Die Gesamtkosten werden bei Reduzierung auf die technologischen Maximalkosten K_{Tmax} minimal, dass Minimalprinzip wird damit gerade voll ausgeschöpft.

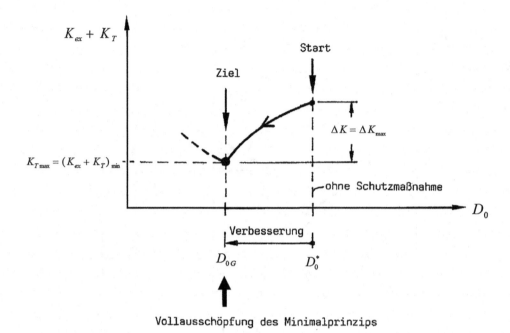

Bild 5.10 Selbstorganisationsprozess aufgrund des Verursacherprinzips mit voller Ausschöpfung des Minimalprinzips

Das ökologische Ziel stimmt mit dem kaufmännischen Ziel überein. Das Unternehmen wird für seine ökologische Anstrengung belohnt. Die Vorgabe des ökonomischen Verursacherprinzips führt ganz zwangsläufig zur Erfüllung des ökologischen Minimalprinzips.

Energiewirtschaft

6

Zusammenfassung

Um konkrete Aussagen über sinnvolle Maßnahmen hin zu einer ökologisch geprägten Energiewirtschaft machen zu können, wird der energiewirtschaftliche Ausgangszustand im Nachkriegsdeutschland betrachtet. Dabei beschränken wir uns zunächst ganz bewusst auf die BRD (alte Bundesländer) als typisches Industrieland, das durch die Entwicklung neuer bzw. verbesserter Verfahren und Produkte im Rahmen des Welthandels bestehen konnte.

Mit der im Nachkriegsdeutschland gelebten sozialen Marktwirtschaft konnte die BRD einen sowohl energetischen als auch ökologischen Vorsprung gegenüber allen Westländern erreichen. Die sehr viel geringere Effizienz bei der Nutzung der Energie in den Ostländern im Vergleich zu den Westländern ist eine unmittelbare Folge der sehr unterschiedlichen politischen Rahmenbedingungen in Ost (Planwirtschaft) und West (Marktwirtschaft). Wie in Bild 6.1 dargestellt, war die BRD in der Wiederaufbauphase nach dem Weltkrieg offensichtlich energetisch auf dem richtigen Weg.

Der gravierende Unterschied zwischen den Ost- und Westländern spiegelte sich auch im Verhältnis zwischen den parallel zueinander existierenden deutschen Teilstaaten BRD und DDR. Trotz einer deutlich geringeren wirtschaftlichen Leistung war die Umweltbelastung in der DDR weitaus größer als in der BRD. In der BRD wurde beginnend mit den 60er-Jahren der Umweltschutz als staatliche Gemeinschaftsaufgabe begriffen, so dass signifikante ökologische Verbesserungen auch in der Energiewirtschaft erreicht werden konnten [1].

© Springer Fachmedien Wiesbaden GmbH, ein Teil von Springer Nature 2020   167
J. Unger et al., *Alternative Energietechnik*,
https://doi.org/10.1007/978-3-658-27465-8_6

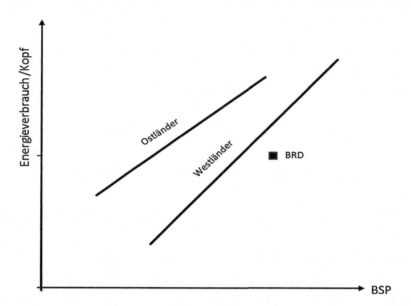

Bild 6.1 Jährlicher Energiebedarf/Kopf in Abhängigkeit vom erwirtschafteten Bruttosozialprodukt

---

6.1   Energiewirtschaft in der BRD

In der Wiederaufbauphase der BRD konnte über Jahrzehnte eine direkte Verknüpfung des Bruttosozialproduktes (*BSP*) mit dem Einsatz an Primärenergie (*PEB*)[1] festgestellt werden. In diesem Zeitabschnitt bis zur 1. Ölkrise war somit auch das Verhältnis $f = BSP/PEB$ (Abschn. 2.2.1) zwischen dem erwirtschafteten *BSP* und des dazu aufgewendeten *PEB* nahezu konstant (Bild 6.2).

Auch die Planungen der Energiewirtschaft waren an diese Proportionalität $PEB \sim BSP$ und ein möglichst gleichförmiges Wachstum des Bruttosozialprodukts geknüpft. Die Ursache für diese Proportionalität war der modulhafte Aufbau der Nachkriegsindustrie (unveränderte Produktionsverfahren und Energieprozesse im Zeitabschnitt der Aufbauphase). Durch die vom Ölpreis-Schock ausgelösten energetischen Rationalisierungsmaßnahmen wurde eine Entkopplung des Primärenergieeinsatzes vom Bruttosozialprodukt eingeleitet.

Dennoch blieb der Zahlenwert des Kosten/Energie-Umrechnungsfaktors nahezu unverändert (Bild 6.2), was anzeigt, dass tiefergehende Rationalisierungen dennoch nicht stattgefunden haben (Bild 6.3). Bis zur Wiedervereinigung konnte in der BRD ein sich stabilisierender Primärenergiebedarf pro Jahr von[2]

---

[1]Da Energie weder verbraucht noch erzeugt werden kann, wurde hier die physikalisch unzutreffende Beschreibung Primärenergieverbrauchs (PEV) durch Primärenergiebedarf (PEB) ersetzt.

[2]1 kg SKE: = 8,14 kWh, SKE: Steinkohleeinheit.

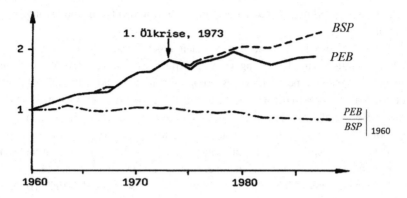

Bild 6.2 Zeitliche Entwicklung des Bruttosozialprodukts (BSP) und des Primärener- giebedarfs (PEB) im Nachkriegsdeutschland, bezogen auf die Situation 1960

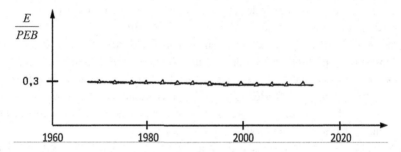

Bild 6.3 Zur Effizienz der Primärenergienutzung in der BRD und D

$$PEB \; = \; 400 \cdot 10^6 \, t \, SKE \; = \; 3,3 \cdot 10^{12} \, kWh$$

beobachtet werden, der sich wie folgt aufschlüsselte:

Strom: 0,4 *PEV*
Treibstoff: 0,2 *PEV*
Raumwärme: 0,2 *PEV*
Prozesswärme: 0,2 *PEV*

Die dabei entstandenen Kohlendioxidemissionen in der BRD von rund $800 \cdot 10^6 \, t \, CO_2/a$ [2] sind zwar brennstoffabhängig, verteilen sich aber prozentual grob nach dem obigen *PEB*- Schlüssel, da Kohle und Erdöl als Primärenergieträger dominant waren.

In dieser Zeit stand die Luftverschmutzung durch das Verbrennen von Kohle und Erdöl im Vordergrund. Die Reduzierung der Verbrennung von Kohle und Öl zum Erreichen einer geringeren Luftverschmutzung war das Hauptziel, das mit der Freisetzung des CO_2 verknüpft war. Durch die Ölkrise (1973) wurden diese Einsparmaßnahmen zusätzlich beflügelt. Die damit verknüpfte Reduktion hatte nichts mit den Klimaüberlegungen unserer Tage zu tun.

Zum Erreichen dieses Ziels standen aus damaliger Sicht auf der Erzeugerseite die Nutzung der Kraft-Wärme-Kopplung (Wärme-Kraft/Heiz-Werke, BHKW) und auf der Verbraucherseite Maßnahmen zur Verbesserung der Energieausnutzung im Fokus.

Mit einer realistischen Reduzierung der Raumwärme durch Wärmeschutz der Gebäude und bessere Heizgeräte auf ein 1/3 der ursprünglichen Raumwärme hätte man eine Einsparung von 13 % des *PEB*, dem eine CO_2-Reduzierung von ebenfalls etwa 13 % ($100 \cdot 10^6\ t\ CO_2$) entspricht, erreichen können. Dem stand eine unrealistische Senkung des Stromverbrauchs (Mehrverbrauch einer immer elektrischer werdenden Welt trotz energie-defensiverer Verbraucher) um 10 % mit einer Absenkung des *PEB* von nur 4 % gegenüber.

Aber auch der beginnende Strukturwandel (Abwanderung energieintensiver Industrien aus Deutschland) der überproportional am Einsatz der Primärener-gie beteiligten metallschaffenden Industrien [3] bewirkte CO_2-Reduzierungen und ist Ursache für die zunehmende Entkopplung zwischen dem *BSP* und dem *PEB* (Bild 6.3).

Energetisch effizienzsteigernde Maßnahmen haben in der BRD dennoch nicht stattgefunden. Insbesondere durch die Einführung und kommerzielle Nutzung der Kerntechnik bestand kein Energiemangel. Dies wird besonders deutlich durch Bild 6.3 belegt, das zeigt, dass der Primärenergiebedarf (*PEB*) in der BRD insgesamt immer noch nur zu 30 % genutzt wurde und es über den gesamten Zeitraum von nahezu zwei Jahrzehnten zu keiner Verbesserung der Energieproduktivität gekommen ist.

Der Rückgang des Primärenergiebedarfs in Bild 6.2 ist keine Folge einer effizienteren Energienutzung, sondern im Wesentlichen das Ergebnis eines beginnenden Strukturwandels von einer energieintensiven Schwerindustrie hin zum Dienstleistungsgewerbe.

Nach der Wiedervereinigung und der weitgehenden Abschaltung der DDR-Anlagen herrschen für Gesamtdeutschland insgesamt ähnliche Verhältnisse wie zuvor in der BRD. Der *PEB* pro Jahr ist um etwa 20 % angestiegen und hat sich für Gesamtdeutschland bei etwa

$$PEB = \ 500 \cdot 10^6\ t\ SKE = \ 4 \cdot 10^{12}\ kWh$$

eingependelt, so dass die Stromproduktion mit einem mittleren Wirkungsgrad von $\bar{\eta} \approx 0{,}38$ insgesamt bei

$$E_{el} = 0{,}4\ PEV\ \bar{\eta} = 600 \cdot 10^9\ kWh$$

lag. Die Kohlendioxidemission hat sich bei etwa $950 \cdot 10^6\ t\ CO_2$ stabilisiert.

Der anfänglich schnelle Erfolg in der Reduzierung der CO_2- Emissionen im wiedervereinigten Deutschland mit dem Startwert $1014 \cdot 10^6\ t\ CO_2$ im Wiedervereinigungsjahr (1990: BRD + DDR → D) wurde durch das Abschalten der alten DDR-Anlagen erreicht.

6.2   Energiewirtschaft im wiedervereinigten Deutschland

Der Einsparungsstrategie, die neben der Gebäudeisolation und der Kraft- Wärme-Kopplung auch geringere Potenziale ausschöpft (generelle Verbesserung der Energieproduktivität, Reduktion von Ausschuss und Verpackungen, langlebige und wieder verwertbare Produkte, Vermeidung von Verkehr mit Hilfe energiedefensiver Kommunikationsmittel, ...), steht heute die Idee einer vollkommen CO_2- freien Energiewirtschaft gegenüber. Ohne eine CO_2- Sequestrierung und der Verwendung einer weltweit nachwachsenden Biomasse mit einer gewissen Kompensation der bei der Nutzung entstehenden Gase durch das Wachstum der Pflanzen, kann dieses Ziel nur durch Techniken realisiert werden, die keine kohlenstoffhaltigen Brennstoffe verwenden. Realistische Alternativen für Deutschland sind die Solartechnik und die Kerntechnik. Ökologisch scheint dabei zunächst die Solartechnik die überzeugendere Variante zu sein (Kap. 1, Bild 1.15).

Im Rahmen der Energiewende ist zur Stromerzeugung neben den indirekten Solartechniken Wasser- und Windkraft (Kap. 1, Bild 1.14) die direkte Solartechnik in Form der Photovoltaik von Bedeutung.

Hintergrundinformation
Für die Wärmeerzeugung ist die direkte Solartechnik in Form der Solarthermie, die auf die Direktstrahlung der Sonne angewiesen ist, für den Standort Deutschland ungeeignet. Hier sind zukünftig Strahlungsheizungen in Kombination mit neuen Photovoltaiksystemen von Interesse, die auch bei bedecktem Himmel und schlechtem Wetter, wenn auch eingeschränkt, Strom liefern können. Hier sollte das dezentrale Energieangebot der Sonne durch integrale Bauweisen der Strom- und Wärmeerzeugung an Gebäudewänden mit thermischem Diodenverhalten voll genutzt werden. Dabei ist aber stets auf den Erntefaktor zu achten, denn selbst funktionierende Systeme sind nur bei hinreichend großen Erntefaktoren gesamtenergetisch selbsttragend (Abschn. 3.4.5).

Da die genannten Solartechniken von dem vagabundierenden Sonnen- und Windangebot abhängig sind, müssen Speichermöglichkeiten (Kap. 8) angepasst an die jeweilige Versorgungsaufgabe zur Verfügung stehen.

In allen Versorgungssituationen, bei denen auf eine unbeschränkte Verfügbarkeit nicht verzichtet werden kann, bleibt allein die Kerntechnik, die aber die Solartechniken nur ergänzen sollte (Abschn. 7.5).

Vorab schätzen wir für die Photovoltaik, Windenergie und Kernenergie den jeweils erforderlichen Flächenbedarf als Maß für den damit verknüpften Eingriff in die Landschaft ab, der jeweils zur Deckung des gegenwärtigen Strombedarfs in Deutschland erforderlich wäre.

Im Vergleich der Photovoltaik

- $P_M = 300\ W_p,\ A_M = (2\,x\,1,5)\ m^2,\ V = V^* = 0,1$

mit der Windenergie

- $P_M = 1\ MW,\ A_M = (500\,x\,500)\ m^2,\ V = V^* = 0,2$

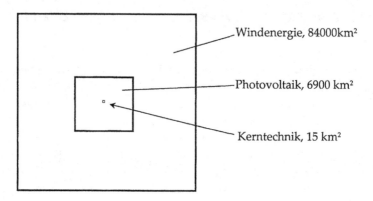

Bild 6.4 Landschaftsverbrauch CO_2- arme Technologien

und der Kernenergie

- $P_M = 1300\,MW$, $A_M = (500 \times 500)\ m^2$, $V = 0{,}9$

ergeben sich für die derzeitige Stromerzeugung/Jahr $E_{el} = P_{el}\,V\,t_a = 600 \cdot 10^9\,kWh$
die jeweils erforderlichen Flächen

$$A = \frac{E_{el}\,A_M}{P_M\,V\,t_a} \qquad (6.1)$$

die in Bild 6.4 anschaulich dargestellt sind.

Zur Installation der regenerativen Systeme werden aufgrund der niedrigen natürlichen
Leistungsdichten und der geringen zeitweiligen Verfügbarkeiten (vagabundierendes Energieangebot der Natur, Bild 6.5) weitläufige Flächen benötigt (Bild 6.4). Dagegen benötigt
die Kerntechnik wegen der hohen Leistungsdichte und der hohen Verfügbarkeit eine
geringe Fläche.

Zum Erreichen der Versorgungssicherheit sind heute außer der Kerntechnik fossile
Schatten-Kraftwerke (Bild 6.6) wegen der Nichtverfügbarkeit von Energiespeichern im
Einsatz. Mit der Abschaffung der fossilen Techniken bleibt nur die Kerntechnik zur
Unterstützung der Solartechniken, die jedoch in Deutschland 2022 abgeschaltet werden
soll.

Zum Erreichen der Versorgungssicherheit kann derzeit auf die Nutzung nicht-
regenerative Kraftwerke nicht verzichtet werden.

Die Kosten für die Erneuerbaren Energien sind infolge der geringen Leistungsdichten
und schwankender Verfügbarkeit signifikant. Hinreichend große Energiespeicher (Kap. 8),
mit deren Hilfe sich das vagabundierende Energieangebot der Natur zeitlich glätten lässt,
sind nicht vorhanden.

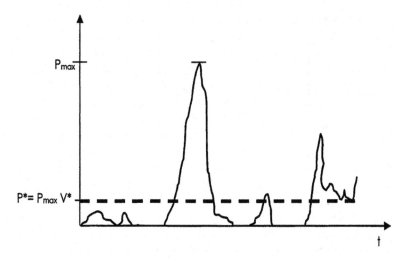

Bild 6.5 Vagabundierende und zeitlich gemittelte Verfügbarkeit V^* der regenerativen Systeme Photovoltaik und Windenergie

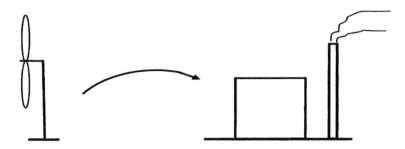

Bild 6.6 Regenerative Stromerzeuger mit Schatten-Kraftwerk zum Erreichen der Versorgungssicherheit

In Bild 6.7 sind die Strompreise für private Haushalte in Deutschland und deren zeitliche Entwickelung dargestellt.

Die Strompreise in Deutschland sind mit die höchsten innerhalb der EU und liegen bei etwa bei 30 Cent/kWh.

Der Strompreis setzt sich derzeit aus den folgenden Komponenten zusammen:

19,3 % Energiebereitstellung und Vertrieb
25,6 % Netzentgelte
23,6 % EEG-Umlage
16 % Mehrwertsteuer
7 % Stromsteuer
5,7 % Konzessionsabgabe
2,8 % Sonstige Abgaben

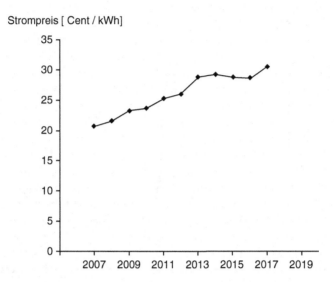

Bild 6.7 Strompreise für private Haushalte von 2007 bis 2018

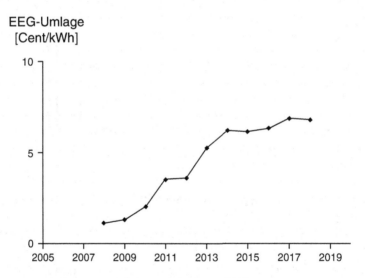

Bild 6.8 EEG-Umlage für private Haushalte von 2007 bis 2018

In Bild 6.8 ist die steigende EEG-Umlage aufgetragen, die von den Bürgern als Subventionen für die Erneuerbaren Energien gezahlt werden.

Ein Kuriosum der EEG-Gestaltung sind auch die zeitweilig negativen Strompreise an der Leipziger Strombörse (Bild 6.9).

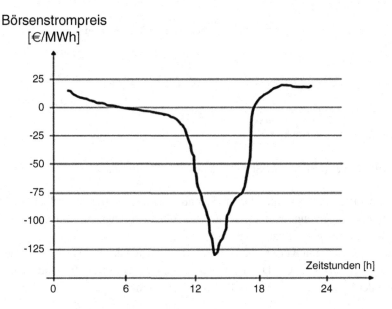

Bild 6.9 Negative Strompreise an der Leipziger Strombörse

Ursachen der Strompreisentwicklung:

- Zu viel generierter Strom bei Starkwind und extremen Sonnenschein
- Mangelnde Flexibilität der Schattenkraftwerke
- Fehlende hinreichend große Speichermöglichkeiten

Diese paradoxe Situation ist mit der Einführung des EEG erstanden, das die von den Bürgern gezahlten Subventionen allein zur Förderung der willkürlich ausgewählten Technologiegruppe der Erneuerbaren Energien (Wind, Wasser, Photovoltaik, Biomasse, Geothermie) einsetzt und zugleich zukunftsweisende Innovationen behindert [1].

Bereits im Jahr 2014 wurde deshalb von der Expertenkommission Forschung und Entwicklung (EFI), die für die Bundesregierung seit vielen Jahren beratend tätig ist, die Abschaffung des EEG gefordert [4].

Trotz des massiven Ausbaus der regenerativen Stromerzeuger konnten die Klimaziele Deutschlands nicht erreicht werden. Wegen fehlender Speicherkapazität kann derzeit auf fossile und nukleare Stromerzeuger nicht verzichtet werden. Durch den weiteren Ausbau der regenerativen Stromerzeuger und der geplanten Abschaltung der deutschen Kernenergie im Jahr 2022 wird sich die Situation weiter verschärfen.

Auch die Import- und Exportsituation Deutschlands ist ein Spiegel der Energiewende, die mit einem temporären Stromüberschuss oder Strommangel zur falschen Zeit und auch am falschen Ort verknüpft ist (Bild 6.10).

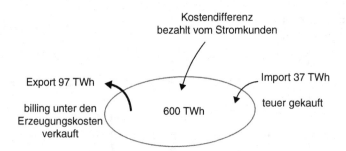

Bild 6.10   Erzeuger/Verbraucher-Stromsituation 2017 in Deutschland

Der importierte Strom stammt überwiegend aus Frankreich und der Tschechoslowakei, der dort nuklear erzeugt wurde. Damit wird die Energiewende von den europäischen Nachbarn nuklear unterstützt. Nach der Vorstellung der Ethikkommission [5] soll nach dem Ende der Kohle und der Kerntechnik in Deutschland das Ergas aus Russland (Plan B, Kap. 7) eingesetzt werden. Damit wir die Fossiltechnik weiter Bestand haben, die im Rahmen der Energiewende eigentlich abgeschafft werden sollte.

Ergänzende und weiterführende Literatur

1. Unger, J. / Hurtado, A.: Energie, Ökologie und Unvernunft. Springer 2013
2. Seifritz, W.: Der Treibhauseffekt. München, Wien: Carl Hanser 1991
3. Lesch, K.-H./Bach, W.: Reduktion des Kohlendioxids. ENERGIE. Jahrg. 41, Nr. 5, Mai 1989
4. N. N.: EFI Gutachten 2014. Expertenkommission Forschung und Inno- vation, eingerichtet von der deutschen Bundesregierung, Berlin
5. N.N.: Deutschlands Energiewende. Ein Gemeinschaftswerk für die Zukunft. Presse- und Informationszentrum der Bundesregierung. 2011

CO$_2$-arme Technologien

7

Zusammenfassung

Die heute gegenüber den Fossilenergien gängigen CO$_2$-armen Energien Photovoltaik, Wind, Wasser, Biomasse, Geothermie und die Kernenergieenergie zur Bereitstellung von Strom werden im Folgenden detailliert betrachtet.

7.1 Photovoltaik und Windenergie

In Tab. 7.1 ist der in 2017 erreichten Stand der beiden tragenden Säulen der Energiewende Windenergie und Photovoltaik zusammengestellt.

Mit den 2017 in Deutschland installierten photovoltaischen Anlagen wurden $39,9 \cdot 10^9$ kWh geerntet. Die sich daraus ergebende mittlere zeitliche Verfügbarkeit liegt bei V$* = 0,11$ und der Anteil an der Gesamtstromerzeugung von $655 \cdot 10^9$ kWh ergibt sich zu 6 %. Die Windkraftanlagen lieferten im gleichen Zeitraum $103,4 \cdot 10^9$ kWh. Die erreichte mittlere zeitliche Verfügbarkeit liegt damit bei V$* = 0,23$ und der Anteil an der Gesamtstromerzeugung betrug 16 %. Von der Gesamtstromenergie wurden $333 \cdot 10^9$ kWh mit fossilen Anlagen bei einer Emission von $286 \cdot 10^6$ t CO_2 bereitgestellt. Gemittelt über alle fossilen Anlagen entspricht dies einer Freisetzung von 0,86 kg CO_2/kWh.

Wäre der Anteil des mit der Photovoltaik bzw. Windenergie erzeugten Stroms fossil erzeugt worden, würden zusätzlich $34,3 \cdot 10^6$ t CO_2 bzw. $88,9 \cdot 10^6$ t CO_2 freigesetzt. Die CO_2-Vermeidung bezogen auf die Gesamtemissionen beträgt damit 12 % bzw. 31 %. Dieselbe CO_2-Einsparung könnte mit einer Wirkungsradsteigerung $\Delta \eta$ des derzeit vorhandenen fossilen Kraftwerkkollektivs um etwa 16 % erreicht werden. Da der Wirkungsgrad des derzeitigen fossilen veralteten Kraftwerkparks nur bei 38 % liegt, ist durch Neubauten fossiler Kraftwerke noch eine CO_2 mindernde Wirkungsgradsteigerung möglich.

Moderne GuD-Kraftwerke besitzen Wirkungsgrade von 60 %, die mit Erdgas zu betreiben sind und deshalb ein noch günstigeres CO_2-Verhalten zeigen. In diesem Zusammenhang

© Springer Fachmedien Wiesbaden GmbH, ein Teil von Springer Nature 2020
J. Unger et al., *Alternative Energietechnik*,
https://doi.org/10.1007/978-3-658-27465-8_7

Tab. 7.1 Photovoltaik und Windenergie im Jahr 2017

	Photovoltaik	Windenergie
Installierte Leistung P$_{el}$ [MW]	$42{,}4 \cdot 10^3$	$50{,}8 \cdot 10^3$
Geerntete Energie/Jahr E$_{el}$ [kWh/a]	$39{,}9 \cdot 10^9$	$103{,}4 \cdot 10^9$
Zeitlich gemittelte Verfügbarkeit V$*$	0,11	0,23
Anteil an der Gesamtstromerzeugung	6 %	16 %
Betrieblich eingesparte CO$_2$-Emissionen [t CO$_2$]	$34{,}4 \cdot 10^6$	$88{,}9 \cdot 10^6$

Bild 7.1 Gas-Pipelines aus Russland

ist auf den Plan B der Ethikkommission [1] zur Energiewende hinzuweisen, der die Gasversorgung aus Russland (Bild 7.1) vorsieht.

Als Ersatz für Kohle und Kernenergie wird Erdgas präferiert (Plan B: Nord Stream, ...). Damit werden neue Risiken und Abhängigkeiten impliziert.

Das Ziel der Energiewende ist der Aufbau einer weitgehend CO$_2$-freien Energiewirtschaft, das nur auf Basis verbesserter Fossiltechniken nicht erreicht werden kann. Dazu muss das Speicherproblem gelöst werden, da die Erneuerbaren Energien Windenergie und Photovoltaik im Gegensatz zu den Fossiltechniken nicht grundlastfähig sind.

Bereits die Stromerzeugung mit Erdgas-, Kohle- und Atomkraftwerken erforderte Speicher, um das Stromangebot permanent mit der Stromnachfrage der Verbraucher im Gleichgewicht zu halten. Mit dem zunehmenden Ausbau der Erneuerbaren Energien verschärft sich mit der grundlastunfähigen Windenergie und Photovoltaik dieses Problem. Solange das Speicherproblem nicht gelöst ist, ist der weitere Zubau der Windenergie und der Photovoltaik kritisch zu sehen.

7.2   Wasser

Die Wasserkraft ist die älteste der heute als Erneuerbare Energie bezeichneten regenerativen Energieform, die bereits im vorindustriellen Zeitalter genutzt wurde. Die Wasserkraft ist eine ausgereifte Technologie. Anders als die Windenergie und Photovoltaik ist diese teilweise grundlastfähig. Im für die Nutzung der Wasserkraft prädestinierten Voralpenraum entstanden die ersten Großspeicherkraftwerke, die auch heute noch als Spitzenlastkraftwerke eingesetzt werden, um Strombedarfsspitzen der Verbraucher abdecken zu können. Die erste Anlage dieser Art war das 1924 errichtete Walchenseekraftwerk.

Die nutzbaren Potenziale der Wasserkraft wurden in Deutschland bereits vor der Energiewende weitgehend ausgeschöpft. Ein weiterer signifikanter Ausbau ist aus ökologischer Sicht nicht sinnvoll. Mit dem EEG als Anreiz für Investitionen wird es zu geringfügigen Leistungssteigerungen durch die Erneuerung alter Anlagen kommen. Ein gewisses Ausbaupotenzial besteht bei Kleinwasserkraftanlagen. Die Modernisierung und Reaktivierung von Kleinwasserkraftwerke ist durch das Erneuerbare-Energien-Gesetz (EEG) wieder lukrativ. Naturschutz und Gewässerökologie sind zu beachten.

Die meisten in Deutschland zur Flexibilisierung der Stromversorgung nutzbaren Pumpspeicher-Kraftwerke stammen aus der Zeit vor der Energiewende und stehen in keinem Zusammenhang mit durch die Energiewende neu hinzugekommenen Windenergie und Photovoltaik.

Heute schwankt nicht nur die Stromnachfrage, sondern gleichzeitig die Stromerzeugung durch die Windenergie und Photovoltaik. Mit der Energiewende und dem damit verknüpften starken Anwachsen des zeitlich unregelmäßig erzeugten Ökostroms verschärft sich das Schwankungsproblem, das ohne Energiespeicher unlösbar bleibt.

Diesem Speicherbedarf zum Betreiben eines weitgehend aus Erneuerbaren Energien bestehenden Stromversorgungssystems steht in Deutschland kein nennenswertes Neubaupotenzial für Pumpspeichersysteme gegenüber. Der Errichtung neuer Pumpspeicher-Wasserkraftwerke an topologisch geeigneten Standorten mit ausreichenden Höhenunterschieden ist mit großen Eingriffen in die Natur verknüpft. Mit der Pumpspeichertechnologie des 20. Jahrhunderts sind die Anforderungen der durch die Erneuerbaren Energien verschärften Speicherprobleme kaum zu erfüllen.

7.3   Biomasse

Die Biomasse als Energieträger hat den Vorteil, dass diese im Gegensatz zu den vagabundierenden Erneuerbaren Energien Wind und Photovoltaik zeitlich stets verfügbar ist. Die Energiebereitstellung mittels Biomasse ist deshalb am besten als Ersatz für die im Grundlastbetrieb fahrenden Kern- und Fossilkraftwerke geeignet.

Der mögliche Beitrag zur Stromerzeugung und allgemein zur Bereitstellung der Primärenergie wird im Folgenden abgeschätzt. Die erforderlichen Daten hierzu sind in Tab. 7.2 bereitgestellt.

Mit der maximal nutzbaren Holzmasse können $275 \cdot 10^9$ kWh/a bereitgestellt werden. Dem steht ein gegenwärtiger Ölverbrauch von $110 \cdot 10^6$ t/a gegenüber, dem bei einem mittleren Heizwert des Öls von 11 kWh/kg eine Energie von $1210 \cdot 10^9$ kWh/a innewohnt. Der Ölverbrauch ist somit mehr als viermal so hoch und kann nicht mit der maximal nachwachsenden Biomasse Holz bereitgestellt werden. Die mit Holz erreichbare Stromerzeugung wäre bei einem mittleren Wirkungsgrad von 40 % etwa 1/6 des gegenwärtigen Bedarfs von ca. $600 \cdot 10^9$ kWh/a.

Beim Anbau der C4-Energiepflanze Mais auf der Gesamtackerfläche von $12 \cdot 10^6$ ha liegen die Verhältnisse etwas günstiger, reichen aber dennoch nicht an die Verbrauchswerte heran. Die vorhandenen Anbauflächen sind im Verhältnis zur Bevölkerungsdichte (Verbraucher pro Fläche) für die Energieversorgung einschließlich der Treibstoffbereitstellung zu gering, um die Energieversorgung insgesamt nachhaltig mit nachwachsenden Rohstoffen (NaWaRos) sicherzustellen. Die Ackerbauflächen stehen in Konkurrenz zur Produktion von Nahrungsmitteln. In Deutschland stehen für jeden Bürger von der gesamten Ackerfläche

$$\frac{Ackerbaufläche}{Anzahl\,der\,Menschen} = \frac{12 \cdot 10^6\,ha}{82 \cdot 10^6\,M} = 1500m^2/M$$

zur Verfügung. Diese Vorstellung, die sich mit dem Flächenangebot des Projekts Biosphäre 2 deckt, zeigt, dass pro Individuum eine Fläche von 1500 m^2 (Fläche in der Größenordnung eines Bauplatzes) unzureichend ist, um die Nachhaltigkeit der Energieversorgung und Ernährung mit der Idee der nachwachsenden Rohstoffe (NaWaRos) zu gewährleisten.

Vorrangig sollten alle biogenen Abfälle stofflich und energetisch [2] genutzt werden.

Tab. 7.2 Verfügbare Energie/Jahr bei der Gesamtnutzung des Waldbodens von $11 \cdot 10^6$ ha und der Ackerbaufläche von $12 \cdot 10^6$ ha in Deutschland

	Biomasse pro Jahr u. Hektar	Anbau-Fläche	Heizwert Biomasse	Energieäquivalentes Massenverhältnis	Verfügbare Energie/Jahr
	$[t_{Bio}/(a\,ha)]$	$[ha]$	$[kWh/kg]$	$[t_{Bio}/t_{Öl}]$	$[kWh/a]$
Holz	5	$11\;10^6$	5	2	$275 \cdot 10^9$
Mais	10	$12 \cdot 10^6$	7	1,4	$828 \cdot 10^9$

7.4 Geothermie

Die Geothermie nutzt die Erdwärme, die durch den radioaktiven Zerfall der Elemente Uran und Thorium im Erdinneren freigesetzt wird. Die Geothermie kann oberflächennah oder erdkernnah angewendet werden.

Bei einer oberflächennahen Anwendung geht es darum, den Energieeintrag aus der Umwelt zu vergrößern, um etwa eine effizientere Wirkung von Wärmepumpen-Heizungen erreichen zu können (Abschn. 2.1.2.3). Der Einsatz dieser oberflächennahen Geothermie ist sinnvoll, wenn damit der Globalwirkungsgrad des Wärmepumpensystems tatsächlich verbessert wird

Bei der Anwendung der erdkernnahen Geothermie zur Stromerzeugung ist die natürliche von der künstlichen Wärmeentnahme aus der Erdkruste zu unterscheiden. Bei der natürlichen Wärmeentnahme handelt es sich um aus dem Erdinneren gespeiste an der Erdoberfläche austretende Heißwasser- und Dampfquellen, die sich ohne große zusätzliche Infrastruktur nutzen lassen und weltweit (Island, Neuseeland, ...) auch genutzt werden.

Zur künstlichen Wärmeentnahme werden kilometertiefe Bohrungen in die Erdkruste getrieben. Mit der Energie aus dem Erdinneren wird das eingepresste Wasser in Dampf umgewandelt (Hot/Dry/Rock-Verfahren) und damit klassisch Strom produziert. Der zu vermutende Vorteil der nicht vagabundierenden Verfügbarkeit scheitert an der schlechten Wärmeleitfähigkeit des die künstlich geschaffene Wärmesenke umgebenden Gesteins [3]. Bedingt durch die geringe Wärmeleitfähigkeit des Gesteins gerät ein geothermisches Kraftwerk in die Schere zwischen einer dauerhaften ineffizienten oder einer zeitlich nur begrenzt nutzbaren Erdwärme.

7.5 Kernenergie

Neben der regenerativen Energietechnik ist langfristig eine noch CO_2-ärmere Kerntechnik möglich. Neben der Stromerzeugung kann bei hinreichend hohen Prozesstemperaturen eine gegenüber der elektrischen Hydrolyse effektivere thermische Spaltung von Wasser realisiert werden, die eine Stromerzeugung mit Brennstoffzellen ermöglicht. Diese Kerntechnik muss wegen des großen Gefährdungspotenzials inhärent sicher sein (Abschn. 3.3.2, 3.4.1). Solche Reaktoren müssen Selbstregelungsmechanismen besitzen, so dass sowohl die nukleare Abschaltung als auch die Abfuhr der Nachzerfallswärme bei einem Störfall ohne irgendwelche Eingriffe und Hilfsenergien allein aufgrund von Systemeigenschaften naturgesetzlich gewährleistet ist.

Bei der Weiterentwickelung der klassischen Leistungsreaktoren wurden konstruktive Maßnahmen zur Beherrschung oder Verhinderung einer Kernschmelze geschaffen. Der EPR (Druckwasserreaktor) ist mit einer Zusatzeinrichtung (Core Catcher) im Containment ausgerüstet, mit der eine Kernschmelze beherrscht werden soll. Beim KERENA (Siedewasserreaktor) und auch beim russischen WWER (Druckwasserreaktor) soll eine Kernschmelze durch naturgesetzlich wirkende Zusatzeinrichtungen zur Nachzerfallswärmeabfuhr verhindert werden [3].

Mit diesen Verbesserungen kann dennoch kein inhärent sicheres Verhalten erreicht werden. Dies ist nach dem heutigen Kenntnisstand nur durch eine Beschränkung in der Leistungsdichte und einer Reaktorgeometrie mit hinreichend großem Oberflächen/ Volumen-Verhältnis möglich, wie dies mit dem Hochtemperaturreaktor (HTR) gezeigt werden konnte. Solche inhärent sicheren Reaktoren mit elektrischen Leistungen in der Größenordnung von 300 MW eignen sich für dezentrale Anwendungen, durch deren Einsatz umweltbelastende oder zerstörende Folgen durch die Übernutzung von regenerativen Systemen vermieden werden können.

Hintergrundinformation
Neue Reaktorkonzepte (Salzschmelzreaktor, Rubbia-Reaktor, Dual Fluid Reaktor, . . .) sind nur akzeptabel, wenn diese hinreichende Selbstregelungseigenschaften besitzen, um eine inhärente Sicherheit erreichen zu können.

Zur gesellschaftspolitischen Akzeptanz gehört auch die Lösung des Entsorgungsproblems. Dazu muss der Zeitmaßstab für das Abklingverhalten des nuklearen Mülls mit dem unserer gesellschaftlichen Systeme in Einklang gebracht werden. Hier sind nur wenige 100 Jahre tolerierbar. Die geeignete Technik (Transmutation) hierfür ist weiterzuentwickeln, wobei diese zunächst als Entsorgungseinrichtung gedachte Technik auch zum Reaktorbetrieb selbst geeignet ist [3].

Neben dem heute benutzten Kernbrennstoff Uran steht das weitaus häufiger in der Erdrinde vorkommende Thorium zur Verfügung. Mit Thorium als Ausgangsstoff lassen sich Reaktoren bauen, mit denen sich schon aus heutiger Sicht die energetischen Bedürfnisse selbst großer menschlicher Populationen über viele Jahrtausende befriedigen lassen. Ein solcher Thorium-Reaktor könnte auch ein Spallation-Reaktor sein, der gegenüber den heutigen Reaktoren weitaus weniger nukleare Reststoffe erzeugt.

Im Rahmen der zukünftigen Raumfahrt ist zudem eine extraterrestrische nukleare Versorgung der Erde machbar [3, 5].

Ergänzende und weiterführende Literatur

1. N.N.: Deutschlands Energiewende. Ein Gemeinschaftswerk für die Zukunft. Presse- und Informationszentrum der Bundesregierung. 2011
2. Unger, J.: Desintegration – Ein Verfahren das Energie zugleich einspart und liefert. Querschnitt Nr. 21, HDA, Februar 2007
3. Unger, J. / Hurtado, A.: Energie, Ökologie und Unvernunft. Springer 2013
4. Kehrberg, Jan O. C.: Die Entwicklung des Elektrizitätsrechts in Deutschland/Der Weg zum Energiewirtschaftsgesetz von 1935. Verlag Peter Lang 1996
5. Unger, J. / Hurtado, A.: Natur-Geld-Menschlichkeit. Shaker Verlag 2017

Speicherung und Verteilung

8

Zusammenfassung

Die Erneuerbaren Energien und insbesondere die Photovoltaik und Windenergie sind wegen des vagabundierenden Angebots der Natur ohne eine Speicherung der geernteten Energie nicht grundlastfähig. Ohne Speicher kann eine Energiewende hin zu einer durch von Erneuerbaren Energien dominierten industriellen Energiewirtschaft nicht realisiert, nicht auf Schattenkraftwerke verzichtet werden. Ohne CO_2-arme nukleare Kraftwerke kann nur auf fossile Schattenkraftwerke zurückgegriffen werden. Das Ziel einer CO_2-armen Energiewirtschaft kann nicht erreicht werden. Die Größe der erforderlichen Speicher ist verknüpft mit der Verteilerstruktur. Wird die alte durch Großkraftwerke geprägte zentrale Struktur der Stromerzeugung und Verteilung nicht aufgegeben, sind bei einer dominanten Nutzung Erneuerbarer Energien gigantische Speicher zur Erhaltung einer permanenten Versorgungssicherheit erforderlich.

8.1 Pumpspeicherwasserkraftwerke

Bisher stehen für längerfristige Speicherungen nur die bereits vorhandenen altbewährten Pumpspeicherwasserkraftwerke (Bild 8.1) zur Verfügung, die bei Stromüberschuss große Wassermengen in den im Schwerfeld höher gelegenen Wasserspeicher zurückpumpen und im Bedarfsfall wieder bergab durch die Wasserturbinen zur Wiederverstromung abfließen lassen. Bei der Wiederverstromung entstehen Verluste von 20 bis 30 Prozent.

Sind die hydrotopologischen Voraussetzungen für Pumpspeicherwasserkraftwerke nicht gegeben, ist die Nutzung von Gravitationsspeicher- und Druckluftspeicherkraftwerken möglich.

© Springer Fachmedien Wiesbaden GmbH, ein Teil von Springer Nature 2020   183
J. Unger et al., *Alternative Energietechnik*,
https://doi.org/10.1007/978-3-658-27465-8_8

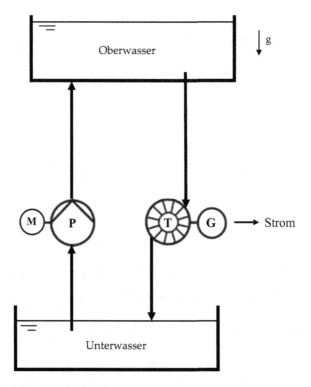

Bild 8.1 Pumpspeicherwasserkraftwerk

8.2 Gravitative Massenspeicherkraftwerke

Wie im Pumpspeicherwasserkraftwerk Wasser zur Speicherung in ein höher gelegenes Reservoir gepumpt wird, können auch Festkörper durch Anheben im Schwerefeld zur Energiespeicherung genutzt werden. Die gespeicherte potenzielle Energie kann dann durch Absenkung der Festkörper wieder zur Stromerzeugung genutzt werden. Dazu sind unterschiedlichste mechanische Realisierungen denkbar. Das Anheben und Absenken der Speichermasse kann auch hydraulisch erfolgen.

Von besonderem Interesse sind die Schächte der nicht mehr betriebenen Steinkohlegruben mit großem Höhengefälle, die als gravitative Untertagespeicher genutzt werden könnten. Auch Unterflur-Pumpspeicherwasserkraftwerke sind in den von der Kohleförderung verblieben Hohlräumen denkbar. Die aus der Abbauzeit der Steinkohle in Deutschland noch vorhandene Infrastruktur könnte zu Energiespeicherung genutzt werden und zugleich mit der laufenden Nachbetriebsphase zur Verhinderung von Nachwirkungen des Kohlebergbaus (Gebäudeschäden, Bodenabsenkungen und -einbrüche, Infrastrukturschäden im Verkehrs- und Versorgungsbereich, Erdbebenverursachung) kostensparend kombiniert werden.

Im Vergleich zu den existierenden Pumpspeicherwasserkraftwerken können gravitative Massenspeicherkraftwerke bei einem geringeren Flächenbedarf und Infrastrukturaufwand realisiert werden. Die prognostizierten Verluste bei der Energiespeicherung und Rückverstromung sind geringer als die bei den Pumpspeicherwasserkraftwerken.

8.3   Druckluftspeicherkraftwerke

In Gebieten mit vorhandenen geologischen Hohlräumen ist der Bau von Druckluftspeicherkraftwerken möglich.

Bild 8.2 zeigt ein solches Luftspeicherkraftwerk, das Kavernen zur Speicherung von komprimierter Luft nutzt.

Der mit Windenergie oder Photovoltaik geerntet überschüssige Strom kann zum Antrieb eines Luftverdichters genutzt werden, der die Luft aus der Umgebung komprimiert und in

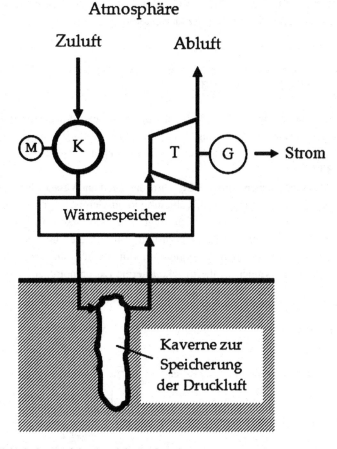

Bild 8.2 Adiabatisches Luftdruckspeicherkraftwerk

unterirdische Speicher drückt. Im Bedarfsfall wird die gespeicherte Energie mit einer Luft-turbine wieder in Strom zurückverwandelt. Ein solches Kraftwerk (Druckluftspeicher/Gastur-binen-Kraftwerk) wurde im niedersächsischen Huntorf 1978 zur Speicherung von zu viel produziertem Nuklearstrom aus dem Kernkraftwerk Unterweser in Betrieb genommen. Beim Verdichten der Umgebungsluft zum Speichern in der Kaverne kommt es zu einer Erwärmung und bei der Entnahme zu einer Abkühlung der Luft (Joule-Thomson-Effekt). In Huntorf wird die beim Verdichten frei werdende Wärme ohne Nutzen an die Umgebung abgegeben und die abgekühlte Luft beim Eintritt in die Gasturbine zur Stromerzeugung mit Erdgas befeuert. Die Verluste liegen mit 30 bis 40 Prozent über den Verlusten der konventionellen Pumpspeicherwasserkraftwerke.

In einem adiabatischen Luftdruckspeicherkraftwerk hingegen wird die bei der Kom-pression entstehende Wärme nicht an die Umgebung verloren, sondern in Wärmespeichern zwischengespeichert und bei der Luftentnahme aus dem Speicher wieder zurückgespeist, so dass die Turbine nicht zusätzlich mit Erdgas befeuert werden muss. Mit dieser Maßnahme soll der Wirkungsgrad in die Größenordnung von Pumpspeicherwasserkraftwerken gebracht werden. Eine Demonstrationsanlage ist im sachsen-anhaltinischen Staßfurt geplant (ADELE: Adiabate Druckluftspeicher für die Elektrizitätsversorgung).

8.4   Chemische Speicherung

Eine chemische Speicherung des regenerativ erzeugten Stroms ist denkbar. Zur permanen-ten Speicherung von Energie (Lagerung, Transport) sind Systeme geeignet, die für diese Aufgabe mehr oder weniger reversible chemische Reaktionen benutzen. Ein derartiges System zeigt Bild 8.3.

Bei Zufuhr der thermischen Energie E_{zu} wird das Methan/Wasser-Gemisch mit Hilfe des Katalysators K_1 in ein Wasserstoff/Kohlenmonoxid-Gemisch umgewandelt, das die zugeführte zu speichernde Energie in sich trägt. Dieses Wasserstoff/Kohlenmonoxid-Gemisch ist der Energieträger, der sich lagern und transportieren lässt. Die derart durch Umwandlung chemisch gespeicherte Energie kann durch Rückwandlung mit Hilfe eines weiteren Katalysators K_2 wieder als thermische Energie E_{ab} entnommen werden. Bedingt durch Umwandlungsverluste steht real die rückgewinnbare Energie $E_{ab} < E_{zu}$ zur Verfü-

Bild 8.3 System zur Speicherung von Energie mit Hilfe einer chemischen Umwandlung: Adam & Eva Prinzip [1]

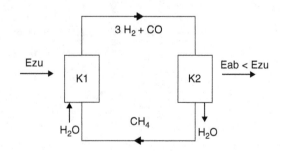

Bild 8.4 Siliziumdioxid (SiO_2) als Ausgangstoff zur Generierung des Energieträgers Silizium (Si)

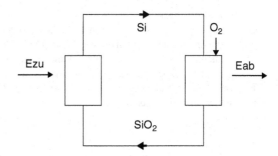

gung. Da bei der Rückwandlung genau wieder die Ausgangsstoffe Methan (CH_4) und Wasser (H_2O) entstehen, verbraucht sich der Energieträger nicht. Energiespeicherungen lassen sich dadurch beliebig oft wiederholen.

Im Hinblick auf eine möglichst kohlenstoffunabhängige Energiewirtschaft sollte auch der Energieträger frei von Kohlenstoff sein. Außerdem sollte dieser Energieträger mit hoher Leistungsdichte einfach und effizient zu erzeugen, unbegrenzt verfügbar oder zumindest recycelbar sein und beim Gebrauch keine neuartigen klimaschädlichen Stoffe freisetzen. Die Lagerung und der Transport müssen ohne großen Aufwand gefahrlos möglich sein.

Ein geeigneter Ausgangsstoff hierfür könnte Siliziumdioxid (SiO_2) sein, mit dem zugleich die Möglichkeit zur lokalen Wasserstoffbereitstellung gegeben ist [2]. Die Generierung des Energieträgers Silizium (Si) aus Sand (SiO_2) unter Zuführung der Energie E_{zu} ist vereinfacht in Bild 8.4 dargestellt.

Durch beeinflussbare Reaktionsbedingungen lassen sich Energieträger verschiedenster Reaktivität herstellen, harte Metallstücke mit niederer Reaktivität (Lagerung und Transport ohne jegliche Gefahr) bis hin zu pulverförmigem Material mit großer Oberfläche, das sich schon an der Luft spontan entzündet.

Durch einfache Oxidation mit Sauerstoff

$$Si \ + \ O_2 \ \rightarrow \ SiO_2 \ + \ E_{ab}$$

lassen sich bis zu 75 % der eingespeisten Energie E_{zu} zurückgewinnen. Der Prozess ist recycelfähig. Am Ende entsteht wieder das Ausgangsprodukt ohne sonstige Nebenprodukte. Durch Zugabe von Wasser zum Energieträger Si kann lokal Wasserstoff erzeugt werden:

$$Si \ + \ 2\,H_2O \ \rightarrow \ SiO_2 + \ H_2$$

Die Lagerungs- und Transportprobleme wie etwa beim Wasserstoff gibt es bei dieser Si-Speichertechnologie nicht.

Hintergrundinformation

Hier ist anzumerken, dass die schon lange diskutierte generelle Speicherung von Strom durch Umwandlung in Wasserstoff und dessen Rückverwandlung zu Strom prinzipiell nicht erstrebenswert ist. Die Nutzung des Wasserstoffs als Sekundärenergie und des damit erzeugten Stroms als Tertiärenergie ist gegenüber der Pumpspeicher-, der gravitativen Massenspeicher- und auch der Druckluftspeichertechnik zu umständlich und verlustreich. Auch ökologische Aspekte sprechen gegen eine generelle Wasserstoffwirtschaft [3].

8.5   Wasserstoff als Speicher- und Wiederverstromungsmedium

Nicht nur die Tag/Nacht-Situation, sondern auch die jahreszeitlichen Schwankungen (Bild 8.5) des solaren Energieangebots machen die Energiespeicherung unumgänglich.

Seit den 80er-Jahren wurde von der DLR (Deutsche Zentrum für Luft- und Raumfahrt, [4]) der Wasserstoff (H_2) als Energieträger favorisiert, der mit Hilfe einer photovoltaisch betriebenen Elektrolyse direkt aus Wasser bereitgestellt werden kann. Mit einer Wasserstoffwirtschaft ließe sich prinzipiell die komplette mit fossilen Brennstoffen betriebene alte Technik (Bild 8.6) bis hin zum Automobil und Flugzeug weiter betreiben, die bei der Nutzung von Wasserstoff zur Erzeugung von Strom, Wärme und Antriebskräften als Nebenprodukte nur Wasser bzw. Wasserdampf und Stickoxide freisetzt.

Diese Art von Wasserstofftechnologie ist ineffizient. Längs des Strom/Wasser-stoff/Strom/-Pfads

$$\eta_{ges} = C_{B,P} \cdot \eta_H \cdot \eta_S \cdot \eta_{BZ} \approx 0{,}06 \tag{8.1}$$

$$\text{mit } C_{B,P} \approx 0{,}15, \eta_H \approx 0{,}7, \eta_S \approx 1, \eta_{BZ} \approx 0{,}6$$

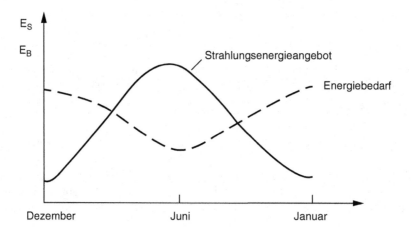

Bild 8.5 Inverses Verhalten des solaren Energieangebots und des Energiebedarfs

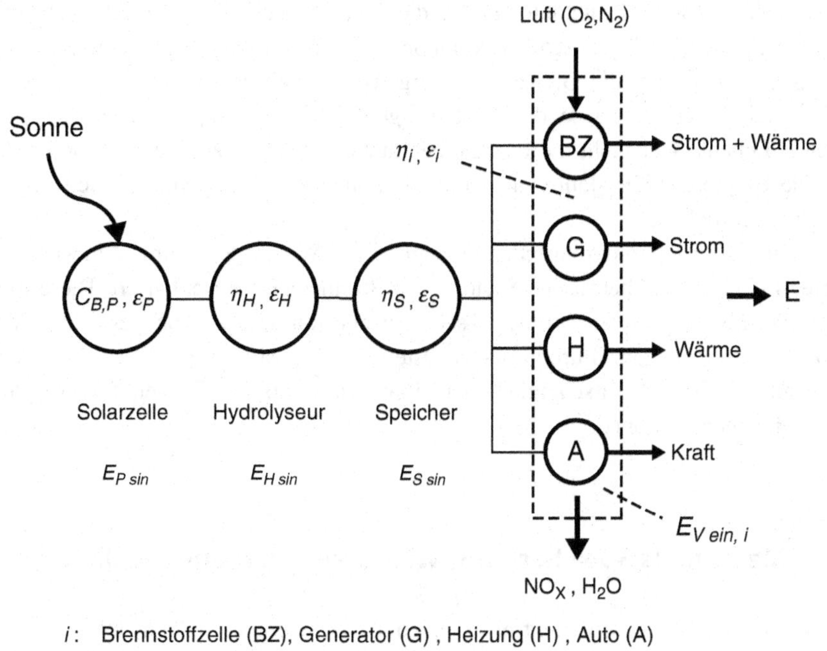

i : Brennstoffzelle (BZ), Generator (G) , Heizung (H) , Auto (A)

Bild 8.6 Solare Wasserstofftechnologie

kann bedingt durch die Reihenschaltung (Solarzelle, Hydrolyseur, Speicher, Brennstoff-zelle) selbst mit den energetisch besten Komponenten maximal ein Wirkungsgrad von nur etwa 6 % erreicht werden.

Auch bei dieser rein-ökologisch anmutenden Wasserstofftechnologie sind ökologische Probleme bei weltweiter Anwendung nicht auszuschließen. Durch Leckagen bei der Lagerung oder dem Transport können die sehr leichten Wasserstoffmoleküle im Schwere-feld der Erde aufsteigen. Dabei kommt es durch Bildung von Radikalen zur Wechselwir-kung mit anderen Gasen, so dass eine Zerstörung der Ozonschutzschicht (Abschn. 3.5) wie bei den Fluor-Kohlen Wasserstoffen (FCKW) möglich ist. Wasserstoff ist in diesem Sinne nicht nur klimaverändernd, sondern ökologisch zerstörend [3]. Das Verschwinden der Ozonschutzschicht bedeutet das Auslöschen jeglicher Flora und Fauna. An der Erd-oberfläche ist mit niedrigeren Temperaturen und höheren Luftfeuchten zu rechnen [3]. Die Auswirkungen auf alle Lebewesen sind unbekannt. Auch die Verwendung von Wasserstoff zum Antrieb von Verkehrsflugzeugen sollte aus diesen Gründen unterbleiben. Der Wasserstoff sollte nur dort produziert werden, wo er direkt gebraucht wird.

Auch die gesamtheitliche Betrachtung mit dem Energie-Erntefaktor zeigt für den Strom/Wasserstoff/Strom/-Pfad

$$\varepsilon_{ges} = \frac{E}{E_{P\,ein} + E_{H\,ein} + E_{S\,ein} + E_{V\,ein} + \ldots} < \frac{E}{E_{P\,ein}} = \varepsilon_P \qquad (8.2)$$

dass der schon magere Erntefaktor ε_P für die Solarzelle durch die übrigen zum Strom/ Wasserstoff/Strom-Pfad gehörenden Komponenten noch weiter herabgedrückt wird, so dass das Gesamtsystem die Grenze der energetischen Selbsterhaltung schließlich unterschreitet. Die Energieautarkie des Systems geht verloren (Kap. 10), es kann in der endlichen Lebensdauer nicht die Energie geerntet werden, die zur Regeneration benötigt wird. Die Utopie der 80er-Jahre zur photovoltaischen Erzeugung von Wasserstoff in der Sahara ist zerbrochen.

Im Gegensatz zur photovoltaischen Erzeugung von Wasserstoff wurden im Rahmen des Desertec-Projekts solarthermische Systeme zur Stromerzeugung präferiert. Diese Idee ist realistischer als die Wasserstoffvision, scheitert aber an dem zu hochgesteckten Verteilungsziel (Strom für ganz Europa, naher Osten und Nordafrika, [2]). Ein Erreichen der Energieautarkie ist unwahrscheinlich. Die Euphorie deutscher Firmen für Desertec ist mittlerweile auch verflogen.

8.6   Methan als Speicher- und Wiederverstromungsmedium

Bei Stromüberschuss durch Elektrolyse erzeugbarer Wasserstoff kann lokal in Methan (EE-Gas) umgewandelt und großtechnisch wie Erdgas in Poren- oder Kavernenspeichern auch unter Nutzung der gesamten vorhandenen Erdgasin-frastruktur gespeichert werden (Bild 8.7).

Das bei der Methanisierung benötigte CO_2 kann aus der Atmosphäre oder auch direkt aus industriellen Prozessen entnommen und die Wiederverstromung im Bedarfsfall mit erprobten

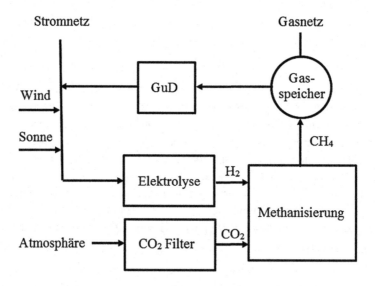

Bild 8.7 Speicherung von Strom durch Methanisierung (power to gas)

Gasturbinen- und Dampfkraftwerken (GuD) bei hohem Wirkungsgrad bewerkstelligt werden.

Dennoch liegen die Umwandlungsverluste des Strom/Methan/Strom-Pfads bei 60 %. Ursache ist die Nutzung des Wasserstoffs, der als Sekundärenergieträger ineffizient mit Hilfe der Elektrolyse gewonnen wird.

Hintergrundinformation

Die hochwertige Energie in Form von Strom sollte möglichst in dieser Energieform genutzt und nicht durch Energieumwandlungen entwertet werden. Es besteht die Gefahr, dass durch diese energetische Entwertung auch ein übertriebener Ausbau der Erneuerbaren Energien induziert wird.

Im Rahmen der Energiewende mit dezentral die Natur abschöpfenden Erneuerbaren Energien (EE) sollte auch die Stromverteilung dezentral sein. Die mit der alten zentralistischen Energiewirtschaft (Kap. 11) verknüpften Strukturen, die auf Großkraftwerken mit hohen Verfügbarkeiten basierten, sind für die dezentralen Erneuerbaren Energien nicht geeignet. Auch der Bedarf an großen Speichern kann durch den Aufbau eines großen Kollektivs von dezentralen Speichern in Verknüpfung mit den im ganzen Land verteilten regenerativen Stromerzeugern reduziert werden. Gigantische zentrale Verteilernetze sind dann nicht erforderlich.

8.7   Batteriespeicher

Da die bestehenden Netzregelungsmöglichkeiten mit dem Ausbau der Erneuerbaren Energien immer mehr an ihre Leistungsgrenzen kommen und die Gewährleistung der Netzstabilität immer schwieriger zu erreichen ist, wird der Not gehorchend erstmalig im LEAG-Kraftwerk Schwarze Pumpe ein 50 MW Lithium-Ionen-Großbatteriespeicher zur Stabilisierung des Netzes installiert.[1]

8.8   Verteilung

Neben dem Speicherproblem ist auch das Verteilungsproblem für eine versorgungssichere, bezahlbare und die Natur nicht zerstörende CO_2- arme Energiewirtschaft zu lösen. Die dezentral geerntete Energie sollte dezentral gespeichert und verteilt werden.

Hintergrundinformation

Die Errichtung von Windparks in der Nord- und Ostsee widerspricht dieser Idee. Es werden mit der Anhäufung von Erneuerbaren Energien fern vom Verbraucherort Pseudo-Groß-kraftwerke geschaffen, die wieder Großstrukturen zur Verteilung benötigen. Der mit den Erneuerbaren Energien dezentral geerntete Strom sollte nicht erst zentral eingesammelt werden, um diesen dann wieder verteilen zu müssen.

---

[1] Vgl: https://www.leag.de/de/blog/artikel/bigbattery-innovatives-batteriespeicher-projekt/.

Mit der geplanten Errichtung großer Windparks in der Nord- und Ostsee, den zugehörigen zentralen Speicher- und Stromrückverwandlungsstrukturen einschließlich der notwendigen großen Stromtrassen nach Süddeutschland wird zudem die Verletzlichkeit des Industriestandorts Deutschland sowohl durch mögliche terroristische Anschläge als auch durch lokale Naturereignisse drastisch gesteigert [2].

Eine sinnvolle Energiewende kann nur mit insgesamt neuen dezentralen Strukturen für die Stromerzeugung und Stromverteilung gelingen, die im Einklang mit den Systemeigenschaften der Erneuerbaren Energien selbst stehen.

Ökologisch verträglich in der Landschaft angeordnete Stromquellen sind intelligent so zu vernetzen, dass diese in sich selbst funktionierende dezentrale Einheiten (smart grids) bilden.

Wie bereits im industriellen Bereich ist auch im privaten Bereich ein Verbrauchermanagement erforderlich, um die Stromentnahme durch die Verbraucher glätten zu können. Letztlich geht es um Abschaltoptionen von Verbrauchern. Nach einem Prioritätsprinzip werden Verbraucher zeitlich begrenzt automatisch vom elektrischen Netz abgetrennt. Die vagabundierende Stromerzeugung mit Wind und Photovoltaik ist mit einem ebenso vagabundierenden Strombedarf der Verbraucher zu koppeln [2].

Ergänzende und weiterführende Literatur

1. Schulten, R. / Bernert, H.: Hochtemperatur-Methanisierung im Kreislauf „Nukleare Fernenergie". Jahrestreffen der Verfahrens- ingenieure Straßburg, Oktober 1980
2. Unger, J. / Hurtado, A.: Energie, Ökologie und Unvernunft. Springer 2013
3. Yung, Y. L.: Potential Environmental Impact of a Hydrogen Economy on the Stratosphere. Science 2003, 300, 1740–1742
4. Winter, J. / Nitsch, J.: Wasserstoff als Energieträger. Berlin, Heidelberg, New York, Tokyo: Springer 1989

Mobilität

9

Zusammenfassung

Als Ersatz der fossilen Treibstoffe sind aus der Biomasse hergestellte flüssige und gasförmige Treibstoffe denkbar. Auch Strom kann direkt als Treibstoff eingesetzt werden. Die Entscheidung über die Art der zukünftigen Treibstoffe hängt von der Entscheidung für die zukünftigen Antriebssysteme ab. Für den gesamten erdgebundenen Verkehr ist eine weitgehende Elektrifizierung möglich, die wiederum mit der möglichen Speicherbarkeit elektrischer Energie verknüpft ist. Mit einer induktiven Aufladung direkt beim Fahren kann das Speicherproblem reduziert werden, das aber einen weitgehenden Umbau der Hauptstraßeninfrastrukturen voraussetzt

Ohne Verbesserungen in der Speichertechnik und einer neuen globalen Infrastruktur zur induktiven Fahraufladung sind Hybridsysteme eine Zwischenlösung (Antrieb elektrisch: Aufladen am Stromnetz beim Parken, Aufladen beim Fahren mit Hilfe eines stationär betriebenen Hilfsaggregats zur Stromerzeugung). Hier ist die Art des benötigten Zusatz-Treibstoffs abhängig von der Wahl des Hilfsaggregates zur Stromerzeugung. Das Hilfsaggregat kann ein Verbrennungsmotor oder eine Brennstoffzelle sein.

9.1 Wasserstoff

Da Wasserstoff nicht primär zur Verfügung steht (Sekundärenergieträger), ist der Weg der Wasserstofftechnik umständlich und damit ökonomisch ineffizient. Hinzu kommen auch nicht vernachlässigbare Umweltprobleme (Abschn. 8.5, [1]). Wenn der mit Hilfe von Biomasse bereitgestellte Biowasserstoff im Vergleich zu anderen Möglichkeiten ökonomisch unterliegt, trifft dies bei der Bereitstellung mit Hilfe der derzeitigen Elektrolyse verstärkt zu, die auch bei der Umwandlung von EE-Strom in Treibstoff (power to gas/liquid fuel) angewendet wird.

© Springer Fachmedien Wiesbaden GmbH, ein Teil von Springer Nature 2020   193
J. Unger et al., *Alternative Energietechnik*,
https://doi.org/10.1007/978-3-658-27465-8_9

9.2   Strom

Das Aufladen der Batterien ist sowohl im Stillstand als auch im Fahrbetrieb induktiv machbar.

Die Ladestation zum Aufladen eines Autos im Ruhezustand ist in Bild 9.1 dargestellt.

Durch in die Straße integrierte modulare Ladeeinrichtungen kann die elektrische Versorgung auch während des Fahrbetriebs realisiert werden (Bild 9.2).

Hybridautos mit ausschließlich elektrischem Antrieb und einem Hilfsverbrennungsmotor mit optimalem Verbrauch bei konstanter Drehzahl zum Aufladen der Batterie sind eine Zwischenlösung.

Wenn eine Infrastruktur zur induktiven Versorgung der Batterie auch im Fahrbetrieb zur Verfügung steht (Bild 9.2), kann auf den Einbau des Hilfsverbrennungsmotors verzichtet werden, ohne dass hierzu das Auto umgebaut werden muss.

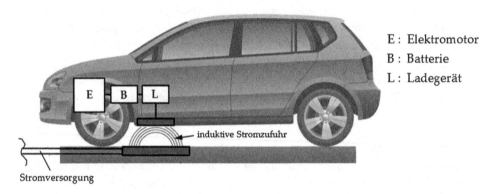

Bild 9.1 Kontaktlose induktive Ladestation

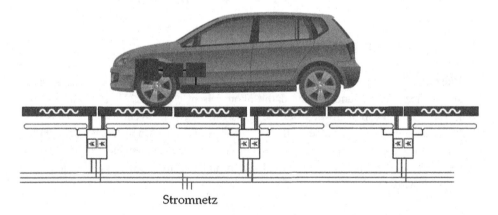

Bild 9.2 Induktive Energieübertragung im Fahrbetrieb

Die Elektromobile können auch als kollektive Großspeicher für EE-Strom genutzt werden.

Hintergrundinformation

Nach der bereits weitgehend abgeschlossenen Elektrifizierung des Schienenverkehrs ist die mobilitätsbedingt technologisch anspruchsvollere des Straßenverkehrs längst überfällig.

Schon heute kann in der eigenen Garage mit einer in eine Matte eingelassenen Magnetspule das E-Auto ohne Kabel induktiv aufgeladen werden.

Der Königsweg der Aufladung im Fahrbetrieb folgt mit der dazu erforderlichen induktiven Straßeninfrastruktur. Die Transrapid-Technologie ist auf die Straße zu übertragen.

Eine totale induktive Straßeninfrastruktur ist nicht erforderlich. Schon heute verfügbare Batterien sind ausreichend, um die Zwischenstrecken ohne induktive Infrastruktur überwinden zu können.

Bei der Herstellung der Batterien und deren Recyclierbarkeit ist auf die Verwendung von nichttoxischen umweltverträglichen Komponenten und die welt-weite Verfügbarkeit der erforderlichen Ressourcen zu achten.

▶ **Tipp** Auch bei der Mobilität sollte die energetische Effizienz (minimaler Energiebedarf) an erster Stelle stehen. Überproportionale SUV wie Pferdekutschen und Geländewagen, die allein zum Einkaufen genutzt werden, sollten eine Zeiterscheinungen bleiben.

Anders ist die Situation beim nicht erdgebundenen Verkehr.

Wenn auch kleinere Flugzeuge schon heute mit Elektromotoren gespeist über Batterien oder Solarzellen zu betreiben sind, entfällt diese Möglichkeit der Elektrifizierung für Großraumflugzeuge.

Ergänzende und weiterführende Literatur

1. Yung, Y. L.: Potential Environmental Impact of a Hydrogen Economy on the Stratosphere. Science 2003, 300, 1740–1742

Energieautarkie

10

Zusammenfassung

Mit einer Maschine kann Energie nicht vermehrt werden. Die durch Umwandlung zur Verfügung stehende Nutzenergie ist stets kleiner oder maximal gleich der eingesetzten Energie.

Auch wenn eine Maschine zur Umwandlung der Energie in die gewünschte Nutzenergie funktioniert, ist noch nicht sichergestellt, dass diese auch dauerhaft funktioniert. Um Maschinen zur Bereitstellung von Nutzenergie dauerhaft betreiben zu können, muss auch der Energieaufwand für die dazu benötigte Infrastruktur beachtet werden.

Ein energieautarkes Verhalten ist nur möglich, wenn die Differenz aus der geernteten und der konsumierten Energie am Ende der Lebensdauerzeit des Systems nicht die zur Regeneration erforderliche Energie unterschreitet. Diese Situation lässt sich durch den Erntefaktor beschreiben (Abschn. 2.2). Die Energieautarkie kann nur erreicht werden, wenn zusätzlich zu der notwendigen Bedingung $\eta > 0$ für den Wirkungsgrad auch die hinreichende Bedingung $\varepsilon > 1$ für den Erntefaktor erfüllt wird.

Im Zusammenhang mit der Energiewende und dem Anspruch auf eine durch Erneuerbare Energien dominierte Energiewirtschaft ist zum Abschöpfen des Energieangebots der Natur (Wind, Photovoltaik: niedrige Leistungsdichten und vagabundierend) ein hoher Bedarf an Infrastruktur zur Sicherung der Versorgungssicherheit geknüpft (Bild 10.1).

Das Ausmaß der Infrastruktur und deren eminenter Einfluss auf die Nachhaltigkeit einer solchen Energiewirtschaft zeigt sich in der energetisch gesamtheitlichen Betrachtung[1] mit

---

[1]Hier wurde einfachheitshalber der Erntefaktor in seiner nicht-primärenergetischen Form verwendet, der zur Darstellung sowohl die geerntete als auch die für die Infrastruktur benötigte Energie in der hochwertigen Energieform Strom nutzt: $\varepsilon, \tilde{\varepsilon} \rightarrow$ (Abschn. 2.2).

© Springer Fachmedien Wiesbaden GmbH, ein Teil von Springer Nature 2020   197
J. Unger et al., *Alternative Energietechnik*,
https://doi.org/10.1007/978-3-658-27465-8_10

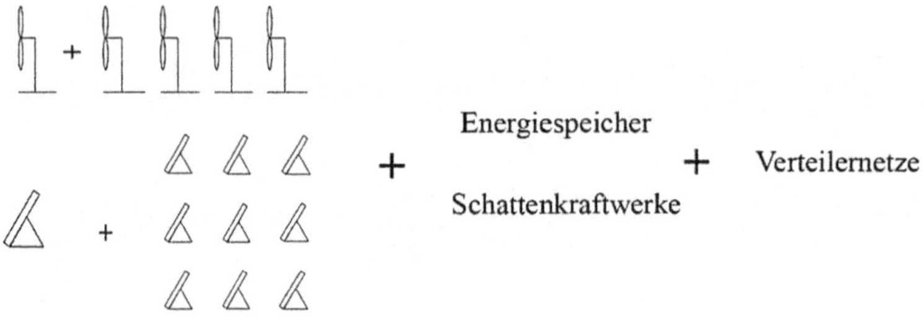

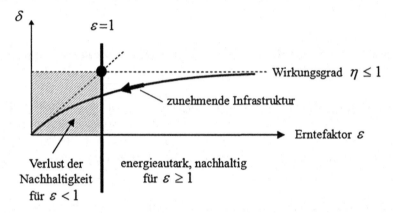

Bild 10.1 Infrastruktur für regenerative Systeme Windenergie und Photovoltaik

Bild 10.2 Infrastruktureinfluss und Auswirkung auf die Nachhaltigkeit einer regenerativ dominierten Energiewirtschaft

dem Globalwirkungsgrad $\delta = \delta(\varepsilon, \eta)$, der in Abhängigkeit vom Energie-Erntefaktor ε und dem Wirkungsgrad η in Bild 10.2 dargestellt ist (Abschn. 2.3).

Bei Nichtbeachtung der Energieautarkie des Gesamtsystems geht die Nachhaltigkeit verloren, die Systeme kollabieren.

In der Infrastruktur der regenerativen Populationssysteme und in der Beschränktheit des Konsums E_K (Abschn. 3.4.5)

$$\frac{E - E_K}{E_{Bau} + \dots} = \varepsilon \left(1 - \frac{E_K}{E} \right) > 1 \tag{10.1}$$

der geernteten Energie E zur Sicherung der Regenerierbarkeit der Systeme zeigt sich die Achillesferse der Erneuerbaren Energien. Der Zusammenbruch kann nur durch dirigistisches Zurückhalten der erforderlichen Restenergie zur Regenerierung vermieden werden.

Hintergrundinformation
In diesem Zusammenhang ist auch auf immer noch nicht gebannte kriegerische Auseinandersetzungen hinzuweisen. In einer an Energieressourcen ausgebeuteten Welt könnte nach der Zerstörung der Zivilisation diese wegen Energiemangel nicht mehr aufgebaut werden. Diese Situation wird durch rein regenerative Energiewirtschaften verschärft. Es sollten deshalb ganz bewusst nicht-regenerative energetische Ressourcen zurückgehalten werden, damit eine solche energetische Falle nicht Realität werden kann. Etwa der Verzicht auf die Förderung der heute noch nicht ausgenutzten Gasreserven in der Erdrinde durch Fracking, kann eine solche Sicherung sein.

Aber auch im schnellen Aufbau Erneuerbaren Energien durch Subventionen lauern Gefahren.

Durch den schnellen Aufbau wird eine umfangreiche junge Systemgeneration geschaffen, die nach Ablauf der erreichbaren Lebensdauer eine ebenso große alte Systemgeneration beschert, die dann in kürzester Zeit durch eine neue zu ersetzen ist.

Die technologische Beherrschung dieser künstlich durch Subventionen geschaffenen Zyklen setzt die ökonomischen Möglichkeiten zur Regenerierung nach Ablauf der Zyklen voraus. Sind diese aus welchen Gründen auch immer (Wirtschaftskrise, . . .) nicht gegeben, können die Systeme nicht regeneriert werden und belasten zusätzlich die zu diesem Zeitpunkt vorherrschenden ökonomische Verhältnisse.

▶   **Tipp** Übertriebenes Wachstum ist immer mit Folgeproblemen in der Zukunft verknüpft.

Ökologische Verträglichkeit 11

Zusammenfassung

Die Erneuerbaren Energien (EE), die dezentral das Angebot der Natur durch Abschöpfung umweltfreundlich (Kap. 1) nutzen, sind auch zur dezentralen Nutzung erdacht worden. Das zentralistische Einsammeln von natürlichen Energien und die ebenso zentralistische Verteilung wie bei den bisher genutzten fossil-nuklearen Großkraftwerk-Strukturen stehen im Widerspruch zur Philosophie der Erneuerbaren Energien selbst. Erneuerbare Energie sollte nicht erst gesammelt und dann wieder verteilt, sondern dezentral am Ort der Abschöpfung genutzt werden. Dem effizienten Umgang mit Strom ist dabei die oberste Priorität einzuräumen.

In das mit den Großkraftwerken monopolistisch[1] entstandene Verteilernetz wird heute der vagabundierend mit den Erneuerbare Energien geerntete Strom zusammen mit dem grundlastfähig erzeugten Strom aus Schattenkraftwerken alter Prägung eingespeist. Insbesondere die Windenergie wird gebündelt und der gewonnene Strom wie der aus einem Ersatz-Großkraftwerk behandelt. Das Festhalten an den zentralistischen Strukturen ist mit den Eigenheiten der Erneuerbaren Energien schlecht vereinbar, so dass es zum Interessenkonflikt zwischen zentralen und dezentralen Strukturen kommt.

Windräder sind in der heute üblichen Bauart technologisch ausgereift. Der natürliche Wind wird als Primärenergie genutzt. Die sich naturgesetzlich ohne technische Zusatzmaßnahme aufweitende Stromröhre bewirkt hohe Wirkungsgrade (Abschn. 2.1.1.2) und der geringe Bauaufwand führt zu überragenden Energieerntefaktoren (Abschn. 2.2.3). Im Inselbetrieb ist ein Windrad energetisch, ökonomisch und ökologisch unschlagbar.

---

[1]Monopolstellung der großen Energieversorgungsunternehmen (EVU) auf der Grundlage des Energiewirtschaftsgesetzes (EnWG) von 1935 [1, 2].

© Springer Fachmedien Wiesbaden GmbH, ein Teil von Springer Nature 2020   201
J. Unger et al., *Alternative Energietechnik*,
https://doi.org/10.1007/978-3-658-27465-8_11

Soll aber der nur zeitlich verfügbare EE-Strom, der weitab von den Verbrauchern geerntet auch noch grundlastfähig bereitstehen, sind übermächtige Infrastrukturen erforderlich, die zu massiven Eingriffen in die Natur [3] führen, die EE-Systeme unwirtschaftlich (Kap. 10) machen und auch die Energieautarkie dieser Großsysteme signifikant in Frage stellen.

Die Stromerzeugung am falschen Ort und die damit erforderliche Stromverteilung sollte vermieden werden. Die Erneuerbare Energien müssen dezentral am Ort der Verbraucher angesiedelt werden.

Die insbesondere extrem aufwendige Offshore-Technik mit den größten Verteilungsproblemen sollte nicht weiter verfolgt werden.

Damit erübrigt sich auch die Diskussion über oberirdische oder auch unterirdische *H*ochspannungs-*G*leichstrom *Ü*bertragung-Trassen (HGÜ) (Bild 11.1) mit vermeintlich geringen Verlusten, die nicht in das dezentrale Konzept passen, die Strom nur von A nach B ohne dezentrale Abnahmemöglichkeit leiten, so dass Zusatzverteiler erforderlich werden, die mit zusätzlichen Umwandlungs- und Anpassungsverlusten verknüpft sind.

Große Kraftwerke wie auch die durch Bündelung von Modulen erzeugten EE-Ersatzgroßkraftwerke sind Auslaufmodelle der fossil-nuklearen Zeit. Die ökonomisch durch Kostendegression (Abschn. 2.2.1) entstandenen alten Großstruk-turen passen nicht in die EE-Welt, die modulhaft aufgebaut ist.

Moderne Windräder mit großen Nabenhöhen sollten ebenso wie die Photovoltaik in Verknüpfung mit Industrie- und Gewerbegebiete aufgebaut werden, um die dort vorhandenen Netz- und Verkehrsanschlüsse nutzen zu können [4].

Photovoltaikanlagen sind in die Gebäudestrukturen zu integrieren (Infrastruktur-Vermeidung: Photovoltaikmodul zur Stromerzeugung zugleich Fenster als auch Dachdeckung). Gigantische Freiflächenanlagen sind zu vermeiden (Neuanlagen in Deutschland eigentlich verboten und dennoch gebaut), damit keine naturnahen Bereiche ökologisch zerstört werden.

Auch die Großspeichertechniken sollten möglichst durch dezentrale Möglichkeiten ersetzt werden. In der Übergangszeit mit teilweise noch aktiven Großstrukturen sollte beim Zurückdrängen dieser Großstrukturen darauf geachtet werden, dass die Infrastrukturen simultan an die zukünftige dezentrale Energiewirtschaft angepasst und nicht durch alte Großstrukturen behindert werden. Dies alles ist erst in Jahrzehnten und mit neuen heute noch nicht greifbaren Möglichkeiten zu realisieren.

In der Zwischenzeit kommen heute immer noch fossile Großkraftwerke als Schattenkraftwerke zum Einsatz. Mit der Energiewende erlangt so die Fossiltechnik derzeit eine neue Bedeutung, die eigentlich abgeschafft und durch erneuerbare Energien ersetzt werden sollte.

Mit dem anti-dezentralen alten Denken werden die Erneuerbaren Energien und insbesondere die Windenergie zur Umweltbelastung [3]. Dieser Interessenkonflikt ist möglichst ökonomisch und zugleich ökologisch verträglich zu lösen.

Überall dort, wo die Anwendung der EE zur Naturzerstörung führt, sollten ergänzende und dies verhindernde Technologien mit höherer Leistungsdichte zur Anwendung kom-

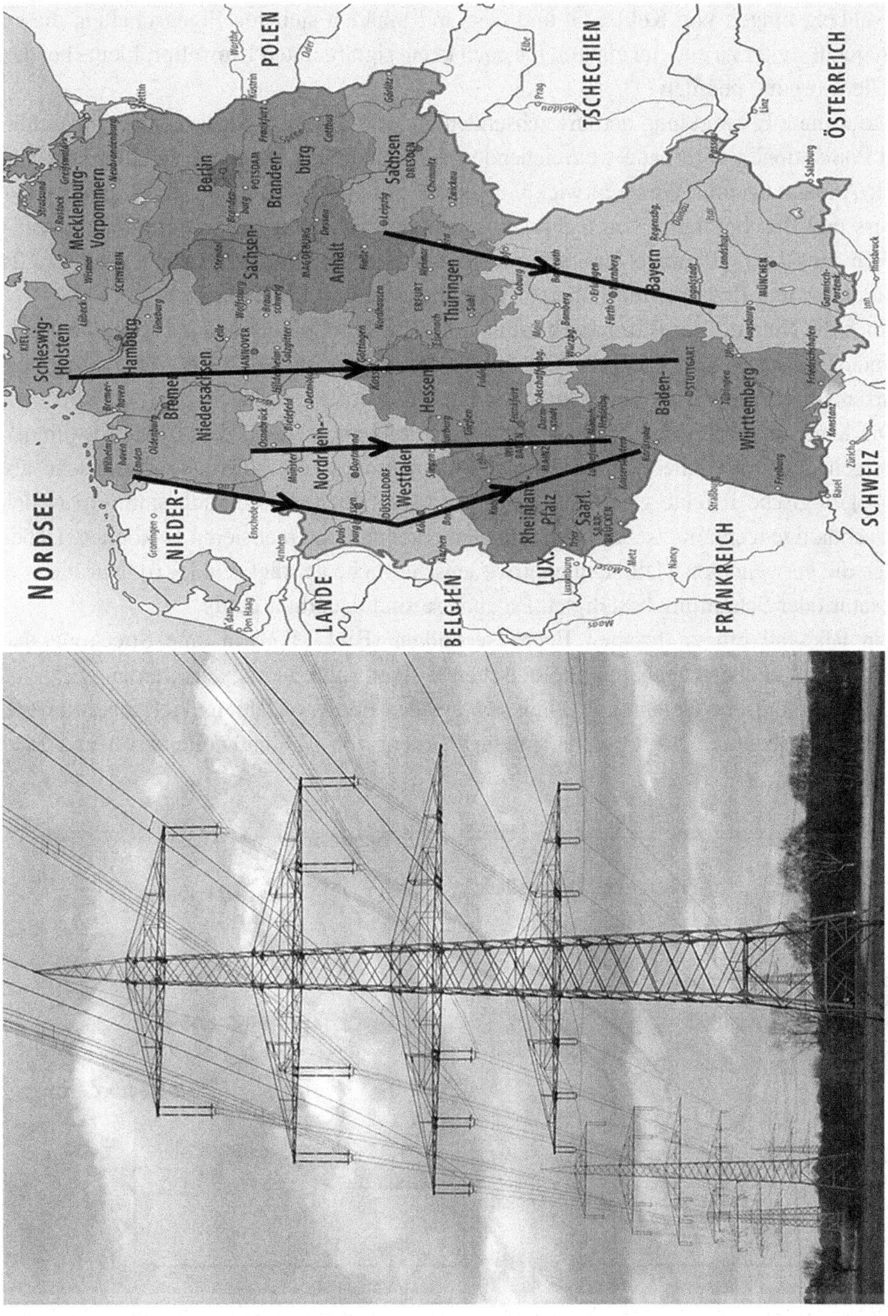

Bild 11.1 Stromverteilernetze von Nord nach Süd zur Nutzung der Off-Shore Windenergie

men, die ebenso wie die Erneuerbare Energien dezentral zu nutzen sind. Geeignet hierzu sind nukleare Kleinreaktroren (an dezentrale EE-Welt angepasste Kerntechnik ohne die Umweltbelastungen von Kohle, Öl und Gas) mit inhärent sicheren Eigenschaften, die es konsequent weiter zu entwickeln gilt, die auch keine signifikanten Umweltprobleme bei der Abfallentsorgung bereiten [1].

Die weitere Entwicklung der anwachsenden und mit Strom zu versorgenden menschlichen Populationen wird neue weitreichende gesellschaftliche Probleme schaffen, die nur durch Anpassung und Weiterentwicklung der Energiewirt-schaft und nicht durch Ausschluss und Beschränkung von technologischen Möglichleiten zu meistern sind. Grundsätzlich muss der effiziente Umgang mit Strom oberste Priorität haben (Abschn. 2.2: Verbraucher und Erzeuger mit höherem Wirkungsgrad und Erntefaktor).

Auch die Nutzung der Biomasse birgt in sich weltweit ökologische Probleme, die durch die Industrialisierung der Landwirtschaft und insbesondere auch durch die Erzeugung von Pflanzen zur energetischen Verwertung (Strom, Treibstoffe) entstehen.

Die heute sichtbar werdenden ökologischen Probleme zeigen, dass zukünftig immer weitergehender gesamtheitliche weltweite Betrachtungen, die sowohl ökonomische als auch ökologische Effekte gleichberechtigt berücksichtigen, erforderlich sind, um in der Tat nachhaltige technologische Entwicklungen erkennen und realisieren zu können. Dabei sollten die verwendeten Methoden naturwissenschaftliche geprägt sein [5, 6]. Nur die von der Natur oder Schöpfung bestätigten Ergebnisse sind dauerhaft gültig.

Ein Rückfall hin zu fossilen Energietechniken (Bild 11.2), in eine Streckung der Fossilzeit mit unüberschaubaren ökologischen Risiken sollte vermieden werden.

Diese ökologische Gefahren ergeben sich aus den Förderverfahren (Tiefseebohrungen, Fracking, Ausbeutung der Ölsande, marines Ernten von Methanknollen, . . .) und Ent-

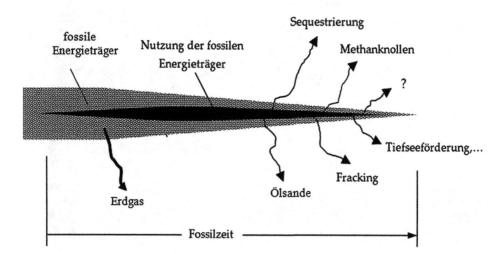

Bild 11.2 Technologische Auswüchse in der Endzeit der fossilen Energieträger

sorgungsverfahren (Sequestrierung, . . .). Diese Auswüchse, die wiederum zu Belastungen der Umwelt führen, sind Rückfallerscheinungen, die einer wirklichen Energiewende zuwiderlaufen.

Bereits der Plan B der Ethikkommission (Kap. 7, [7]) ist ein solcher Rückfall.

Die Energiewende sollte als Transformationsprozess hin zu einem tatsächlich neuen Verständnis in der Energieversorgung gesehen und genutzt werden.

11.1 Technologien für die nahe Zukunft

Insbesondere Technologien, die in der Tat Energie aus unserer Umgebung unmittelbar ohne den Umweg über thermodynamische Prozesse mit Energieentwertung und ganz ohne bewegliche Teile in die hochwertige Energieform Strom umwandeln, zeigen den Weg in eine sinnvolle energetische Zukunft. Hier ist die Photovoltaik der Vorreiter, den es endlich weiterzuentwickeln gilt.

Langfristig ist die Kernfusion mit der MHD-Technologie zu verknüpfen. Eine Kernfusion, die nicht nur als Wärmequelle dient, um eine Technik von vorgestern (Carnot mit Turbine, Generator) zu betreiben. Nur so wird auch die Kernfusion in der Tat eine innovative Technik, die Strom ganz ohne sich bewegende Teile erzeugen kann. Hier müssen die Fähigsten der ganzen Welt in einem alles umfassenden Programm mitwirken.

Als attraktive Zwischenlösung bis zum Erreichen der Kernfusion mit MHD-Technik können Fissionsreaktoren (HTR-ähnliche Reaktoren mit hohen Betriebstemperaturen, Weiterentwicklung der bereits in China gebauten HTR-Reaktoren) dienen, mit denen Wasserstoff durch thermische Spaltung von Wasser bereitgestellt werden kann, der mit Hilfe von Brennstoffzellen (BZ) zur Stromerzeugung aber auch zur Produktion von Kohlenwasserstoffen (Treibstoffe, . . .) und Kunststoffen jeglicher Art unter zusätzlicher Verwendung des Kohlenstoffs aus der Atmosphäre genutzt werden kann (Bild 11.3).

Nur im Bedarfsfall und zur Vermeidung von großflächigen Naturzerstörungen sollten nukleare Einheiten eingesetzt werden, die auf geniale Weise die Energie aus dem Inneren der Materie nutzen, die uns das Universum zur Verfügung gestellt hat.

Zusammen mit der Photovoltaik und kleinnuklearen Stromerzeugern mit dezentraler Nutzung könnte längerfristig eine energetisch sinnvolle auf die Zukunft ausgerichtet Energiewende realisiert werden.

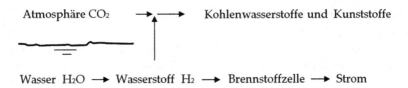

Bild 11.3 Technologische Nutzung von Wasser und Kohlendioxid

11.2   Energiewende für die Zukunft

Im Rahmen der bisherigen Erneuerbaren Energien (Wasser, Wind, Photovoltaik, Biomasse, Geothermie) ist die Photovoltaik die einzig neue Technology, die es unbedingt weiter zu entwickeln gilt.

Die anderen Energiearten der Erneuerbaren Energien Wasser, Wind, Biomasse sind Technologien aus der Vergangenheit und die Geothermie zur Stromerzeugung ist für Deutschland ungeeignet.

Ohne eine ergänzende inhärent sichere Kerntechnik bleibt die heutige Energiewende umweltzerstörend:

Die energetische Zukunft ist eine Stromerzeugung

ohne prähistorisches Feuer

ohne bewegte Teile

In einer immer elektrischer werdenden Welt ist auch die Wärmeversorgung neu zu überdenken. Alle Heizungssysteme von gestern (..., Brennwertheizungen, BHKW, ...) mit prähistorischen Feuer (Holz/Pelett, Biomasse, Öl, Gas) sind Auslauftechnologien. Verknüpft damit ist auch eine angepasste Gestaltung der Gebäudetechnik (Isolierung der Gebäude, an die Sonne ausgerichtete Bauweise, Wärmerückgewinnung).

Die übertriebene Biomasseproduktion durch landwirtschaftlichen Anbau sollte zur Naturerhaltung vermieden werden. Der Nutzung biogener Abfälle ist hier Priorität einzuräumen [8].

Eine Homogenisierung zwischen Städten und ländlichen Regionen sollte zum Schutz der Natur nicht stattfinden.

Die damit verknüpfte Mobilität ist insgesamt neu zu überdenken. Der Verbrennungsmotor (prähistorisches Feuer) ist langfristig abzuschaffen. E-Mobilität mit induktiver Aufladung im Fahrbetrieb wird die Zukunft sein. Dann reichen die schon heute eingesetzten Batterien aus und die Brandgefahr von Hochleistungsbatterien wird eliminiert. Auch mögliche Explosionen (Gas, Wasserstoff, ...) werden mit einer globalen Elektrifizierung mit Hilfe der Photovoltaik und der dezentralen Kerntechnik aus der Welt geschafft:

All diese Ziele sind nur langfristig zu erreichen,

es muss aber schon heute damit begonnen werden!

Dabei muss stets darauf geachtet werden, dass die Energiewende mit der Physik im Einklang steht. Gesamtheitliche Betrachtungen sind unverzichtbar, damit die erforderlichen Infrastrukturen beachtet werden.

All diesen Aufgaben stehen gesellschaftliche Widerstände entgegen, die auch schon früher sinnvolle Entwicklungen lähmten (Planck, Goethe, ...).

Eine Erkenntnis setzt sich nie deshalb durch, weil ihre Gegner überzeugt werden und die Wahrheit erkennen, sondern weil die Gegner wegsterben, und weil dann eine neue Generation mit der neuen Erkenntnis aufwächst. (Max Planck)

An die Stelle gefährlicher Ideologien von „Pseudo-Ökologie-Bewegungen" muss eine naturwissenschaftlich ausgerichtete Zivilisation mit einer Bejahung des naturwissenschaftlichen und technischen Fortschritts zum Wohl der gesamten Gesellschaft treten.

Man muss das Wahre immer wiederholen, weil auch der Irrtum um uns her immer wieder gepredigt wird, und zwar nicht von einzelnen, sondern von der Masse. In Zeitungen und Encyklopädien, auf Schulen und Universitäten, überall ist der Irrtum obenauf, und es ist ihm wohl und behaglich im Gefühl der Majorität, die auf seiner Seite ist. (Johann Wolfgang von Goethe).

Ergänzende und weiterführende Literatur

1. Unger, J. / Hurtado, A.: Energie, Ökologie und Unvernunft. Springer 2013
2. Kehrberg, Jan O. C.: Die Entwicklung des Elektrizitätsrechts in Deutsch- land / Der Weg zum Energiewirtschaftsgesetz von 1935. Verlag Peter Lang 1996
3. Etscheit, G. (Hrsg.): Geopferte Landschaften. Wie die Windenergie unsere Umwelt zerstört. München: Verlagsgruppe Random House 2016
4. N.N.: Ökologischer Finanzausgleich. Umweltbundesamt, Dessau-Roßlau
5. Penrose, R.: Computerdenken. Heidelberg: Spektrum der Wissenschaft, Verlagsgesellschaft 1991
6. Unger, J. / Leyer, S.: Dimensionshomogenität. Erkenntnis ohne Wissen? Springer 2015
7. N.N.: Deutschlands Energiewende. Ein Gemeinschaftswerk für die Zukunft. Presse- und Informationszentrum der Bundesregierung. 2011
8. Unger, J.: Desintegration – Ein Verfahren das Energie zugleich einspart und liefert. Querschnitt Nr. 21, HDA, Februar 2007

Übungsaufgaben und Lösungen

12

12.1 Aufgaben

Aufgabe 1: Bei rein quantitativem Wachstum nimmt der Energiebedarf zur Trinkwasseraufarbeitung ständig zu. Welcher energetische Leistungsbedarf entsteht, wenn die Verschmutzungskonzentration $S = S_0\, e^{a\,t}$ exponentiell mit der Zeit t ansteigt, sich die aufzuwendende Energie/Zeiteinheit $\dot{E}$ proportional zu S verhält und insgesamt ein Trinkwasservolumen/Zeiteinheit $\dot{V}_0$ benötigt wird? Nach welcher Zeit bricht die Wasseraufarbeitung zusammen, wenn maximal nur die Leistung $\dot{E}_{\max}$ verfügbar ist? Nach welchem Zeitgesetz müsste sich der Technologiekoeffizient K des Verfahrens ändern, damit bei $\dot{E} = \dot{E}_{\max}$ die Versorgung möglichst lange gesichert bleibt? Wieso kommt es trotz Technikfortschritt nach einer Zeit T_T zum Technikversagen?

Aufgabe 2: Es wird die Strahlung zwischen der Sonne und der Erde betrachtet. Die Sonne verhält sich nahezu wie ein schwarzer Strahler (Skizze) mit der Oberflächentemperatur $T = T_S$. Für die Strahlung gilt das Gesetz

$$\dot{Q} = \sigma A\, T^4 = A \int\limits_{0}^{\infty} \Phi\left(\lambda;T\right) d\lambda$$

von Stefan-Boltzmann, das sich durch Integration über alle Wellenlängen λ aus der Planckschen Strahlungsintensität ergibt:

$$\Phi = \frac{2\pi h\, c^2}{\lambda^5}\; \frac{1}{e^{h\,c/(\lambda k T)} - 1}$$

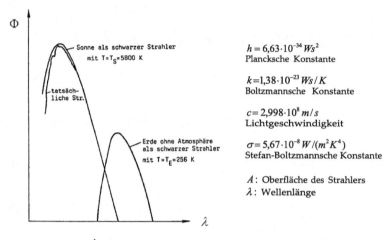

$$h = 6,63 \cdot 10^{-34} \, Ws^2$$
Plancksche Konstante

$$k = 1,38 \cdot 10^{-23} \, Ws/K$$
Boltzmannsche Konstante

$$c = 2,998 \cdot 10^8 \, m/s$$
Lichtgeschwindigkeit

$$\sigma = 5,67 \cdot 10^{-8} \, W/(m^2 K^4)$$
Stefan-Boltzmannsche Konstante

A : Oberfläche des Strahlers
λ : Wellenlänge

Welche Gesamtleistung $\dot{Q}_S$ strahlt die Sonne (Radius $r_S = 696\,000$ km) bei der vorhandenen Oberflächentemperatur $T_S = 5800$ K ab? Wie groß ist die Strahlungsleistung $\dot{Q}_{SE}$, die dabei auf die Erde (Radius $r_E = 6385$ km, Abstand $r_{SE} = 1,496 \cdot 10^8$ km zwischen den Zentren von Sonne und Erde) entfällt? Welcher Wert (obere Grenze) kann für die Solarkonstante q_{S0} (eingestrahlte Solarleistung/Fläche) angegeben werden? Welche mittlere Temperatur würde sich auf der Erde bei fehlender Atmosphäre einstellen? Dabei ist zu berücksichtigen, dass 30 % der einfallenden Strahlung (Albedo von $\alpha = 0,3$) direkt reflektiert werden.

Aufgabe 3: In Erweiterung zu Aufgabe 2 wird die reale Erdatmosphäre betrachtet. Die Erde kann jetzt nur noch in bestimmten Frequenz- bzw. Wellenlängenbereichen Strahlung emittieren. Dieses teilweise „optisch dichte" Verhalten der Erdatmosphäre [1] wird vereinfacht durch die Summe der Rechteck-Flächen (Skizze) abgeschätzt, welche die verbliebene Emission beschreiben. Welcher Bruchteil der Einstrahlung kann bei unveränderter Erdtemperatur noch abgestrahlt werden? Welche neue globale Erdtemperatur stellt sich infolge des geminderten Abstrahlungsvermögens ein?

Auch ohne das optisch dichte Verhalten der heutigen Atmosphäre kann es mit anthropogenen Wärmequellen zu Temperaturerhöhungen kommen.

Welche globale Temperatur würde sich ohne Atmosphäre bei dem gegenwärtigen Energiebedarf/Zeit-einheit der Menschheit in der Größenordnung von $\dot{Q}_{anth} = 10^{13}$ W einstellen? Wie ändert sich das Ergebnis, wenn der nicht-natürliche Energieeintrag in die Größenordnung des natürlichen Energieeintrags durch die Sonne kommt?

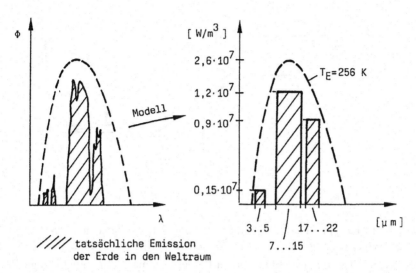

//// tatsächliche Emission
      der Erde in den Weltraum

Aufgabe 4: Der jährliche Energiebedarf pro Kopf liegt in Deutschland bei 4860 *kWh*. Wie viele Menschen könnten die Erde ($r_E = 6385$ km) unter den gleichen energetischen Bedingungen bevölkern, wenn deren Energiebedarf gerade die Energiemenge erreicht, die jährlich von der Sonne ($q_\alpha = 0{,}243$ *kW/m²*, Aufg. 2) eingestrahlt wird? In welchem Jahr würde diese Situation eintreten, wenn das Anwachsen der Weltbevölkerung wie bisher der einfachen Wachstumsgleichung

$$x(t) = x_0 \cdot e^{(\alpha-\beta)\,(t-t_0)}$$

beginnend mit den Daten von 1961, [2]

$$x_0 = x(t_0) = 3{,}06 \cdot 10^9,\alpha - \beta = 0{,}02$$

folgen würde.

Aufgabe 5: Für das skizzierte Wasser-Kraftwerk wird von den Betreibern eine am Generator abgegebene Leistung $P_{el} = 3{,}6$ MW gemessen. Mit welchem Wirkungsgrad η_T wird die Turbine und mit welchem Wirkungsgrad η_{ges} wird das Gesamtkraftwerk gefahren? Welche maximale Leistung $P_{max} = P_{T\,max}$ könnte man dem System entnehmen? Wie groß müsste dann der Wasserzufluss $\dot{V}_{zu}$ sein, damit ein zeitlich unbeschränkter stationärer Betrieb mit P_{max} möglich wäre?

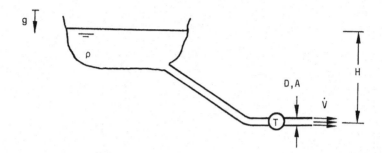

$$H = 90{,}5\,m,\ \dot{V} = 4{,}7\ m^3/s,\ D = 0{,}8\,m,\ \rho = 10^3\,kg/m^3,\ g = 9{,}81\,m/s^2$$

Aufgabe 6: Für ein Aufwindkraftwerk (Abschn. 2.1.1.3) berechne man den maximal möglichen Wirkungsgrad. Mit welcher elektrischen Leistung der Anlage kann gerechnet werden, wenn mit dem Flügelrad im Kamin 1/3 der maximalen Strömungsenergie/Zeit für den elektrischen Generator verfügbar gemacht werden kann? Welche Windgeschwindigkeit stellt sich im Kamin bei Leerlauf und bei Nennlast ein? Welche Kaminhöhe ist erforderlich, um einen Wirkungsgrad von mindestens 1 % zu erreichen? Wie groß ist dann die zugehörige Kollektorfläche $A_K = D_K^2\,\pi/4$, und wie groß ist die Leistungsdichte der Anlage?

$$H = 200\,m,\ D = 10\,m,\ D_K = 10\,m, c_p = 1\,kWs/(kg\,K),\ g = 9{,}81\,m/s^2,$$
$$T_0 = 300\,K,\ \rho_0 = 1{,}2\,kg/m^3,\ q_S = (1/3)\,q_{S,id}$$

$q_{S,\,id} = 1\ kW/m^2$: Solarkonstante, idealer wolkenfreier Himmel

H: Kaminhöhe, D: Kamindurchmesser, D_K: Kollektordurchmesser

Aufgabe 6: Die Leistungskennlinie $P(\dot{m})$ für ein Aufwindkraftwerk ist bei vernachlässigtem Kollektorverlust gegeben durch:

$$P = \frac{1}{2\rho_0^2 A^2}\left(m_{\max}{}^3 - \dot{m}^3\right)\ \text{ mit }\ \dot{m}_{\max} = \sqrt[3]{\frac{2\,g\,\rho_0^2 A^2\,H}{c_p\,T_0}}\ \dot{Q}$$

Durch die globale Berücksichtigung der thermischen Kollektorverluste (proportional zur Aufheizspanne ΔT) soll die obige idealisierte Kennlinie modifiziert werden. Man berechne die reale Kennlinie explizit und stelle diese zusammen mit der idealisierten in einem Bild $P(\dot{m})$ dar.

Aufgabe 7: Es soll die Leistungsminderung eines Aufwindkraftwerkes von hydrostatischer Höhe durch Inversion untersucht werden. Man modifiziere zu diesem Zweck die Herleitung der einfachen Leistungsgleichung

$$P = \frac{1}{2\rho_0^2 A^2} \left(m_{\text{max}}^3 - \dot{m}^3 \right).$$

Dabei wird die Inversion idealisiert durch einen Temperatursprung beschrieben (Skizze). In einem Bild $P/P_0 = f(h/H)$ stelle man das Ergebnis qualitativ dar. Dabei ist P_0 die Leistung ohne Inversionseffekt.

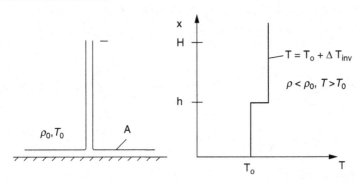

Aufgabe 8: Für das System Aufwindkraftwerk wurde ein maximaler Wirkungsgrad $\eta_{\text{max}} = H/H^*$ abgeschätzt. Es fällt auf, dass sich für $H > H^*$ ein Wirkungsgrad $\eta_{\text{max}} > 1$ ergibt.

Zeigen Sie, dass sich diese Diskrepanz durch Berücksichtigung der kinetischen Energie/Zeiteinheit $\dot{m}\, U^2/2$ in der Energiegleichung (zur Beschreibung der Erwärmung der Luft im Kollektor) beseitigen lässt! Welcher Wert ergibt sich jetzt für den maximalen Wirkungsgrad im Grenzfall für $H \to \infty$? Ist die asymptotische Aussage für den Spezialfall $H/H^* \ll 1$ im verallgemeinerten Ergebnis für beliebige Kaminhöhen enthalten?

$H^* = c_p T_0/g$: charakteristische meteorologische Länge

Aufgabe 9: Es ist ein ökonomisch realistischer Vergleich zwischen einem regenerativen Kraftwerk (Windpark) und einem fossilen Kraftwerk (GuD) gleicher installierter Leistung durchzuführen.

Windpark	GuD	
$K_r = 1500$ €/kW	$K_f = 500$ €/kW	Investitionskosten/Leistung
–	$k_B = 200$ €/kW a	Brennstoffkosten
$V_r^* = 0,2$	$V_f = 0,85$	Verfügbarkeit
$k = 0,2$ €/kWh	$k = 0,2$ €/kWh	Erlös
$t_{Amor} = 10$ Monate	$t_{Amor} = 1$ Monate	Energetische Amortisationszeit

Welche Aussage liefert ein reiner Kostenvergleich (Investitions- und Brennstoffkosten)? Welche ökonomische Relevanz besitzt diese Aussage? Welche Aussage erhält man, wenn sowohl die Investitions- und Brennstoffkosten als auch die Zinsen und der Erlös beachtet werden? Einfachheitshalber wird von einem Zinssatz von 10 % und einer maximal möglichen Tilgung zu jedem Jahresende ausgegangen. Welcher Gesamtgewinn hat sich jeweils nach einer störungsfreien Betriebszeit von 20 Jahre angehäuft? Welche Hauptursache führt dazu, dass trotz nicht vorhandener Brennstoffkosten sich das reg. Kraftwerk ökonomisch ungünstiger verhält?

Aufgabe 10: Es soll die Realisierungswirklichkeit des Desertec-Programms untersucht werden, das eine elektrische Energieversorgung Europas mit solarthermisch in der Sahara erzeugtem Strom zum Ziel hat. Damit wird die alte Idee der DLR wieder aufgegriffen, dabei die photovoltaische Erzeugung von Wasserstoff endgültig verworfen und durch eine energetisch günstigere solarthermische ersetzt.

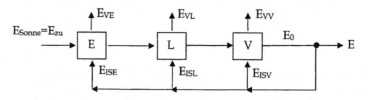

E: Erzeuger, L: Logistik zur nutzbaren Überführung, V: Verbraucher

Verluste: E_{VE}, E_{VL}, E_{VV} Infrastrukturaufwendung: E_{ISE}, E_{ISL}, E_{ISV}

Welche Bedingung ist zu erfüllen, damit das System tatsächlich energieautark ist? Welches Umfeld vom Radius R kann maximal vom solaren Großkraftwerk versorgt werden, wenn sich die energetischen Aufwendungen $E_{ISL} = kR$ für die Logistik proportional zur Leitungslänge verhalten? Welcher Energieanteil E_K von der geernteten Energie kann zum Konsum genutzt werden, ohne dass die Regenerierbarkeit des Systems mit der Lebenszeit T in Frage gestellt wird? Nach welcher Zeit t_{Amor} tritt in Abhängigkeit vom Erntefaktor die energetische Amortisation ein?

Aufgabe 11: Das skizzierte Wasserstoff-Erzeuger/Verbraucher-System ist auf energetische Selbsterhaltung zu untersuchen.

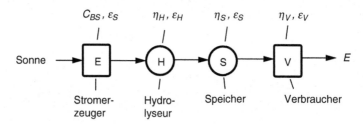

Welche notwendige und welche hinreichende Bedingung ist jeweils zu erfüllen, damit das System mit endlicher Lebensdauer ohne Energiesubventionen aus anderen Energiebereitstellungssystemen nicht versagt? Welcher Energie-Ernte-faktor ε_E des Stromerzeugers ist erforderlich, damit die „Wasserstoffkette" autark bleibt?

Aufgabe 12: Zur Erstellung eines Photovoltaik-Moduls der Leistung P_M wird die Bauenergie E_{Bau} benötigt. Mit Hilfe der gegenwärtigen Fossiltechnik werden n Module als Ausgangsanlage installiert ($n \gg 1$).

Nach welchem Gesetz $P(t)$ wächst die installierte Leistung weiter an, wenn die geerntete Energie

- vollständig zum Ausbau der Photovoltaik-Anlage,
- nur zum r-ten Teil für den Ausbau der Photovoltaik-Anlage,
- vollständig für Verbraucher (Grenzfall)

unter der Voraussetzung unendlicher Lebensdauer genutzt wird?

Wie ändert sich das Gesetz für die installierte Leistung $P(t)$, wenn jedes Modul nur eine Lebensdauer T besitzt? Geben sie $P(t)$ für die Zeitbereiche $0 \leq t \leq T$ und $T \leq t \leq 2T$ an. Welche Bedingung muss zwischen der Geburtenrate (Industriepopulation) und der Lebensdauer erfüllt sein, damit ein Zuwachs an installierter Leistung möglich ist? Welcher Zusammenhang besteht mit dem Energie-Erntefaktor eines Moduls?

Aufgabe 13: Ein Rohr vom Durchmesser D, der Wandstärke s und der Länge L wird zum Wärmetransport genutzt. Die Wärmeverluste lassen sich mit dem Gesetz $\dot{Q}_V = \dot{Q}_{V0}\, e^{-\sigma\,(h/D)}$ beschreiben.

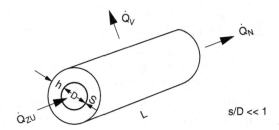

Man berechne den Wirkungsgrad in Abhängigkeit von der Isolierdicke h, wenn am Ende des Rohres stets die Nutzwärmeleistung $\dot{Q}_N$ abgenommen wird. Welcher Energie-Erntefaktor ergibt sich bei einer Nutzungszeit t_A, wenn der Energieaufwand/Volumen für das Rohr und die Isolierung mit k_R und k_{IS} bekannt ist. Abschließend diskutiere man den Global-Wirkungsgrad in Abhängigkeit von der Isolierdicke h. Nach welchem Kriterium ist die Isolierdicke zu wählen?

Aufgabe 14: Ein Haus wird energetisch mit dem Gütegrad G beurteilt. Dem Primitivhaus ist der Gütegrad G = 0 und dem Exklusivhaus der Gütegrad G = 1 zugeordnet. Das Exklusivhaus ist energetisch autark.

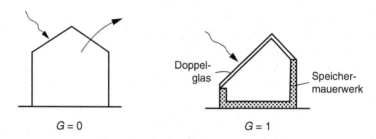

$$G = 0 \qquad\qquad\qquad\qquad G = 1$$

In Abhängigkeit vom Gütegrad G lassen sich die Energien zum Betreiben und zum Erstellen unterschiedlicher Häuser näherungsweise durch

$E_{zu} = a\,(G - 1)^2$: zugeführte Energie zum Betrieb des Hauses während der gesamten Nutzungszeit

$E_{ein} = b + c\,G^2$: eingesetzte Energie zum Bau und zur Erhaltung des Hauses

beschreiben. Dabei sind a, b und c bauspezifische Konstanten.

Mit welchem Gütegrad G^* ist ein optimales Niedrigenergie-Haus zu erstellen? Welche Energie ist insgesamt aufzuwenden? Zeigen Sie, dass die Auslegung mit G^* der Erfüllung des maximalen Globalwirkungsgrads identisch ist. Beachten Sie dabei die Nebenbedingung, dass die Nutzenergie E_N über den gesamten Nutzungszeitraum für alle Vergleichshäuser invariant ist. Wie groß ist $\delta_{\max}$?

Aufgabe 15: Zur Brauchwassererwärmung stehen zwei unterschiedliche Solarkollektortypen A mit η_A, ε_A und B mit $\eta_B > \eta_A$, $\varepsilon_B < \varepsilon_A$ zur Verfügung. Die zur Installation vorgesehene Dachfläche ist für beide Varianten ausreichend groß. Welcher Typ wird sinnvollerweise gewählt?

Aufgabe 16: Ein PKW-Motor wird zur Senkung des Kraftstoffverbrauchs weiterentwickelt. Dabei wird eine Wirkungsgradsteigerung nach dem Gesetz $\eta = \eta_0 + \left(\eta_C - \eta_0\right)\left(1 - e^{-k/k_0}\right)$ und eine Änderung des Energie-Erntefaktors nach dem Gesetz $\varepsilon = P\,t_N/\left(E_{M0}\,e^{k/k_0}\right)$ erreicht. Die Motorauslegungsleistung P bleibt bei der Weiterentwicklung unverändert. Der Entwicklungsstand wird durch den Parameter k/k_0 beschrieben ($k/k_0 = 0$: Ausgangssituation, $k/k_0 > 0$: Weiterentwicklung). Die Motornutzungszeit sei t_N und die Bauenergie für den Motor in der Ausgangssituation $E_M = E_{M0}$. Der Wirkungsgrad kann ausgehend von $\eta = \eta_0$ maximal bis zum Carnot-Wirkungsgrad η_C gesteigert werden ($k/k_0 \rightarrow \infty$). Der bei Betrieb des Motors zuführte Brennstoff (Massenstrom $\dot{m}$) hat den Heizwert H_u.

Berechnen Sie die Kraftstoffeinsparung in Abhängigkeit vom Entwicklungszustand k/k_0. Welche maximale obere Grenze ergibt sich für $k/k_0 \rightarrow \infty$? Unter der Nebenbedingung für eine feste Nutzungszeit ist der Entwicklungsstand $(k/k_0)_{opt}$ zu berechnen, bei dem die Entwicklung abzubrechen ist, damit die eingesparte Brennstoffenergie vermindert um die zusätzlich aufgewendete Bauenergie gerade maximal ausfällt. Zeigen Sie, dass die Auslegung mit $(k/k_0)_{opt}$ gerade dem Erreichen des maximalen Globalwirkungsgrads entspricht!

Aufgabe 17: Durch Anbringen eines Windabweisers (Skizze) kann der Fahrwiderstand eines Lastentransporters verringert werden. Welcher Energie-Ernte-faktor ist zu erreichen, wenn der Widerstandsbeiwert c_{W0} durch diese Maßnahme auf $c_{W0}(1 - \alpha)$ abgesenkt wird und dabei die Energie E_W zum Bau und Installation des Windabweisers aufgewendet wird? Dabei wird ein täglicher Nutzbetrieb von 12 Stunden bei 300 Tagen im Jahr über den Zeitraum von 10 Jahren unterstellt.

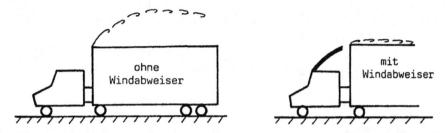

Welcher Energie-Erntefaktor wird erreicht? Welcher Energieanteil wird im Nutzungs-zeitraum tatsächlich eingespart?

Daten: $\alpha = 0{,}01$, $c_{W0} = 0{,}5$ bei einem Stirnquerschnitt $A = 7{,}5\ m^2$, $E_W = 34000$ MJ, Reisegeschwindigkeit $U = 100$ km/h

Aufgabe 18: Man untersuche das stationäre Verhalten des skizzierten Heizungssys-tems, dem eine konstante Wärmeleistung $\dot{Q}_N$ entnommen wird. Das Medium besitze die Wärmekapazität c und seine Dichte sei temperaturabhängig durch $\rho = \rho_0(1 - \beta_0\,\Delta T)$ gegeben. Der Massenstrom $\dot{m}$ bei natürlicher Konvektion entsteht allein durch Dichteun-terschiede und wird begrenzt durch eine Volumenkraft $K\,\dot{m}^2$ (turbulente Strömung, [3]). Dabei wird vereinfachend unterstellt, dass nach der Wärmeentnahme die Rücklauftempe-ratur gleich der Umgebungstemperatur T_U ist und somit die Wärmeverluste proportional zu $T - T_U$ nur im Vorlauf auftreten (Proportionalitätskonstante $\gamma \sim k \cdot D$ mit k: Wärm-edurchgangskoeffizient, D: Rohrdurchmesser).

Wie lautet die Differenzialgleichung für die Vorlauftemperatur als Funktion der Um-laufkoordinaten x? Welche Temperaturverteilung stellt sich längs des Vorlaufes ein? Man berechne die Heizleistung $\dot{Q}_H$ und den Wirkungsgrad η als Funktion des sich frei einstel-lenden Massenstroms $\dot{m}$. In welchen Grenzfällen ergibt sich $\eta_{max} = 1$? Zur expliziten Angabe des Wirkungsgrades berechne man außerdem den Massenstrom $\dot{m}$ selbst!

Wie ändert sich das Ergebnis, wenn eine Pumpe eingebaut wird? Schließlich ist zu zeigen, dass durch die Reduzierung der Verlustwärme der Wirkungsgrad trotz zusätzlicher Pumpenleistung ansteigt! Bei welcher Pumpenleistung wird der Wirkungsgrad am güns-tigsten?

Hinweis: Zur Vereinfachung sind die auftretenden Exponentialfunktionen zu entwi-ckeln und nach den wesentlichsten Termen abzubrechen!

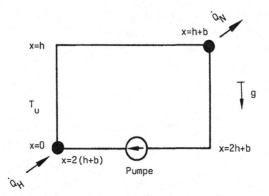

Aufgabe 19: Eine Glühbirne wird einer energieeffizienten LED-Sparlampe gleicher Lichtleistung P_L zum Vergleich gegenübergestellt.

Man vergleiche die energetischen Beurteilungskriterien Wirkungsgrad, Energie-Erntefaktor und Global-Wirkungsgrad und formuliere eine Bauvorschrift, die von der LED-Lampe erfüllt werden muss, wenn diese gegenüber der normalen Glühbirne gesamt-energetisch besser abschneiden soll!

Aufgabe 20: Ein technisches System der Leistung P mit einem Wirkungsgrad $\eta_0 = 0,5$ und einem Energie-Erntefaktor $\varepsilon_0 = 2$ soll so verbessert werden, dass der gesamt-energetische Globalwirkungsgrad dabei auf $\delta = 1,5\,\delta_0$ ansteigt.

Welche Kombinationen (ε, η) führen zum Ziel? Stellen Sie das Ergebnis in der Form $\varepsilon(\eta)$ bildlich dar! Auf welchen Wert muss der Wirkungsgrad η zumindest angehoben werden, um das Ziel $\delta = 1,5\,\delta_0$ erreichen zu können? Wenn zur Steigerung des Wirkungs-grads $(d\eta > 0)$ immer mehr Infrastrukturenergie $(d\varepsilon < 0)$ aufgewendet wird, kann sich der Globalwirkungsgrad δ trotz Wirkungsgradsteigerung verschlechtern. Eine solche nicht-innovative Verbesserung ist nur sinnvoll bis hin zum Erreichen des maximal möglichen Globalwirkungsgrads $\delta_{\max}$. Skizzieren Sie dieses Verhalten qualitativ im $\delta(\varepsilon;\eta)$- Bild. Welches Verhalten stellt sich bei innovativen Verbesserungen $(d\eta > 0$ und $d\varepsilon > 0)$ ein? Stellen sie dieses Verhalten ebenfalls in einem $\delta(\varepsilon;\eta)$- Bild qualitativ dar.

Aufgabe 21: Es sind die möglichen Wirkungsgradsteigerungen durch Nutzung des Kombinationseffekts (BHKW: Nutzung der Abwärme des BHKW-Moduls zu Heizzwecken, GuD: Nutzung der Abwärme der Gasturbine zur Stromproduktion mit nachgeschaltetem Dampfkraftwerk) analytisch darzustellen und zu bewerten.

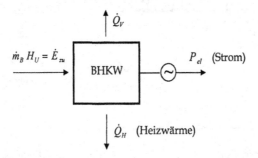

Welcher Wirkungsgrad ergibt sich beim BHKW bei Nutzung der Heizwärme gegenüber dem elektrischen Wirkungsgrad $\eta_{el} = 0,3$ für reine Stromproduktion, wenn die beim Verbrennungsprozess anfallende Wärmeleistung dem doppelten Wert der elektrischen Leistung entspricht?

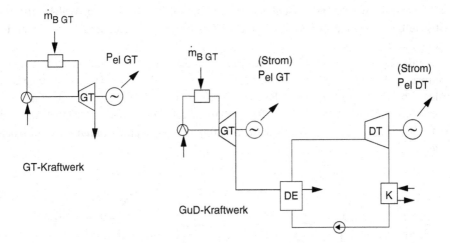

Welcher Wirkungsgrad ergibt sich beim GuD, wenn die verwendete Gasturbine einen elektrischen Wirkungsgrad $\eta_{el\ GT} = 0,39$ und die Dampfturbine einen elektrischen Wirkungsgrad $\eta_{el\ DT} = 0,34$ aufweist?

Aufgabe 22: Es wird ein Fossilvorkommen (Steinkohle) der Mächtigkeit $z = H$ zur Bereitstellung von Fossilbrennstoff für ein Kraftwerk abgebaut.

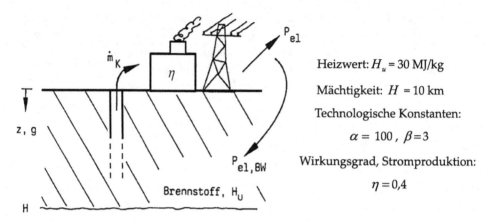

Heizwert: $H_u = 30$ MJ/kg

Mächtigkeit: $H = 10$ km

Technologische Konstanten:

$\alpha = 100$, $\beta = 3$

Wirkungsgrad, Stromproduktion:

$\eta = 0{,}4$

Bis zu welcher Grenztiefe z^* ist der Abbau möglich, wenn die ausschließlich elektrisch betriebene Förderung dem Gesetz

$$P_K = \dot{m}_K\, f(z) \text{ mit } f(z) = \alpha g H\left(e^{\beta\,(z/H)} - 1\right)$$

folgt? Der Strom wird dabei ausschließlich aus dem Kraftwerk bezogen. Welche charakteristische Länge H∗ taucht hier auf? Welcher Anteil N vom Gesamtfossilvorkommen ist nicht nutzbar?

Aufgabe 23: Es wird ein inhärent sicheres Wärmeabfuhrsystem betrachtet. Man zeige, dass trotz Ausfall des externen Kühlkreislaufs die anstehende Wärmeleistung $\dot{Q}$ abgeführt werden kann und es zu keiner unzulässigen Erhitzung ($T > T_{zul}$) kommt, die die Integrität des Systems in Frage stellt! Die natürliche Wärmeabfuhr soll einfachheitshalber mit dem Gesetz $\dot{Q}_{ab} = kA\,(T - T_U)$ ohne Berücksichtigung der Wärmestrahlung beschrieben werden.

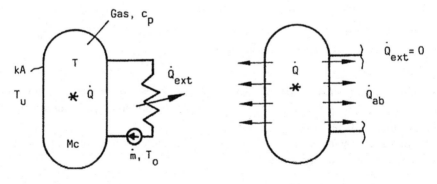

System mit intaktem
externen Kühlkreislauf

System mit abgebrochenem
externen Kühlkreislauf

Wie ist der Wert *kA* konstruktiv zu realisieren, damit die Temperatur im Behälter nicht den fünffachen betrieblichen Wert bei externer Kühlung übersteigt? Man skizziere den zeitlichen Verlauf der Behältertemperatur T. Der Bruch der externen Kühlleitung erfolge zur Zeit $t = 0$.

Aufgabe 24: Der bisherige Trend zu Großkraftwerken wurde maßgeblich mit der Degression der spezifischen Kosten (Kosten/Leistung) motiviert. Die spezifischen Kosten der zuletzt in Deutschland erbauten Kernkraftwerke (Konvoi-Anlagen: Isar 2, Emsland und Neckarwestheim 2) werden von den neu errichteten EPR-Anlagen dramatisch überflügelt.

	P_{el} [MW]	K [€]	V, V^*	K/P_{el} [€/kW]
DWR / Konvoi	1300	$3 \cdot 10^9$	0,8	2300
DWR / EPR	1600	$8,5 \cdot 10^9$	0,8	5300
HTR 10 / Peking	3	$4,5 \cdot 10^6$	0,8	1500 [4]
Großwindrad	7	$12 \cdot 10^6$	0,2	1700

Offensichtlich unterliegen die Baustrukturen der EPR-Kernkraftwerke nicht mehr den Degressionsvorstellungen des klassischen Kraftwerkbaus. Ursache ist der immense Aufwand für das Containment aus Sicherheitsgründen, das die Kostendegression durch Großausführung des Reaktors einschließlich der Stromerzeugersysteme sprengt.

Welche Kosteneinsparung ΔK wäre trotz modularer Bauweise mit HTR 10-Versuchreaktoren gegenüber dem EPR zu erzielen? Vergleichen Sie die zentralistische (EPR) und die dezentrale Kerntechnik (HTR-Modul) mit der Windenergie. Einfachheitshalber kann eine Abschätzung über den im Jahresmittel erzeugten Strom durchgeführt werden, die aber noch nicht die Kosten für eine kontinuierliche Strombereitstellung enthält.

Aufgabe 25: Es wird ein Szenario zum Aufbau einer regenerativen Energiewirtschaft (Übergangsproblem) studiert. Dabei wird die Ausnutzung aller vorhandenen CO_2- Erzeuger (Kohlekraftwerke, ...) bis zum Erreichen deren Lebensdauergrenzen und ein invariantes Verbraucherverhalten unterstellt. Vereinfacht wird die verfügbare Leistung der herkömmlichen CO_2- Erzeuger durch $P_E = A - B\,t$ und die konsumierte konstante Leistung der Verbraucher durch $P_V = C$ beschrieben. Somit steht anfänglich die Leistungsdifferenz $A - C > 0$ zum Aufbau regenerativer Erzeuger bereit. Man gebe die Differenzialgleichung zur Berechnung der Leistung P_R der sich aufbauenden regenerativen Erzeuger an. Dabei beachte man, dass zur Schaffung der regenerativen Erzeuger mit der Leistung P_R die Energie E aufgewendet werden muss. Das Verhältnis $P_R/E = K$ ist ein Maß für die Technologiegüte der regenerativen Erzeuger. Die benutzte Technologie ist umso besser, je größer der Wert K ist. Man stelle die Differenzialgleichung anschaulich als Signalflussbild dar und erläutere dies! Welcher Zusammenhang besteht zwischen den Parametern A, B, C, T, K, wenn für $P_E \to 0$ und mit $P_R \to P_V$ die regenerativen Erzeuger gerade den Verbraucherbedarf abdecken können? Welcher Wert K muss erreicht werden, damit sich das Szenario realisieren lässt?

Hinweis: Für kleine Werte K kann entwickelt und nach dem gröbsten nichttrivialen Glied abgebrochen werden!

Aufgabe 26: Es soll beispielhaft die Vermehrung (Population) von $n_0 = 3$ regenerativen Stromerzeuger-Modulen dargestellt werden. Jeder Modul hat einen Energie-Erntefaktor $\varepsilon = 1/2$ und eine Lebensdauer T. Zur Vereinfachung wird eine nicht vagabundierende konstante Energieabschöpfung aus der Natur unterstellt, die ausschließlich zur Vermehrung verwendet wird.

Kann überhaupt eine nicht absterbende Population aufgebaut werden? Stellen Sie die sich entwickelnde Population in einem Zeitbild $n(t)$ dar. Wie veraltet und verjüngt sich das System? Stellen Sie das mittlere Alter τ des sich entwickelnden Systems in Abhängigkeit von der Zeit t dar. Diskutieren Sie das Ergebnis hinsichtlich der Energieautarkie!

Aufgabe 27: Bei der Produktion $P = P_0$ wird die Dosis $D_0 = D_0^* = k_0 P_0$ freigesetzt, die den in der Umgebung lebenden Individuen eine Wirkung $W_T/3$ aufzwingt.

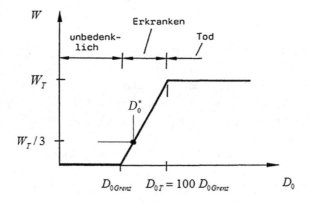

Wie ist die Produktion bei gleichbleibendem Produktionsverfahren zu reduzieren, damit die Dosisbelastung auf den Grenzwert $D_{0\,Grenz}$ abgesenkt werden kann? Welche maximale Produktion ist durch Verbesserung des Produktionsverfahrens (Güte der Produktion $k < k_0$) bei Einhaltung der Grenzdosis $D_{0\,Grenz}$ zu erreichen?

Aufgabe 28: Durch ökonomische Anreize (Verursacherprinzip) soll das Minimalprinzip voll ausgeschöpft werden (Abschn. 3.5).

Wie kann der Anreiz geschaffen werden? In welchem Zusammenhang müssen die internalisierten externen Strafkosten $K_{ex\,0} = K_{ex}\left(D_0^*\right)$ ohne Schutzmaßnahme zu den externen Strafkosten $K_{ex} = K_{ex}(D_0) < K_{ex\,0}$ mit Schutzmaßnahme stehen, damit das Erreichen der Grenzdosis $D_{0\,Grenz} < D_0^*$ zur Erfüllung des Minimalprinzips ökonomisch attraktiv wird? Welchen Wert dürfen die technologischen Kosten K_T dabei nicht überschreiten? Welche technologischen Kosten K_T stellen sich beim Verschwinden des Schwellenverhaltens ein? Welche Erkenntnis ist hieraus zu ziehen?

12.2 Lösungen

Aufgabe 1:

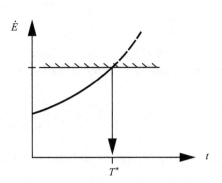

$$\dot{E} = K\,\dot{V}_0\,S = K\,\dot{V}_0\,S_0\,e^{a\,t}$$

$$\rightarrow\;\; T^* = \frac{1}{a}\,\ln\frac{\dot{E}_{max}}{K\,\dot{V}_0\,S_0}$$

$$K(t) = K_0\,e^{-at}\;\; \text{mit}\;\; K_0 = \frac{\dot{E}_{max}}{\dot{V}_0\,S_0}$$

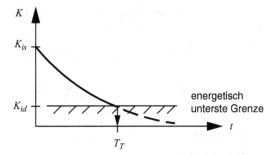

$$\rightarrow\;\; T_T = \frac{1}{a}\,\ln\frac{K_0}{K_{id}}$$

$$\rightarrow\;\; T^* = \frac{1}{a}\,ln\frac{\dot{E}_{max}}{K\,\dot{V}_0\,S_0}$$

Aufgabe 2:

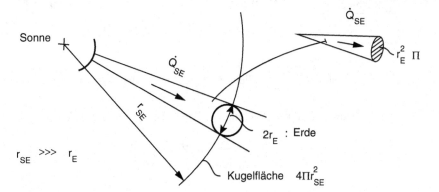

Sonne: $\quad \dot{Q}_S = \sigma\,4\,\pi\,r_S^2\,T_S^4 = 3{,}9\cdot 10^{26}\,W$

Sonne – Erde: $\quad \dot{Q}_{SE} = \dot{Q}_S\,\frac{r_E^2\,\pi}{4\,\pi\,r_{SE}^2} = 1{,}78\cdot 10^{17}\,W$

Solarkonstante $q_{S0} \perp r_E^2 \pi$ ohne Einflüsse durch die Atmosphäre:

$$\rightarrow \quad q_{S0} = \frac{\dot{Q}_{SE}}{r_E^2 \pi} = 1,39 \, kW/m^2$$

Die im zeitlichen (Tag/Nacht) und örtlichen Mittel auf die gesamte Erdoberfläche auftreffende Leistung/Fläche ergibt sich zu

$$\rightarrow \quad q = \frac{\dot{Q}_{SE}}{4 \, r_E^2 \pi} = \frac{q_{S0} \, r_E^2 \pi}{4 \, r_E^2 \pi} = \frac{1}{4} \, q_{S0} = 0,348 \, kW/m^2$$

und erniedrigt sich infolge der Reflexionsverluste auf:

$$q_\alpha = (1 - \alpha) \frac{1}{4} \, q_{S0} = 0,243 \, kW/m^2, \text{ Albedo}: \quad \alpha = 0,3$$

Die zugehörige Oberflächentemperatur der Erde ohne Atmosphäre berechnet sich dann wieder nach dem Stefan-Boltzmann-Gesetz (auch Erde verhält sich näherungsweise wie schwarzer Strahler):

$$T_E = \sqrt[4]{\frac{q_\alpha}{\sigma}} = 256 \, K = -17 \, °C$$

Aufgabe 3:
Reale Atmosphäre:

$$\frac{q_{\alpha TR}}{q_\alpha} = \frac{\sum \text{Rechteckflächen}}{q_\alpha} = \frac{(2 \cdot 0,15 + 8 \cdot 1,2 + 5 \cdot 0,9)10^7 \cdot 10^{-6} \, W/m^2}{243 \, W/m_2} = \frac{1}{1,69}$$
$$= 0,6$$

Erderwärmung $\rightarrow$ damit die eingefallene Energie/Zeit wieder abgestrahlt werden kann.

$$\text{Neue Strahlungsgleichung} \rightarrow 0,6 \, \sigma \, T_{E \, TR}^4 = q_\alpha$$
$$\Downarrow$$

gemindertes Abstrahlungsvermögen
durch reale Atmosphäre

$$\rightarrow \quad T_{E \, TR} = \sqrt[4]{\frac{1,69 \, q_\alpha}{\sigma}} = 1,14 \, T_E = 292 \, K = 19 \, °C$$

Erderwärmung ohne atmosphärischen Klimaeffekt durch anthropogene Zusatz-wärmequellen:

$$\dot{Q}_{anth} = 10^{13}\,W \;\rightarrow\; T_{E\,anth} = \sqrt{\frac{q_\alpha 4\,r_E^2 \pi + \dot{Q}_{anth}}{\sigma\,4\,r_E^2\,\pi}} = 1{,}00002\,T_E = 256\,K = -17\,^\circ C$$

$$\dot{Q}_{anth} = q_\alpha 4\,r_E^2\,\pi \;\rightarrow\; T_{E\,anth} = 1{,}19\,T_E = 304\,K = 31\,^\circ C \;!$$

Aufgabe 4:

Deutschland: $\quad \dfrac{\dot{Q}}{x} = \dfrac{4860\ kWh}{364\cdot 24\,h\ \ Kopf} \approx 6\,\dfrac{kW}{Kopf}$

Einstrahlung durch Sonne: $\quad \dot{Q}_{S\alpha} = q_\alpha 4\,r_E^2\,\pi = 1{,}25\cdot 10^{14}\ kW$

$$\rightarrow\; x = 20000\cdot 10^9\ Menschen,\, t = t_0 + \frac{1}{\alpha - \beta}\,\ln\frac{x}{x_0} \;\rightarrow\; t = 2402$$

Diese auf keinen Fall realisierbare Situation würde bereits in 409 Jahren
im Jahr 2402 erreicht!
Vergleich: Industrielle Revolution bis heute ca. 200 Jahre!
Aufgabe 5:

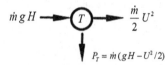

Wirkungsgrad der Turbine η_T:

$$\eta_T = \frac{P_T}{\dot{m}\,g\,H} = 1 - \frac{U^2}{2\,g\,H} = 1 - \left(\frac{U}{U_{max}}\right)^2$$

mit $\quad U = \dfrac{\dot{V}_P}{D^2 \pi/4} = 9{,}35\,\dfrac{m}{s}$, $\;U_{max} = \sqrt{2\,g\,H} = 42{,}14\,\dfrac{m}{s} \;\rightarrow\; \eta_T = 0{,}95$

Gesamtwirkungsgrad η_{ges}:

$$\eta_{ges} = \eta_T \cdot \eta_{el} = \frac{P_{el}}{\dot{m}\,g\,H} = \frac{P_{el}}{\rho\,\dot{V}_P\,g\,H} \;\rightarrow\; \eta_{ges} = 0{,}86$$

Wirkungsgrad des Generators η_{el}:

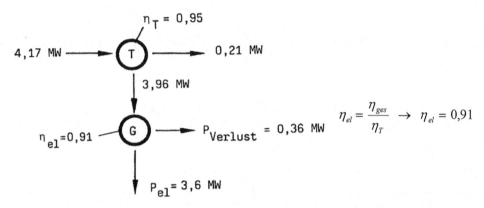

$$\eta_{el} = \frac{\eta_{ges}}{\eta_T} \quad \rightarrow \quad \eta_{el} = 0,91$$

Maximal mögliche Leistung der Turbine

$$P_{T\ max} : \quad U = U^* = \frac{U_{max}}{\sqrt{3}} \quad \text{bei} \quad \eta_T = \frac{2}{3} \quad \rightarrow \quad P_{T\,max} = 7,24\,MW$$

$$\dot{V}_{zu} = \frac{D^2\,\pi}{4}\,U^* = \frac{D^2\,\pi}{4}\,\frac{U_{max}}{\sqrt{3}} \quad \rightarrow \quad \dot{V}_{zu} = 12,23\,m$$

Aufgabe 6:
Max. Wirkungsgrad η_{max}:

$$\eta_{max} = \frac{H}{H^*} = \frac{P_{max}}{\dot{Q}}, \quad H^* = \frac{c_p\,T_0}{g} = 30581\,m \quad \rightarrow \quad \eta_{max} = \frac{200\,m}{30581\,m} = 0,0065$$

Elektrische Leistung:

$$P = \frac{1}{3}\,P_{max} = \frac{1}{3}\,\dot{Q}\eta_{max} = \frac{1}{3}\,q_S\left(D_K^2\,\pi/4\right)\eta_{max} \quad \rightarrow \quad P = 35,75\,kW$$

Windgeschwindigkeit im Kamin:

$$P_{max} = \dot{Q}\eta_{max} = \frac{\dot{m}_{max}}{2} U_{max}^2 = \frac{\rho A}{2} U_{max}^3 = \frac{\rho_0 (1 - \beta_0 \Delta T) A}{2} U_{max}^3$$

$$\beta_0 \Delta T \ll 1 : \quad U_{max} = \sqrt[3]{2 \eta_{max} \dot{Q}/(\rho_0 A)} = 13{,}1 \; \frac{m}{s} \; \text{(Leerlauf)}$$

$$P = P_{max} \left(1 - \frac{\dot{m}^3}{\dot{m}_{max}^3} \right) = \frac{1}{3} P_{max} \quad \rightarrow \quad \left(\frac{\dot{m}}{\dot{m}_{max}} \right)^3 = \frac{2}{3}$$

$$\beta_0 \Delta T \ll 1 \quad \rightarrow \quad \left(\frac{U}{U_{max}} \right)^3 = \frac{2}{3} \quad \rightarrow \quad U = 11{,}4 \; \frac{m}{s} \; \text{(Nennlast)}$$

Kaminhöhe für 1 % – Wirkungsgrad:

$$P = \frac{1}{3} P_{max} = \frac{1}{3} \eta_{max} \dot{Q} = \eta \dot{Q} \quad \rightarrow \quad \eta = \frac{1}{3} \eta_{max} = \frac{1}{3} \frac{H}{H^*}$$

$$\rightarrow \quad H = 920 \, m \; \text{(hydrostatische Abschätzung)}$$

Kollektorfläche, Leistungsdichte:

$$\dot{Q} = P/\eta = q_S A_K \quad \rightarrow \quad A_K = 10650 \, m^2 \quad \rightarrow \quad D_K = 116 \, m$$

$$q_{V \, P/Ka\,min} = \frac{P}{H D^2 \pi/4} \quad \rightarrow \quad q_{V \, P/Ka\,min} = 0{,}5 \; \frac{W}{m^3}$$

Aufgabe 7:
Durchströmungsgeschwindigkeit U mit Turbine:

$$U = \sqrt{2gH \frac{\Delta \rho}{\rho_0} - \frac{2}{\rho_0} \Delta p_T} \; , \quad \dot{m} = \rho_0 A U$$

Effektive Wärmeleistung $\dot{Q}_e$ bei Wärmeverlust des Kollektors:

$$\dot{Q}_e = \dot{Q} - \dot{Q}_V = \dot{Q} - \gamma \Delta T = \dot{m}\, c_p\, \Delta T$$

$$\rightarrow \quad \frac{\Delta \rho}{\rho_0} = \frac{\dot{Q}}{(\dot{m}c_p + \gamma)\, T_0}$$

$$\Delta \rho / \rho_0 = \Delta T / T_0, \quad \Delta \rho = \rho_0 - \rho, \quad \Delta T = T - T_0$$

$$\rightarrow \quad U^2 = \frac{2gH}{T_0} \frac{\dot{Q}}{\dot{m}\left(c_p + \frac{\gamma}{\dot{m}}\right)} - \frac{2}{\rho_0} \Delta p_T \quad \Big|\cdot \dot{m}\rho_0^2 A^2$$

$$\rightarrow \quad \dot{m}^3 = \frac{2gH\rho_0^2 A^2}{T_0} \frac{\dot{Q}}{c_p + \frac{\gamma}{\dot{m}}} - 2\rho_0^2 A^2 (\Delta p_T\, UA)$$

$$\text{mit } P = \Delta p_T\, \dot{V} = \Delta p_T\, UA \quad \rightarrow \quad P = \frac{1}{2\rho_0^2 A^2} \left(\frac{2gH\rho_o^2 A^2}{T_0} \frac{\dot{Q}}{c_p + \frac{\gamma}{\dot{m}}} - \dot{m}^3 \right)$$

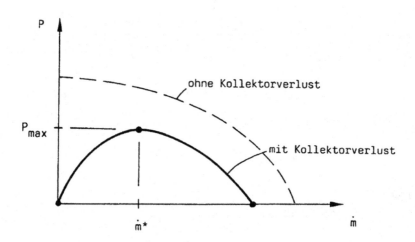

$$\text{Grenzfall} \quad \begin{matrix} \dot{m} \to 0 \\ P \to 0 \end{matrix}$$

Aufgabe 8:

$$\dot{Q} = \dot{m} c_p (T - T_0) + \frac{\dot{m}}{2} U^2$$

$$\rightarrow \quad \eta_{\max} = \frac{P}{\dot{Q}} = \frac{\frac{\dot{m}}{2} U^2}{\dot{m} c_p (T - T_0) + \frac{\dot{m}}{2} U^2} = \frac{1}{\frac{2 c_p (T - T_0)}{U^2} + 1} = \frac{1}{\frac{H^*}{H} + 1} = \frac{H}{H^*} \frac{1}{1 + \frac{H}{H^*}}$$

$$\lim |_{H \to \infty} \frac{1}{1 + \frac{H}{H^*}} = 1 \quad \rightarrow \quad \text{für alle H gilt } \eta_{\max} \leq 1$$

$$\frac{H}{H^*} \ll 1 \quad \rightarrow \quad \eta_{\max} = \frac{H}{H^*} \left(1 - \frac{H}{H^*} + \ldots \right) = \frac{H}{H^*}$$

Aufgabe 9:

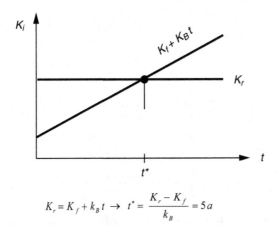

$$K_r = K_f + k_B t \quad \rightarrow \quad t^* = \frac{K_r - K_f}{k_B} = 5a$$

Infolge der Brennstoffkosten übersteigen für t > 5 a die Kosten des fossilen Kraftwerks die konstanten Kosten für das regenerative Kraftwerk. Die Relevanz dieser Aussage ist jedoch gering, da die ökonomische Bilanz erst durch Berücksichtigung des Erlöses und der Zinsen beim Abbau der investierten Schulden vollständig wird.

	Erlös / Jahr	Brennstoffkosten / Jahr
Wind	$e_r = k V_r = 350 \ \text{€/kWa}$	$k_B = 0$

Jahr	1	2	3	4	5	6	7	8	...
Inv.- Schulden	1500	1300	1080	838	572	279	0	0	...
Brennstoff	-	-	-	-	-	-	-	-	...
Zinsen	150	130	108	83,8	57,2	27,9	0	0	...
Erlös	350	350	350	350	350	350	350	350	...
Gewinn	0	0	0	0	0	43,1	350	350	...

	Erlös / Jahr	Brennstoffkosten / Jahr
GuD	$e_f = k\,V_f = 1490\ \text{€}/kWa$	$k_B = 200\ \text{€}/kWa$

Jahr	1	2	3	4	...
Inv.-Schulden	500	0	0	0	...
Brennstoff	200	200	200	200	...
Zinsen	70	0	0	0	...
Erlös	1490	1490	1490	1490	...
Gewinn	720	1290	1290	1290	...

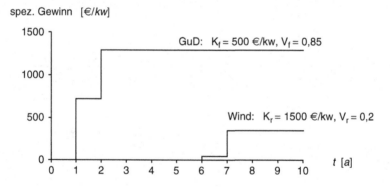

Das regenerative Kraftwerk (Wind) ist nach 6 Jahren und das fossile Kraftwerk (GuD) bereits nach 1 Jahr bezahlt. Ein konstanter jährlicher spezifische Gewinn stellt sich dementsprechend für das regenerative Kraftwerk mit 350 €/kW nach 7 Jahren und für das fossile Kraftwerk mit 1290 €/kW nach 2 Jahren ein.

Gesamtgewinn in 20 Jahren:

$$\text{Wind}: G_{ges\ r} = 4583\ \text{€}/kW, \quad \text{GuD}: \ G_{ges\ f} = 23940\ \text{€}/kW$$

$G_{ges\ r} \ll G_{ges\ f} \rightarrow$ Hauptursache ist die wesentlich geringere Verfügbarkeit des regenerativen Kraftwerks (Wind).

Aufgabe 10:

Hinreichende Bedingung, gesamtenergetische Bilanz (Verluste + Infrastruktur)

$$E = E_S - \sum E_{Vi} - \sum E_{IS\,i} > 0 \quad \rightarrow \quad \frac{E}{E_S} = 1 - \frac{\sum E_{V\,i}}{E_S} - \frac{\sum E_{IS\,i}}{E_S} > 0$$

$$\text{Erntefaktor } \varepsilon = \frac{E_0}{\sum E_{IS\,i}}$$

$$\text{Wirkungsgrad } \eta = 1 - \frac{\sum E_{V\,i}}{E_S} = \frac{E_0}{E_S}$$

$$\rightarrow \frac{E}{E_S} = 1 - \frac{\sum E_{Vi}}{E_S} - \frac{\sum E_{IS\,i}}{E_0} \frac{E_0}{E_S} = \eta\left(1 - \frac{1}{\varepsilon}\right) > 0 : \quad \text{hinreichend}$$

$$\varepsilon \rightarrow 1 \Rightarrow E = 0 \qquad \text{gerade ohne Konsum, selbsterhaltend}$$

$$\varepsilon > 1 \Rightarrow E > 0 \qquad \text{energieautark, Konsum möglich}$$

$$\varepsilon \rightarrow \infty \Rightarrow E = \eta\,E_S \qquad \text{maximal möglicher Konsum}$$

Die hinreichende Bedingung wird nur bei verschwindender Infrastruktur-energie für $\varepsilon \rightarrow \infty$ identisch mit der notwendigen Bedingung $\eta > 0$.

$$\rightarrow \quad \frac{E}{E_S} = \eta\left(1 - \frac{1}{\varepsilon}\right) = \eta\left(1 - \frac{E_{ISE} + E_{ISV} + kR}{E_0}\right) > 0$$

$$\rightarrow \quad 1 - \frac{E_{ISE} + E_{ISV} + kR}{E_0} > 0$$

$$\rightarrow \quad R < \frac{E_0 - (E_{ISE} + E_{ISV})}{k} = \frac{\eta\,E_S - (E_{ISE} + E_{ISV})}{k}$$

$$E_K = \eta E_S - \sum E_{IS\,i}, \ \eta E_S : \text{ geerntete Energie}$$

$$E_K > 0 \rightarrow \eta E_S > \sum E_{IS\,i}$$

Konsum :

$$E_K = 0 \rightarrow \eta E_S = \sum E_{IS\,i}$$

Energetische Amortisation:

$$\varepsilon = 1 \rightarrow t_{AM} = T \rightarrow \frac{PV^* t_{AM}}{\sum E_{IS\,i}} = 1$$

$$\rightarrow t_{AM} = \frac{\sum E_{IS\,i}}{PV^*} = \frac{\sum E_{IS\,i}}{PV^* T} T = \frac{1}{\varepsilon} T$$

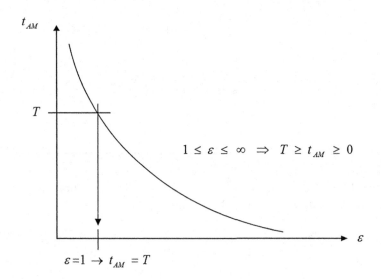

$$1 \le \varepsilon \le \infty \;\; \Rightarrow \;\; T \ge t_{AM} \ge 0$$

$$\varepsilon = 1 \rightarrow t_{AM} = T$$

Aufgabe 11:
Notwendige Bedingung: $\eta_{ges} > 0$

$$\eta_{ges} = \eta_E \eta_H \eta_S \eta_V = \frac{E}{E_{zu}} > 0 \;\; \rightarrow \;\; E = \eta_{ges} E_{zu} > 0$$

Diese Betrachtung des Systems ist unvollständig, da die Energieanteile zum Bau, Betrieb, ... fehlen!

Gesamtenergie-Bilanz → hinreichende Bedingung

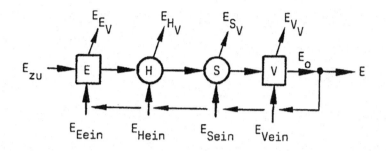

$$E_{zu} - \left(E_{E\,ein} + E_{H\,ein} + E_{S\,ein} + E_{V\,ein}\right) - \left(E_{E_V} + E_{H_V} + E_{S_V} + E_{V_V}\right) = E$$

$$\rightarrow \quad \frac{E}{E_{zu}} = 1 - \frac{\sum E_{i_{ein}}}{E_{zu}} - \frac{\sum E_{i_V}}{E_{zu}} > 0$$

Nur für $\sum E_{i\,ein} = 0$ ist die hinreichende mit der notwendigen Bedingung identisch!

$$\rightarrow \quad \frac{E}{E_{zu}} = \frac{E_0}{E_{zu}} = 1 - \frac{\sum E_{i_V}}{E_{zu}} = \eta_{ges}$$

$$\frac{E}{E_{zu}} = \frac{E_0}{E_{zu}} - \frac{E}{E_{zu}} \frac{1}{\varepsilon_{ges} - 1} > 0$$

$$\text{mit} \quad \varepsilon_{ges} = \frac{E_0}{\sum E_{i_{ein}}} = \frac{E + \sum E_{i_{ein}}}{\sum E_{i_{ein}}} = \frac{E}{\sum E_{i_{ein}}} + 1$$

$$\rightarrow \quad \frac{\sum E_{i_{ein}}}{E_{zu}} = \frac{E}{E_{zu}} \frac{1}{\varepsilon_{ges} - 1} \quad \rightarrow \quad \frac{E}{E_{zu}} = \eta_{ges} \frac{1}{1 + \frac{1}{\varepsilon_{ges} - 1}}$$

$$\varepsilon_{ges} \rightarrow \infty : \quad E = \eta_{ges} E_{zu}$$

Grenzfälle

$$\varepsilon_{ges} = 1 : \quad E = 0$$

$\rightarrow$ Nur für $\varepsilon_{ges} = E / \sum E_{i_{ein}} > 1$ ist das System energieautark!

$$\varepsilon_{ges} = \frac{E_0}{E_{E_{ein}} + E_{H_{ein}} + E_{S_{ein}} + E_{V_{ein}}} = \frac{1}{\frac{1}{\varepsilon_E} + \frac{1}{\varepsilon_H} + \frac{1}{\varepsilon_S} + \frac{1}{\varepsilon_V}} > 1$$

$$\rightarrow \ \varepsilon_E > \frac{1}{1 - \left(\frac{1}{\varepsilon_H} + \frac{1}{\varepsilon_S} + \frac{1}{\varepsilon_V}\right)}$$

Aufgabe 12:

Modul: $P_M = k E_{Bau} \ \rightarrow \ \dot{P}_R = k n \dot{E}_{Bau} = k P = k(P_R - P_V)$

- $P_V = 0:\ \dot{P}_R = k P_R \ \rightarrow \ \dot{P}_R - k P_R = 0 \ \rightarrow \ P_R(t) = C e^{kt}$
  AB $:\ P_R(0) = P_0 = C \rightarrow P_R(t) = P_0 e^{kt}$
- $P_V = \frac{1}{r} P_R :\ \dot{P}_R = k \frac{r-1}{r} P_R \ \rightarrow \ \frac{r}{r-1} \dot{P}_R - P_R = 0 \rightarrow P_R(t) = C e^{(1-1/r)\, kt}$
  AB $:\ P_R(0) = P_0 = C \rightarrow P_R(t) = P_0 e^{(k/m)\, t}$ mit $m = r/(r-1)$
- $P_V = P_R :\ \dot{P}_R = 0 \ \rightarrow \ P_R = P_0$

$$0 \le t \le T:\ P_R(t) = P_0 e^{\alpha\, t} \ \text{mit}\ \alpha = k/m,\ 1 \le m \le \infty$$

$$t = T:\ P_R(T) = P_0 \left(e^{\alpha\, T} - 1\right)$$

$$T \le t \le 2T:\ \dot{P}_R(t) = \alpha\left[P_R(t) - P_R(t - T)\right]$$

$$\rightarrow \dot{P}_R(t) - \alpha P_R(t) = -\alpha P_R(t - T)$$

mit bekannter rechter Seite $:\ P_R(t - T) = P_0 e^{\alpha\, (t-T)}$

$$\rightarrow \dot{P}_R(t) - \alpha P_R(t) = -\alpha P_0 e^{\alpha\, t} e^{-\alpha\, T}$$

$$P_{R\,hom} = C e^{\alpha\, t}$$
$$P_{R\,part} = A\, t e^{\alpha\, t} : \text{Resonanzansatz}$$

$$\to \quad A\left(e^{\alpha t} + \alpha t e^{\alpha t}\right) - \alpha A t e^{\alpha t} = -\alpha P_0 e^{-\alpha T} e^{\alpha t} \quad \to \quad A = -\alpha P_0 e^{-\alpha T}$$

$$\to \quad P_R(t) = C e^{\alpha t} - \alpha t P_0 e^{\alpha(t-T)}$$

$$\text{ÜB}: P_R(T) = P_0\left(e^{\alpha T} - 1\right) = C e^{\alpha T} - \alpha T P_0 \quad \to \quad C = P_0\left\{1 + e^{-\alpha T}(\alpha T - 1)\right\}$$

$$\to \quad P_R(t) = P_0\left\{e^{\alpha T} - 1 - \alpha(t - T)\right\} e^{\alpha(t-T)}$$

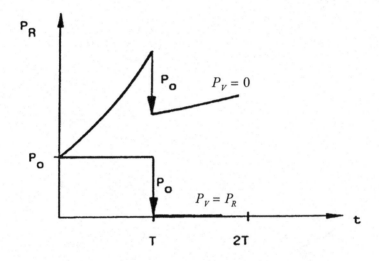

- Geburtenrate: $\alpha = k/m$

$$\text{Erntefaktor für Modul}: \varepsilon = \frac{P_M T}{E_{Bau}} = kT \quad \to \quad k > \frac{1}{T}, \quad \to \quad \alpha > \frac{1}{mT}$$

Aufgabe 13:
Wirkungsgrad:

$$\eta = \frac{\dot{Q}_N}{\dot{Q}_{zu}} = \frac{\dot{Q}_N}{\dot{Q}_N + \dot{Q}_V} = \frac{1}{1 + \frac{\dot{Q}_V}{\dot{Q}_N}} = \frac{1}{1 + \frac{\dot{Q}}{\dot{Q}_N}} = \frac{1}{1 + \frac{\dot{Q}}{\dot{Q}_N} e^{-\sigma h/D}} = \eta(h/d)$$

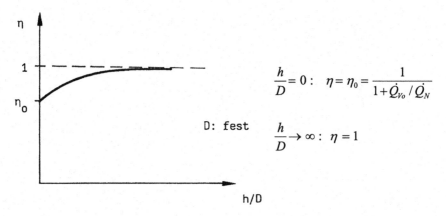

$$\frac{h}{D} = 0: \quad \eta = \eta_0 = \frac{1}{1 + \dot{Q}_{Vo}/\dot{Q}_N}$$

D: fest $\frac{h}{D} \to \infty: \quad \eta = 1$

Energie-Erntefaktor:

$$\varepsilon = \frac{\dot{Q}_N \, t_A}{k_R D \pi s L + k_{is} \left\{ \frac{h}{D} + \left(\frac{h}{D}\right)^2 \right\} D^2 \pi L} = \varepsilon(h/d)$$

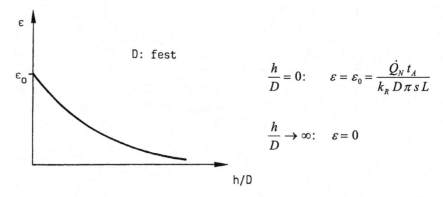

$$\frac{h}{D} = 0: \quad \varepsilon = \varepsilon_0 = \frac{\dot{Q}_N \, t_A}{k_R D \pi s L}$$

$$\frac{h}{D} \to \infty: \quad \varepsilon = 0$$

Globalwirkungsgrad:

$$\delta = \frac{\varepsilon \eta}{\varepsilon + \eta} = \frac{\eta}{1 + \frac{\eta}{\varepsilon}} = \frac{1}{1 + \frac{\dot{Q}}{\dot{Q}_N} e^{-\sigma h/D} + \frac{k_R s + k_{is} D \left\{ \frac{h}{D} + \left(\frac{h}{D}\right)^2 \right\}}{\dot{Q}_N \, t_A} D \pi L} = \delta(h/D)$$

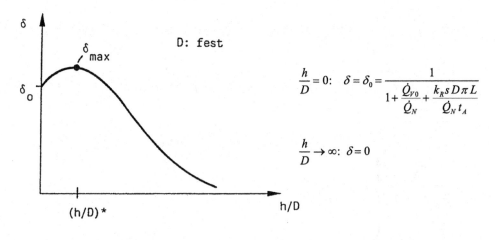

D: fest

$$\frac{h}{D} = 0: \quad \delta = \delta_0 = \frac{1}{1 + \dfrac{\dot{Q}_{V0}}{\dot{Q}_N} + \dfrac{k_R s D \pi L}{\dot{Q}_N t_A}}$$

$$\frac{h}{D} \to \infty: \quad \delta = 0$$

$$\frac{d\delta}{d(h/D)} = 0 \quad \to \quad \sigma \frac{\dot{Q}_{V0}}{\dot{Q}_N} e^{-\sigma h/D} = \frac{D\pi L}{\dot{Q}_N t_A} \left\{ k_{is} D \left(1 + 2\frac{h}{D} \right) \right\}$$

$$\Downarrow \qquad\qquad\qquad \Downarrow$$

$$A(h/D) \qquad = \qquad B(h/D)$$

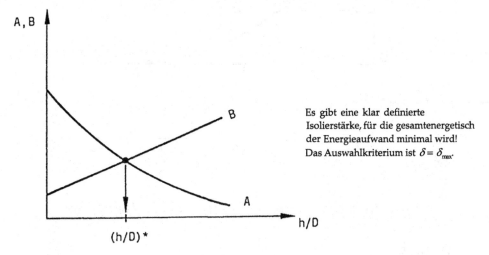

Es gibt eine klar definierte Isolierstärke, für die gesamtenergetisch der Energieaufwand minimal wird! Das Auswahlkriterium ist $\delta = \delta_{max}$.

Aufgabe 14:

$$E_{ges} = E_{zu} + E_{ein} = a(G-1)^2 + b + cG^2 = E(G)$$

$$\rightarrow \quad \frac{dE}{dG} = 2a(G-1) + 2cG = 0 \quad \rightarrow \quad \frac{d^2E}{dG^2} = 2(a+c) > 0 : \text{Minimum}$$

$$G = G^* \frac{a}{a+c} \text{ mit } 0 < G^* < 1 \quad \rightarrow \quad E_{\min} = b + \frac{ac}{a+c}$$

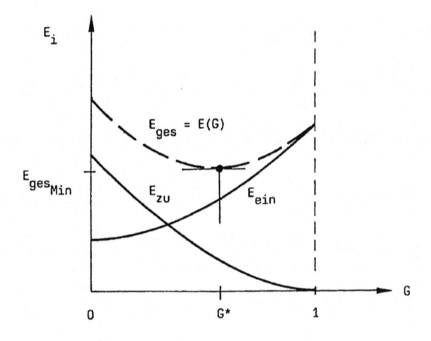

$$\delta = \frac{E_N}{E_{zu} + E_{ein}} \quad \rightarrow \quad \delta_{\max} = \frac{E_N}{a(G^*-1)^2 + b + cG^{*2}} = \frac{E_N}{E_{\min}}$$

mit G^* folgt $\delta_{\max} = \dfrac{E_N}{b + \frac{ac}{a+c}}$ für $E_{ges} = E_{zu} + E_{ein} = E_{\min}$, E_N fest

Aufgabe 15:
Da die Nebenbedingung $A_{\text{Dach}} > A_{\text{Kollektor}}$ in beiden Fällen erfüllt ist, wird die Variante mit dem größeren Erntefaktor gewählt:

$$\varepsilon_A > \varepsilon_B \quad \rightarrow \quad \text{Variante A}$$

Für regenerative Systeme ist der Energie- Erntefaktor die entscheidende Größe, wenn nicht Nebenbedingungen dem entgegenstehen!

Aufgabe 16:

- Benzineinsparung durch Motorentwicklung $\rightarrow$ Wirkungsgradverbesserung:

$$\eta = \frac{P}{\dot{m}_B H_U} \quad \rightarrow \quad \dot{m}_B = \frac{P}{H_U} \frac{1}{\eta}$$

$$\text{Einsparung}: \ \Delta \dot{m}_B = \dot{m}_{B0} - \dot{m}_B = \frac{P}{H_U \eta_0} - \frac{P}{H_U \eta}$$

$$= \frac{P}{H_U} \left\{ \frac{1}{\eta_0} - \frac{1}{\eta_0 + (\eta_C - \eta_0)(1 - e^{-k/k_0})} \right\}$$

$$\Delta \dot{m}_{\max} \ \text{für} \ k/k_0 \rightarrow \infty \, , \ \eta \rightarrow \eta_C$$

$$\Delta \dot{m}_{\max} = \frac{P}{H_U} \left(\frac{1}{\eta_0} - \frac{1}{\eta_C} \right) > 0 \ \text{für} \ \eta_0 < \eta_C$$

- $\Delta E = \Delta \dot{m}_B H_U t_N - E_{M0} \left(e^{k/k_0} - 1 \right)$

$$\Delta E_{\max} \ \text{für} \ (k/k_o)_{opt} :$$

$$\frac{d \Delta E}{d(k/k_0)} = \frac{d}{d(k/k_0)} \left\{ \frac{P t_N}{\eta_0} \left(1 - \frac{1}{1 + \{(\eta_C/\eta_0) - 1\}(1 - e^{k/k_0})} \right) - E_{M0} \left(e^{k/k_0} - 1 \right) \right\}$$
$$= 0$$

$$\rightarrow (k/k_0)_{opt} = \ln \left\{ 1 - \frac{\eta_0}{\eta_C} + \frac{\eta_0}{\eta_C} \sqrt{\frac{1}{E_{M0}} \left(\frac{\eta_C}{\eta_0} - 1 \right) \frac{P t_N}{\eta_0}} \right\}$$

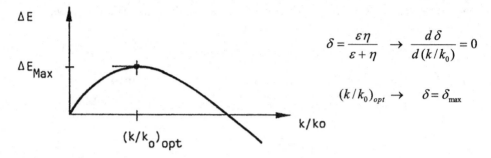

$$\delta = \frac{\varepsilon\eta}{\varepsilon+\eta} \quad\rightarrow\quad \frac{d\delta}{d(k/k_0)} = 0$$

$$(k/k_0)_{opt} \quad\rightarrow\quad \delta = \delta_{max}$$

Aufgabe 17:

- $\varepsilon = \dfrac{\Delta P V t_a}{E_W} = \dfrac{\Delta F_W U V t_a}{E_W}$

$$\Delta F_W = \{c_{W0} - c_{W0}(1-\alpha)\} A\rho U^2/2 = \alpha c_{W0} A\rho U^2/2$$

$$\rightarrow \quad \varepsilon = \frac{\alpha c_{W0} A\rho U^3 V t_a}{2 E_W} = 1{,}86, \quad V = \frac{t_N}{t_a} = \frac{300\cdot 12}{360\cdot 24} = 0{,}42$$

- $\Delta E = \Delta F_W U V t_a - E_W > 0 \quad$ für $\quad \varepsilon > 1$

$$\text{Einsparung} \rightarrow \quad \Delta E = (1{,}86 - 1)E_W = 29240\,MJ$$

Aufgabe 18:
Differenzialgleichung für Vorlauftemperatur:

$$\dot{m}cT(x) = \dot{m}c\,T(x+dx) + \gamma\,(T(x) - T_U)\,dx$$

$$\rightarrow \quad \frac{T(x+dx) - T(x)}{dx} = -\frac{\gamma}{\dot{m}c}\,(T(x) - T_U)$$

$$\rightarrow \quad \frac{dT}{dx} + \frac{\gamma}{\dot{m}c}\,T = \frac{\gamma}{\dot{m}c}\,T_U \,, \quad \text{RB: } T(0) = T_H$$

Vorlauftemperatur $:\rightarrow$ $T(x) = T_U + (T_H - T_U)\, e^{-(\gamma/\dot{m}c)\, x}$

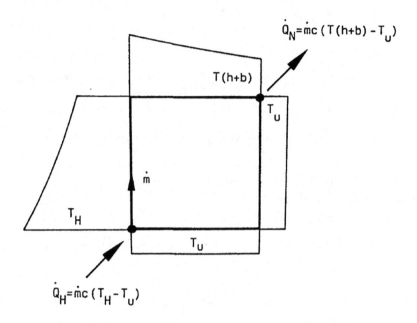

Heizleistung : $\rightarrow$ $\dot{Q}_H = \dot{m}c\,(T_H - T_U) = \dot{Q}_N\, \dfrac{T_H - T_U}{T(h+b) - T_U} = \dot{Q}_N\, e^{(\gamma/\dot{m}c)\,(h+b)}$

Wirkungsgrad : $\rightarrow$ $\eta = \dfrac{\dot{Q}_N}{\dot{Q}_H} = e^{-(\gamma/\dot{m}c)\,(h+b)} = 1 - \dfrac{\gamma}{\dot{m}c}\,(h+b) + \dots.$

$\eta_{\max} = 1$ für $\gamma = 0$ und $\dot{m} \rightarrow \infty$

$\rightarrow$ Isolieren und Steigerung des Massenstroms haben gleiche Wirkung!
Massenstrom allein infolge Dichteunterschiede, freie Konvektion:

$$0 = \int_0^h (\rho_0 - \rho)\, g\, dx \;-\; \int_0^{2(h+b)} K\dot{m}^2 dx : \quad \begin{array}{l}\text{längs Umlauf integrierte}\\[2pt]\text{Impulsgleichung}\end{array}$$

$\rho(x) = \rho_0\{1 - \beta_0\,(T(x) - T_U)\} = \rho_0\{1 - \beta_0\,(T_H - T_U)\, e^{-(\gamma/\dot{m}c)\,x}\}$: Zustandsgleichung

$$\rightarrow \quad \dot{m}^2 = \frac{\beta_0 \rho_0 g}{2(h+b)K} \frac{\dot{Q}_N}{\gamma} \left\{ e^{(\gamma/\dot{m}c)(h+b)} - e^{(\gamma/\dot{m}c)b} \right\}$$

$$= \frac{\beta_0 \rho_0 g}{2(h+b)K} \frac{\dot{Q}_N}{\gamma} \left\{ \frac{\gamma h}{\dot{m}c} + \ldots \right\}$$

$$\rightarrow \quad \dot{m}^3 = \frac{\beta_0 \rho_0 g h}{2(h+b)Kc} \dot{Q}_N = \frac{\rho_0}{2(h+b)K} \frac{h}{h^*} \dot{Q}_N : \text{ Umlaufgleichung}$$

$$\text{mit } h^* = \frac{c}{g\beta_0}, \text{ Wasser } \rightarrow h^* \approx 2000 \, km$$

Massenstrom infolge Dichteunterschiede und Pumpe,
freie/erzwungene Konvektion:

$$\text{Pumpe}: \quad P_{el} = \Delta p \, \dot{V} = \Delta p \, \frac{\dot{m}}{\rho_0} \quad \rightarrow \quad \Delta p = P_{el} \frac{\rho_0}{\dot{m}}$$

$$0 = \int_0^h (\rho_0 - \rho) g \, dx \; - \int_0^{2(h+b)} K\dot{m}^2 dx + P_{el} \frac{\rho_0}{\dot{m}}$$

$$\rightarrow \quad \dot{m}^3 = \frac{\rho_0 \dot{Q}_N \left\{ (h/h^*) + (P_{el}/\dot{Q}_N) \right\}}{2(h+b)K} \quad \text{mit } h/h^* >>> h$$

Wirkungsgradsteigerung durch Pumpe:

$$\eta = \frac{\dot{Q}_N}{\dot{Q}_H + P_{el}} = \frac{\dot{Q}_N}{\dot{Q}_N e^{(\gamma/\dot{m}c)(h+b)} + P_{el}}$$

$$= \frac{1}{e^{(\gamma/\dot{m}c)(h+b)} + (P_{el}/\dot{Q}_N)}$$

$$= \frac{1}{1 + \frac{\gamma}{\dot{m}c}(h+b) + \ldots + \frac{P_{el}}{\dot{Q}_N}}$$

$$\rightarrow \quad \eta = \frac{1}{1 + \gamma_0 \left\{ 1 + \frac{h}{h^*} \frac{P_{el}}{\dot{Q}_N} \right\}^{-\frac{1}{3}} + \frac{P_{el}}{\dot{Q}_N}} = \eta \left(\frac{P_{el}}{\dot{Q}_N} \right)$$

$$\text{mit}\ \ \gamma_0 = \frac{\gamma}{c}\,(h+b)\left\{\frac{2\,(h+b)\,K}{\rho_0\dot{Q}_N}\,\frac{h^*}{h}\right\}^{\frac{1}{3}}$$

Zur Erhöhung des Massenstroms genügt $P_{el}/\dot{Q}_N$ in der Größenordnung h/h^*.

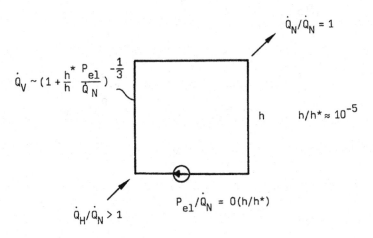

Wirkungsgrad steigt durch Pumpe an:

$$\eta\,(P_{el} > 0)\ >\ \eta\,(P_{el} = 0) = \frac{1}{1+\gamma_0} = \eta_0$$

Wirkungsgradmaximum:

$$\frac{d\eta}{d\left(P_{el}/\dot{Q}_N\right)} = \frac{d}{d\left(P_{el}/\dot{Q}_N\right)}\,\frac{1}{F\left(P_{el}/\dot{Q}_N\right)} = 0$$

$$\text{mit } F =\ 1 + \gamma_0\left\{1 + \frac{h}{h^*}\frac{P_{el}}{\dot{Q}_N}\right\}^{-\frac{1}{3}} + \frac{P_{el}}{\dot{Q}_N}$$

$$\rightarrow\ -\frac{\gamma_0}{3}\frac{h^*}{h}\left\{1 + \frac{h}{h^*}\frac{P_{el}}{\dot{Q}_N}\right\}^{-\frac{4}{3}} + 1\ =\ 0\ \rightarrow\ \left(P_{el}/\dot{Q}_N\right)^* = \frac{h}{h^*}\left\{\left[\frac{\gamma_0}{3}\frac{h^*}{h}\right]^{\frac{3}{4}} - 1\right\}$$

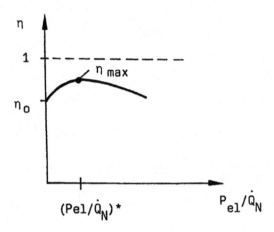

Aufgabe 19:

$$\text{Wirkungsgrad}: \quad \eta_G = \frac{P_L}{P_{el\,G}} \quad < \quad \eta_{SL} = \frac{P_L}{P_{el\,SL}}$$

$$\to \quad P_{el\,G} > P_{el\,SL}: \quad \text{Strombedarf der LED-Sparlampe ist geringer als bei der Glühbirne}$$

$$\text{Energie} - \text{Erntefaktor}: \quad \varepsilon_G = \frac{P_L\,t_G}{E_{Bau\,G}}, \quad \varepsilon_{SL} = \frac{P_L\,t_{SL}}{E_{Bau\,SL}} \quad \to \quad \varepsilon_{SL} = \frac{E_{Bau\,G}}{E_{Bau\,SL}}\frac{t_{SL}}{t_G}\,\varepsilon_G$$

Damit der Erntefaktor der LED-Sparlampe günstiger als bei der Glühbirne ausfällt, ist zwingend eine Lebensdauer $t_{SL} > t_G$ erforderlich, um den erhöhten Bauaufwand $E_{Bau\,SL} > E_{Bau\,G}$ decken zu können:

$$\varepsilon_{SL} > \varepsilon_G \quad \to \quad t_{SL} > \frac{E_{Bau\,SL}}{E_{Bau\,G}}\,t_G$$

Globalwirkungsgrad:

$$\delta_G = \frac{P_L\,t_G}{E_{Bau\,G} + E_{zu\,G}}, \delta_{SL} = \frac{P_L\,t_{SL}}{E_{Bau\,SL} + E_{zu\,SL}}$$

Mit $E_{zu\ G} = P_{el\ G}\ t_G$, $E_{zu\ SL} = P_{el\ SL}\ t_{SL}$

Folgt aus $\delta_{SL} > \delta_G$ die Bauvorschrift:

$$E_{Bau\ SL} < \frac{t_{SL}}{t_G} E_{Bau\ G} + t_{SL} (P_{el\ G} - P_{el\ SL})$$

⇓ ⇓

Kompensation   Kompensation
durch höhere   durch verringerten
Lebensdauer   Strombedarf

Aufgabe 20:

$$\eta_0 = 0{,}5, \varepsilon_0 = 2 \rightarrow \delta_0 = \frac{\eta_0 \varepsilon_0}{\eta_0 + \varepsilon_0} = 0{,}4$$

$$\delta = 1{,}5\ \delta_0 = 0{,}6 \rightarrow \quad \delta = \frac{\eta \varepsilon}{\eta + \varepsilon} = 0{,}6 \quad \rightarrow \varepsilon = \frac{1}{\frac{1}{0{,}6} - \frac{1}{\eta}} = \varepsilon(\eta)$$

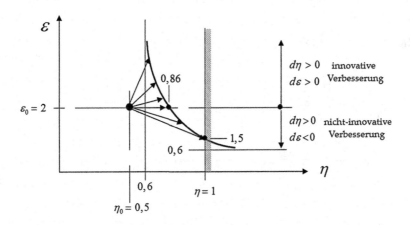

$$\rightarrow \eta_{min} = \eta(\varepsilon = \infty) = 0{,}6, \ \eta(\varepsilon_0 = 2) = 0{,}86, \ \eta(\varepsilon = 1{,}5) = 1$$

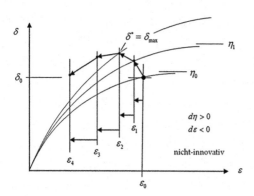 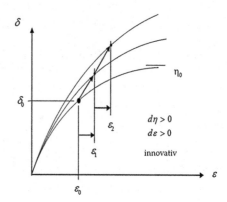

Aufgabe 21:

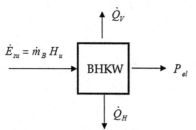

$\dot{E}_{zu}$ mit Brennstoff zugeführte Leistung

P_{el} nutzbare elektrische Leistung

$\dot{Q}_H$ nutzbare Heizleistung

$\dot{Q}_V$ nicht nutzbare Verlustwärmeleistung (Kamin)

BHKW: $\dot{E}_{zu} = P_{el} + \dot{Q}_H + \dot{Q}_V$

$$1 = \frac{P_{el}}{\dot{E}_{zu}} + \frac{\dot{Q}_H}{\dot{E}_{zu}} + \frac{\dot{Q}_V}{\dot{E}_{zu}} = \eta_{el} + \eta_H + \eta_V \text{ (additiv!)}$$

$$\eta_{BHKW} = \frac{P_{el} + \dot{Q}_H}{\dot{E}_{zu}} = \eta_{el} + \eta_H = \frac{P_{el}}{\dot{E}_{zu}}\left(1 + \frac{\dot{Q}_h}{P_{el}}\right) = \eta_{el}\left(1 + \frac{1}{\sigma}\right)$$

$$\rightarrow \eta_{BHKW,\,max} = \eta_{el}\left(1 + \frac{1}{\sigma^*}\right) = 0{,}3\,(1 + 2) = 0{,}9$$

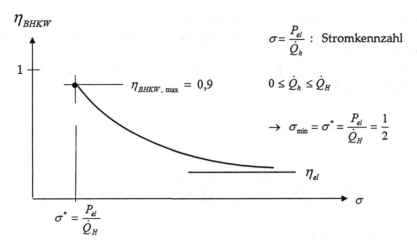

$$\sigma = \frac{P_{el}}{\dot{Q}_h} \; : \; \text{Stromkennzahl}$$

$$0 \le \dot{Q}_h \le \dot{Q}_H$$

$$\rightarrow \; \sigma_{min} = \sigma^* = \frac{P_{el}}{\dot{Q}_H} = \frac{1}{2}$$

$$\sigma^* = \frac{P_{el}}{\dot{Q}_H}$$

Der maximale Wirkungsgrad $\eta_{BHK,\,max} = \eta_{BHKW}(\sigma^*)$ wird erreicht, wenn die beim Betrieb erzeugte Heizleistung vollständig durch Wärmeverbraucher genutzt werden kann.

Der Wirkungsgrad reduziert sich auf den elektrischen Wirkungsgrad η_{el}, wenn gar keine Wärmeverbraucher zur Nutzung der erzeugten Heizleistung zur Verfügung stehen. Das energetische Verhalten eines BHKW ist dann das eines Verbrennungsmotors und damit schlechter als das eines konventionellen Kraftwerks.

Der Einsatz eines BHKW ist nur sinnvoll, wenn sichergestellt werden kann, dass die angeschlossenen Wärmeverbraucher die erzeugte Heizleistung tatsächlich zeitlich unbefristet nutzen.

$$\text{GuD}: \; \eta_{GT} = \frac{P_{el\,GT}}{\dot{Q}_{zu\,GT}} = \frac{\dot{m}_{B\,GT}H_u - \dot{Q}_{ab\,GT}}{\dot{m}_{B\,GT}H_u} = 1 - \frac{\dot{Q}_{ab\,GT}}{\dot{m}_{B\,GT}H_u}$$

$$\rightarrow \dot{Q}_{ab\,GT} = (1 - \eta_{GT})\,\dot{m}_{B\,GT}H_u = \dot{Q}_{zu\,DT}$$

$$\eta_{DT} = \frac{P_{el\,DT}}{\dot{Q}_{zu\,DT}} = \frac{P_{el\,DT}}{(1 - \eta_{GT})\dot{m}_{B\,GT}\,H_u} \rightarrow \frac{P_{el\,DT}}{\dot{m}_{B\,GT}H_u} = \eta_{DT}\,(1 - \eta_{GT})$$

$$\eta_{GuD} = \frac{P_{el\,GT} + P_{el\,DT}}{\dot{m}_{B\,GT}H_u} = \eta_{GT} + \eta_{DT}(1 - \eta_{GT}) \; \text{(additiv!)}$$

$$\eta_{GT} = 0{,}39, \eta_{DT} = 0{,}34 \; \rightarrow \; \eta_{GuD} = 0{,}39 + 0{,}34\,(1 - 0{,}39) = 0{,}6$$

Beim GuD, das ausschließlich Strom produziert, gibt es kein Abnahmeproblem wie beim BHKW, da Strom als universeller Energieträger stets zeitlich unbegrenzt nutzbar ist!

Aufgabe 22:

Grenztiefe $z = z^*$ $\rightarrow$ gesamte elektrische Leistung des Kraftwerks wird zur Förderung der Kohle benötigt: $P_K = P_{el} = P_{el,\,BW}$

$$P_K = \dot{m}_K H_U \, g \, H \left(e^{3\,z/H} - 1 \right) = \dot{m}_K H_U \eta = P_{el}$$

$$\rightarrow \quad z^* = \frac{H}{3} \, \ln \left(1 + \frac{H_U \eta}{\alpha g H} \right) = 2{,}7 \, km \; < \; H = 10 \, km$$

Charakteristische Länge:

$$\frac{H_U \eta}{\alpha g H} = \frac{H^*}{H} \quad \rightarrow \quad H^* = \frac{\eta}{\alpha} \frac{H_U}{g} \sim \frac{H_U}{g}$$

Nicht nutzbarer Anteil am Fossilvorkommen:

$$N = \frac{H - z^*}{H} = 0{,}73$$

Aufgabe 23:

Aktive Kühlung, stationär:

$$\dot{Q} = \dot{m} c \left(T - T_0 \right) + kA \left(T - T_U \right) \quad \rightarrow \quad T_B = \frac{\dot{Q} + \dot{m} c T_0 + kA T_U)}{\dot{m} c + kA}$$

Ausfall der aktiven Kühlung

$$\dot{m} \rightarrow 0, \text{instationäres Verhalten}$$

$$Mc \, \dot{T} = \dot{Q} - kA \left(T - T_U \right)$$

$$AB : \quad T(0) = T_B$$

$$\rightarrow \quad T(t) = T_U + \frac{\dot{Q}}{kA} + \left\{ \left(T_B - T_U \right) - \frac{\dot{Q}}{kA} \right\} e^{-(kA/Mc)\,t}$$

$$T(\infty) = T_U + \frac{\dot{Q}}{kA} = 5\,T_B$$

$$\rightarrow\ kA > \frac{\dot{Q}}{5\,T_B - T_U}\ \text{erforderlicher}\ kA - \text{Wert}$$

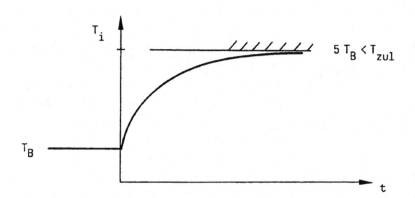

Aufgabe 24:

Anzahl N der dezentral erforderlichen HTR 10 Module als Ersatz für den EPR Groß-reaktor:

$$N = \frac{1600\,MW}{3\,MW} = 533$$

Kostenvergleich 533 HTR 10 Module mit EPR:

$$533\ \text{HTR 10 Module}:\ 533 \cdot 4{,}5 \cdot 10^6\,\text{\euro} = 2{,}4 \cdot 10^9\,\text{\euro}$$

$$EPR:\ 8{,}5 \cdot 10^9\,\text{\euro}$$

$$\rightarrow\ \Delta K =\ 6{,}1 \cdot 10^9\,\text{\euro},\ \text{EPR um Faktor 3,5 teurer}$$

Kostenvergleich Großwindräder mit EPR

$$n = \frac{1600\,MW}{7\,MW}\,\frac{0{,}8}{0{,}2} = 914\ \ \rightarrow\ \ 11 \cdot 10^9\,\text{\euro}$$

$\rightarrow$ Windräder gegenüber EPR um Faktor 1,3 teurer

Kostenvergleich Großwindräder mit HTR 10

$$n = \frac{3\,MW}{7\,MW}\frac{0,8}{0,2} = 1,7 \quad \rightarrow \quad 20 \cdot 10^6\ \text{€}$$

→ Windräder gegenüber HTR-Modul um Faktor 4,5 teurer

Aufgabe 25:

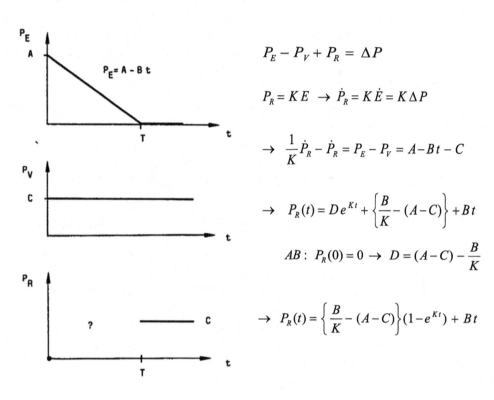

$$P_E - P_V + P_R = \Delta P$$

$$P_R = K E \quad \rightarrow \quad \dot{P}_R = K \dot{E} = K \Delta P$$

$$\rightarrow \quad \frac{1}{K}\dot{P}_R - \dot{P}_R = P_E - P_V = A - Bt - C$$

$$\rightarrow \quad P_R(t) = D e^{Kt} + \left\{\frac{B}{K} - (A - C)\right\} + Bt$$

$$AB: \ P_R(0) = 0 \quad \rightarrow \quad D = (A - C) - \frac{B}{K}$$

$$\rightarrow \quad P_R(t) = \left\{\frac{B}{K} - (A - C)\right\}(1 - e^{Kt}) + Bt$$

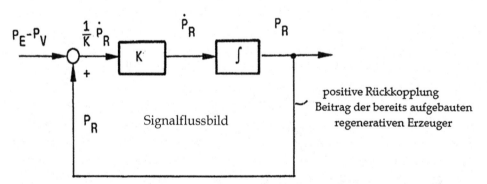

positive Rückkopplung
Beitrag der bereits aufgebauten
regenerativen Erzeuger

$$t = T: \quad P_R = P_V = C, \quad P_E(T) = 0 \quad \rightarrow \quad T = A/B$$

$$\rightarrow \quad \left\{ \frac{B}{K} - (A - C) \right\} \left(1 - e^{K\,(A/B)} \right) + A = C \quad \rightarrow \quad K = K(A,B,C)$$

$$K\,(A/B) \ll 1: \quad \left\{ \frac{B}{K} - (A - C) \right\} \left\{ 1 - \left(1 + K\frac{A}{B} + \ldots \right) \right\} + A = C$$

$$\rightarrow \quad K = \frac{BC}{A\,(A - C)} = \frac{C}{A - C}\frac{1}{T} > 0$$

Aufgabe 26:

Ohne Rechnung kann wegen $\varepsilon = 1/2 < 1$ bereits auf das Absterben der Population geschlossen werden.

$$\varepsilon = \frac{E}{E_{Bau}} = \frac{PT}{E_{Bau}} \quad \rightarrow \quad E_{Bau} = \frac{1}{\varepsilon}\,PT = 2\,PT$$

t	n
0	$0 \rightarrow 3$
$(2/3)\,T$	$3+1$
T	$4-3$
$(5/3)\,T$	$1+1-1$
$(8/3)\,T$	$1 \rightarrow 0$

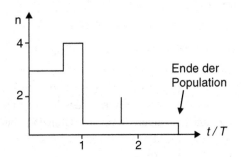

t	τ
0	0
$(2/3)\,T$	$(2/3)\,T \rightarrow (1/2)\,T$
T	$(10/12)\,T \rightarrow (1/3)\,T$
$(5/3)\,T$	$T \rightarrow 0$
$(8/3)\,T$	T

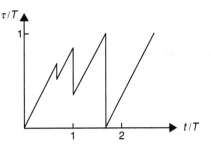

Durch Überkonsum kann jedem regenerativen System die erforderliche Restenergie zur Regenerierung genommen werden, so dass die Nachhaltigkeit durch Absterben verloren geht:

$$\varepsilon_K = \frac{E - E_K}{E_{Bau}} = \frac{E}{E_{Bau}} \left(1 - \frac{E_K}{E}\right) = \varepsilon \left(1 - \frac{E_K}{E}\right)$$

$$\text{Bsp.:} \quad \varepsilon = 100, \; E_K = E \quad \rightarrow \quad \varepsilon_K = 0$$

Nur bei einer unendlich langen Lebensdauer kann die gesamte geerntete Energie auch konsumiert werden, da dann und nur dann die notwendige Regenerierung entfällt.

Aufgabe 27:

$$W = \begin{cases} 0 & D_0 \leq D_{0\,Grenz} \\ \dfrac{D_0 - D_{0\,Grenz}}{D_{0\,T} - D_{0\,Grenz}} \, W_T & \text{für} \quad D_{0Grenz} \leq D_0 \leq D_{0T} \\ W_T & D_0 \geq D_{0T} \end{cases}$$

Ohne Änderung des Produktionsverfahrens mit $k = k_0$ gilt:

$$k = k_0 \quad \rightarrow \quad P = P_0 \;\; \text{bei} \;\; D_0^* = D_0(W_T/3) = 34 \, D_{0\,Grenz}$$

und zum Erreichen des Grenzwertes D_{0Grenz}

$$D_0 = k_0 P = D_{0\,Grenz} = \frac{D_0}{34} \quad \rightarrow \quad P = \frac{1}{34} \frac{D_0}{k_0} = \frac{1}{34} P_0$$

muss die Produktion auf 1/34 des ursprünglichen Wertes reduziert werden.

Mit der qualitativen Verbesserung des Verfahrens kann die quantitative Einschränkung der Produktion verringert und im Grenzfall bei Einhaltung der Grenzdosisbelastung $D_{0\,Grenz}$ mit dem Produktionsgütegrad $k_0 > k = k_{min} > 0$ die maximal realisierbare Produktion erreicht werden:

$$P_{max} = \frac{1}{34} \frac{k_0}{k_{min}} P_0$$

Aufgabe 28:

$$K_{ex0}\left(D_0^*\right) - K_{ex}\left(D_0 < D_0^*\right) + K_T\left(D_0 < D_0^*\right) = \Delta K > 0 : \text{„Ingenieurungleichung"}$$

Nur wenn die technologischen Kosten K_T für die Umweltmaßnahme die Strafkosten $K_{ex0}\left(D_0^*\right)$ ohne Umweltmaßnahme abzüglich der Strafkosten mit Umweltmaßnahme $K_{ex}\left(D_0 < D_0^*\right)$ nach dem Verursacherprinzip nicht übersteigen, ist ein ökonomischer

Anreiz zur Durchführung der Umweltmaßnahme gegeben. Die Ungleichung zum Kosten-
anreiz $\Delta K > 0$, der von einem Kaufmann als Gewinn empfunden wird, kann nur vom
Gestalter der Umweltmaßnahme (Ingenieur) realisiert werden. Mit $\Delta K > 0$ wird das
Unternehmen für seine ökologische Anstrengung belohnt.

Die Vorgabe des ökonomischen Verursacherprinzips führt bei Erfüllung der In-
genieurungleichung ganz zwangsläufig zur Gewinnmaximierung und zur Erfüllung des
ökologischen Minimalprinzips:

$$\Delta K \rightarrow \Delta K_{max}, \quad D_0 \rightarrow D_{0\,Grenz}$$

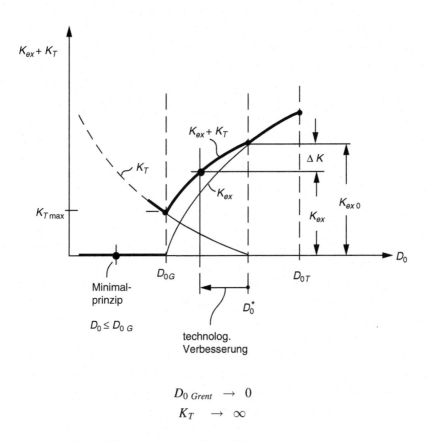

$$D_{0\,Grent} \rightarrow 0$$
$$K_T \rightarrow \infty$$

$\rightarrow$ ohne Schwelle ist Umweltschutz nicht realisierbar

Ergänzende und weiterführende Literatur

1. Seifritz, W.: Der Treibhauseffekt. München, Wien: Carl Hanser 1991
2. Braun, M.: Differentialgleichungen und ihre Anwendungen. 2. Aufl. Berlin, Heidelberg, New York: Springer 1991
3. Unger, J.: Konvektionsströmungen. Stuttgart: Teubner 1988
4. Heinloth, K.: Die Energiefrage. Vieweg 2003

Ergänzende und weiterführende Literatur

1. Becker, E.: Technische Strömungslehre. 7. Aufl. Stuttgart: Teubner 1993
2. Betz, A.: Wind-Energie. Göttingen: Vandenhoeck & Ruprecht 1926 (unveränderter Nachdruck. Freiburg: Ökobuch Verlag 1982)
3. Unger, J.: Konvektionsströmungen. Stuttgart: Teubner 1988
4. Baehr, H. D.: Thermodynamik. 12. Aufl. Berlin, Heidelberg, New York, London, Paris, Tokyo: Springer 2006
5. Becker, E.: Technische Thermodynamik. Stuttgart: Teubner 1997
6. Kugeler, K. / Phlippen, P.-W.: Energietechnik Berlin, Heidelberg, New York, London, Paris, Tokyo: Springer 1990
7. Heinloth, K.: Energie. Stuttgart: Teubner 1983
8. Penrose, R.: Computerdenken. Heidelberg: Spektrum der Wissenschaft, Verlagsgesellschaft 1991
9. Lehninger, A. L.: Bioenergetik 3. Aufl. Stuttgart, New York: Georg Thieme Verlag 1982
10. Unger, J: Einführung in die Regelungstechnik. 3. Aufl. Wiesbaden: Teubner 2004
11. N. N.: Reactor Safety Study; An Assessment of Accident Risks in U.S. Commercial Nuclear Power Plants.WASH-1400 (NURER 75/014), October 1975
12. N. N.: Zurfriedlichen Nutzung der Kernenergie. 2. Aufl. Bonn: BMFT1978
13. Schrüfer, E.: Zuverlässigkeit von Mess- und Automatisierungsein- richtungen. München, Wien: Carl Hanser 1984
14. Haken, H.: Synergetik. Berlin, Heidelberg, New York, Tokyo: Springer 1990
15. Braun, M.: Differentialgleichungen und ihre Anwendungen. 2. Aufl. Berlin, Heidelberg, New York: Springer 1991
16. Binswanger, H.-C. / Bonus, H. / Timmermann, M.: Wirtschaft und Umwelt, W. Kohlhammer 1983
17. Seifritz, W.: Der Treibhauseffekt. München, Wien: Carl Hanser 1991
18. Lesch, K.-H. / Bach, W.: Reduktion des Kohlendioxids. ENERGIE. Jahrg. 41, Nr. 5, Mai 1989
19. Hassmann, K. / Keller, W. / Stahl, D.: Perspektiven der Photovoltaik. BWK Bd. 43, Nr. 3, März 1991
20. Prigogine, I. / Stengers, I.: Dialog mit der Natur. 5. Aufl. München, Zürich: Piper 1993
21. Unger, J.: Aufwindkraftwerke contra Photovoltaik. BWK Bd. 43, Nr. 718, Juli/August 1991
22. Unger, J. / Simon, D.: Populationen regenerativer Systeme. Inst. f. Mechanik, TUD, April 2002
23. Unger, J.: Eine Betrachtung über Industriepopulationen. Querschnitt Nr. 14, FHD, August 2000
24. Juhl, T.: Wirtschaftlichkeitsberechnung von Sequestrie- rungstechnologien. HDA/E.ON, FB Wirtschaft, Juli 2008

© Springer Fachmedien Wiesbaden GmbH, ein Teil von Springer Nature 2020
J. Unger et al., *Alternative Energietechnik*,
https://doi.org/10.1007/978-3-658-27465-8

25. N. N.: Klimaschutz und Energieversorgung in Deutschland 1990–2020. Studie der Deutschen Physikalischen Gesellschaft, September 2005

26. N. N.: Auswirkungen einer verschärften Degression der Einspeise- vergütungen für Solarstrom RWI Essen, Mai 2008-09-03

27. Voss, A.: Bilanzierung der Energie- und Stoffströme, IER Uni Stuttgart, August 2002

28. Unger, J.: Desintegration – Ein Verfahren das Energie zugleich einspart und liefert. Querschnitt Nr. 21, HDA, Februar 2007

29. Winter, J. / Nitsch, J.: Wasserstoff als Energieträger. Berlin, Heidelberg, New York, Tokyo: Springer 1989

30. Yung, Y. L.: Potential Environmental Impact of a Hydrogen Economy on the Stratosphere. Science 2003, 300, 1740–1742

31. Cummings, R. G.: Techn. Rev., Februar 1979

32. Bowman, C. D.: Nuclear Instruments and Methods in Physics Research. A320, 336–367, 1992

33. Schulten, R. / Bernert, H.: Hochtemperatur-Methanisierung im Kreislauf „Nukleare Fernenergie". Jahrestreffen der Verfahrens- ingenieure Straßburg, Oktober 1980

34. Auner, N.: Silicium als Bindeglied zwischen Erneuerbaren Energien und Wasserstoff. Research Notes Nr. 11, April 2004

35. Hemmer, K.: Energietechnik auf Basis Natrium-Wasserstoff. Forschungsbericht (Ministerium für Umwelt und Forsten des Landes Rheinland Pfalz), November 1988

36. Lehmann, B.: Rivalen auf dem Feld. ETH Life, 2008

37. Wolf, B.: Energieaufwand und CO_2-Freisetzung bei der Energie- gewinnung mit Miscanthus sinensis. TH Darmstadt, Institut für Mecha- nik, Oktober 1993

38. DeBoer, K.: Von der Geburt bis zum Tod der Sterne. Müller-Krumbhaar, H. / Wagner, H. – F. (Hrsg.), WILEY-VCH, Verlag Berlin, 2002

39. Hirschberger, P.: Die Wälder der Welt. Ein Zustandsbericht. WWF Schweiz, März 2007

40. Meshik, A. P.: Natürliche Kernreaktoren. Spektrum der Wissenschaft, 2006

41. Risto, T.: Comparison of Electricity Generation Costs. Universtiy of Technolgy Lappeeranta, EN A-56, 2008

42. Svensmark, H. et al.: Experimental evidence for the role of ions in particle nucleation under atmospheric conditions. Proc. Roy. Soc. A (2007) 463,385–396

43. Klostermann, J.: Das Klima im Eiszeitalter. Stuttgart: Schweizerbart 2009

44. N. N.: Natürliche Lachgasquellen. Kuratorium für Technik und Bauwesen in der Landwirtschaft (KTBL), Darmstadt

45. Unger, J. / Hurtado, A.: Energie, Ökologie und Unvernunft. Springer 2013

46. Heinloth, K.: Die Energiefrage. Vieweg 2003

47. Streffer, C. / Witt, A. / Gethmann, C. F. / Heinloth, K. / Rumpff, K.: Ethische Probleme einer langfristigen globalen Energie- versorgung. Berlin/New York: Walter de Gruyter 2005

48. Kosack, P.: Forschungsprojekt „Beispielhafte Vergleichsmessung zwischen Infrarotstrahlungs-heizung und Gasheizung im Altbaubereich". TU Kaiserslautern, Oktober 2009

49. N. N.: EFI Gutachten 2014. Expertenkommission Forschung und Innovationen, eingerichtet von der deutschen Bundesregierung, Berlin

50. Schulze, G.: Ungewissheit, Risiko, Moral: Wie wir mit Dilemmas umgehen. 45. Kraft-werkstechnisches Kolloquium im Oktober 2013, Dresden

51. Joerges, B.: Ein früher Fall von Technology Assessment oder die verlorene Expertise. Frankfurt: Suhrkamp 1996

52. N. N.: Ökologischer Finanzausgleich. Umweltbundesamt, Dessau-Roßlau

53. Unger, J. / Hurtado, A.: Natur – Geld – Menschlichkeit. Shaker Verlag 2017

54. Kehrberg, Jan O. C.: Die Entwicklung des Elektrizitätsrechts in Deutschland/Der Weg zum Energiewirtschaftsgesetz von 1935. Verlag Peter Lang 1996

55. Berner, U. / Hollerbach, A.: Klimafakten: Der Rückblick – Ein Schlüssel für die Zukunft / Klimawandel und CO_2 aus geowissenschaftlicher Sicht. BGR 2004

56. N.N.: Deutschlands Energiewende. Ein Gemeinschaftswerk für die Zukunft. Presse- und Informationszentrum der Bundesregierung. 2011

57. Etscheit, G. (Hrsg.): Geopferte Landschaften. Wie die Windenergie unsere Umwelt zerstört. München: Verlagsgruppe Random House 2016

58. Einstein, A.: Über einen die Erzeugung und Verwandlung des Lichtes betreffenden heuristischen Gesichtspunkt. Annalen der Physik 17, S. 132–148, 1905

59. Unger, J. / Leyer, S.: Dimensionshomogenität. Erkenntnis ohne Wissen? Springer 2015

60. MacLeod, N.: Arten sterben. Wendepunkte der Evolution. Theiss Verlag, 2016

61. N.N.: Frigen-Handbuch, Sicherheitskältemittel. Farbwerke Höchst, 1962

62. Bett, A.W. / Dimroth, F. / Löckenhoff, R. / Oliva, E., Schubert, J.: Solar Cells under monochromatic Illumination. 33rd IEEE Photovoltaic Specialist Conference, San Diego, 2008

63. N.N.: UN-DESA, Population Division 2015

64. Unger, J.: Vom Waldsterben zum Klimatismus. Shaker Verlag 2019

Stichwortverzeichnis

© Springer Fachmedien Wiesbaden GmbH, ein Teil von Springer Nature 2020
J. Unger et al., *Alternative Energietechnik*,
https://doi.org/10.1007/978-3-658-27465-8

Printed in the United States
By Bookmasters